Inhalt

Promet – Meteorologische Fortbildung, Heft 99 (2017)

Thema des Heftes: **Regionale Klimamodellierung I – Grundlagen**

Fachliche Redaktion: Prof. Dr. Harald Kunstmann, Garmisch-Partenkirchen
Dr. Barbara Früh, Offenbach/Main
Fachliche Durchsicht: Prof. Dr. Bodo Ahrens, Frankfurt/Main
Prof. Dr. Heiko Paeth, Würzburg

Beitrag	Seite
Zu diesem Heft (H. Kunstmann, B. Früh)	2
H. KUNSTMANN, B. FRÜH	
1 Regionale Klimamodellierung als Herausforderung	3-6
J. BRAUCH, K. FRÖHLICH, M. IMBERY	
2 Modellierung des Klimasystems	7-19
F. KREIENKAMP, A. SPEKAT, P. HOFFMANN	
3 Empirisch-Statistisches Downscaling – Eine Übersicht ausgewählter Methoden	20-28
R. KNOCHE, K. KEULER	
4 Dynamische Regionalisierung	29-40
E. BRISSON, N. LEPS, B. AHRENS	
5 Konvektionserlaubende Klimamodellierung	41-48
D. LÜTHI, D. HEINZELLER	
6 Leitfaden zur Nutzung dynamischer regionaler Klimamodelle	49-56
C. KOTTMEIER, H. FELDMANN	
7 Regionale dekadische Klimavorhersagen und nahtlose Vorhersagen	57-64
B. ROCKEL, J. BRAUCH, O. GUTJAHR, N. AKHTAR, H. T. M. HO-HAGEMANN	
8 Gekoppelte Modellsysteme: Atmosphäre und Ozean	65-75
S. WAGNER, S. KOLLET	
9 Gekoppelte Modellsysteme: Berücksichtigung von lateralen terrestrischen Wasserflüssen	76-85
A. KERKWEG	
10 Gekoppelte Modellsysteme: Klima und Luftchemie	86-95
S. ZAEHLE	
11 Integration biogeochemischer Prozesse und dynamischer Landnutzung	96-104
S. KOTLARSKI, H. TRUHETZ	
12 Regionale Klimaprojektionen	105-114
Examina 2015	115-125
Vorschau auf die nächsten Hefte	126

Regionale Klimamodellierung I – Grundlagen

Zu diesem Heft

In insgesamt 12 Artikeln fasst dieser Promet-Band die Grundlagen und Methoden der regionalen Klimamodellierung zusammen, beschreibt die aktuellen Herausforderungen und zeigt die neuesten Entwicklungen. Dazu konnten führende Klimawissenschaftler im deutschsprachigen Raum gewonnen werden, die sich an unterschiedlichen Universitäten, Forschungseinrichtungen sowie dem Bundesamt für Meteorologie und Klimatologie MeteoSchweiz und dem Deutschen Wetterdienst mit der Regionalisierung von Klimainformation beschäftigen. Die Artikel wurden durch weitere Klimaforscher in einem Begutachtungsverfahren evaluiert.

Der Schwerpunkt dieses Promet-Bandes liegt auf der quantitativen Beschreibung des Klimasystems, unterschiedlicher Regionalisierungsmethoden und ihre technischen Anforderungen, der Adressierung unterschiedlicher Vorhersagezeiträume, sowie der Erweiterung rein meteorologischer Modellsysteme zur zusätzlichen Berücksichtigung klimarelevanter Prozesse in den Bereichen Luftchemie, Biogeochemie und Hydrologie. Auch auf aktuelle regionale Klimaszenarien für Europa und Deutschland wird eingegangen und ihre Performanz analysiert.

Regionale Klimamodelle haben eine hohe gesellschaftliche Relevanz, da sie Klimaprojektionen in die Zukunft auf einer räumlichen Skala verfügbar machen, die für politische und unternehmerische Entscheidungen maßgeblich ist. Auch wenn es nicht möglich ist, den Einfluss des Menschen auf das Klima der Erde für die nächsten Jahre und Jahrzehnte genau vorherzusagen, werden unterschiedliche sozioökonomische Annahmen getroffen, die erlauben den wahrscheinlichen Verlauf abzuschätzen. Allein mit diesen komplexen sozioökonomischen Annahmen sind schon große Unsicherheiten für die zukünftige Klimaentwicklung verbunden. Die Unsicherheiten werden noch größer, wenn sich zusätzlich bei grundsätzlich gleichberechtigten Klimamodellsystemen aufgrund ihrer unterschiedlichen Modellparametrisierungen, Modellphysik, Modellauflösung, oder Landoberflächen– und Ozeanbeschreibungen eine weitere Spannbreite von möglichen Klimaentwicklungen ergibt. Um diese klimamodellspezifischen Unsicherheiten besser einschätzen zu können, um die Möglichkeiten, aber eben auch die Grenzen der regionalen Klimasimulationen zu erklären, sollen die Artikel dieses Promet-Bandes eine Hilfestellung geben.

Harald Kunstmann und Barbara Früh

H. KUNSTMANN, B. FRÜH

1 Regionale Klimamodellierung als Herausforderung

Regional climate modeling as a scientific challenge

Zusammenfassung
Die regionale Klimamodellierung ist eine wissenschaftliche Herausforderung mit hoher gesellschaftspolitischer Relevanz. Der vorliegende Artikel ist eine Einführung in die Thematik und in das vorliegende Promet-Heft. Es werden die Ziele, Möglichkeiten und Grenzen der regionalen Klimamodellierung zusammengefasst und das grundsätzliche Vorgehen zur Ableitung von Klimaprojektionen und der Quantifizierung von Unsicherheiten erklärt. Weiterhin wird eine kurze Übersicht über die einzelnen Beiträge des Promet-Heftes gegeben und die darin beschriebenen Herausforderungen der regionalen Klimamodellierung.

Summary
Regional climate modeling is a scientific challenge connected with a high socio-political relevance. This article gives an introduction to this subject matter and the present Promet volume. The goals, possibilities, and limitations of regional climate modeling are summarized and the fundamental steps for the derivation of climate projections and the quantification of uncertainties are explained. Finally, a short overview over the specific challenges of regional climate modeling, as discussed in this Promet volume, is given.

1 Motivation

Der Klimawandel ist in der öffentlichen Diskussion allgegenwärtig. Die im Mittelpunkt stehende Frage nach Maßnahmen zur Anpassung an den Klimawandel stellt dabei hohe Anforderungen an die Klimaforschung. Denn es müssen wissenschaftlich fundierte Aussagen über das erwartete Klima der Zukunft getroffen werden, und dies regional differenziert. Globale Klimamodelle und –szenarien sind räumlich zu grob aufgelöst, um die von Orographie und Landnutzung beeinflusste regionale Klimaausprägung beschreiben zu können. Mittels regionaler Klimamodellierung wird deshalb versucht, Aussagen über das Klima in immer höheren räumlichen Auflösungen abzuschätzen. Der Klimamodellierung kommt dabei die Rolle zu, hochaufgelöste meteorologische Antriebe auch für weiterführende Analysen, beispielsweise in der Hydrologie, Land- und Forstwirtschaft oder der Energiewirtschaft, bereitzustellen.

Das Ziel der regionalen Klimamodellierung ist es, neben grundsätzlichen Erkenntnissen über regionale Klimaprozesse, belastbare Aussagen über mögliche Klimatrends bereitzustellen, um frühzeitig notwendige Anpassungsmaßnahmen an die Klimaänderung zu veranlassen. Entscheidendes Qualitätskriterium ist, dass bereits das Jetztzeitklima von der regionalen Klimamodellierung richtig reproduziert wird. Nur so besteht – unabhängig von Unsicherheiten bezüglich der tatsächlichen Treibhausgasemissionen und damit der grundsätzlichen Entwicklung des globalen Klimas – genug Vertrauen in die regionalen Abschätzungen. Dabei müssen nicht nur Jahres- oder Monatsmittelwerte getroffen werden: in der Wasserwirtschaft zum Beispiel sollen für die Jetztzeit am besten alle statistischen Momente und Häufigkeitsverteilungen bis hin zur Stundenbasis von den Klimamodellen realistisch simuliert werden. Das sind extrem hohe Anforderungen, nicht nur weil unsere Klimamodellsysteme die Wirklichkeit nur näherungsweise beschreiben können, sondern auch, weil die Interaktion von klimarelevanten Prozessen in der Atmosphäre, der Landoberfläche und den Ozeanen auf unterschiedlichen Raum- und Zeitskalen noch nicht umfassend verstanden ist.

Mit der zunehmenden Notwendigkeit, zukünftiges Klima schon vorab in die Entscheidungsfindung einfließen zu lassen (zum Beispiel bei der Planung von Infrastruktur) und der wachsenden Verfügbarkeit regionaler Klima- und Klimawandelinformation zum Beispiel für Deutschland, ist es für Planer oder Entscheidungsträger hilfreich, eine Übersicht über Methoden und Anforderungen sowie über Möglichkeiten und Grenzen der regionalen Klimamodellierung kompakt präsent zu haben. Dies ist die Absicht des vorliegenden Promet-Bandes.

2 Das Klima im Modell

Ziel der regionalen Klimamodellierung ist es, zuerst das vergangene Klima mittels eines physikalisch oder auch statistisch basierten Klimamodells und seiner speziellen angenäherten fiktiven Modellwelt für alle relevanten meteorologischen Variablen nachzuvollziehen. Dazu werden die relevanten physikalischen Prozesse im Klimasystem entsprechend des aktuellen Stands der Wissenschaft in mathematische Gleichungen gefasst, in Computercodes umgesetzt, über einen klimatologischen Zeitraum angewendet und somit das vergangene Klima simuliert. Über die Übereinstimmung – oder eben auch Nicht-Übereinstimmung – mit Messreihen der Vergangenheit schließt man auf die Qualität und die Leistungsfähigkeit des Klimamodells, um die relevanten Klimaprozesse nachvollziehen zu können. Auf dieser Basis werden die Klimamodelle im Szenarienmodus für die Zukunft betrieben, also mit dezidierten Annahmen, zum Beispiel über die zukünftige Treibhausgasentwicklung. Es ist jedoch nicht möglich, den Einfluss des Menschen auf das Klima der Erde für die nächsten Jahre und Jahrzehnte genau vorherzusagen. Um aber den wahrscheinlichen Verlauf abzuschätzen, also zumindest Projektionen zu erlauben, werden unterschiedliche sozioökonomische Annahmen getroffen, die – insbesondere im IPCC (**I**ntergovernmental **P**anel on **C**limate **C**hange) -Prozess – international abgestimmt werden. Hierbei handelt es sich um Szenarien, die den Verlauf von Treibhausgas- und Aerosolkonzentrationen (Aerosol: kleine Partikel in der Atmosphäre, wie zum Beispiel Rußflocken) auf Basis der Bevölkerungsentwicklung, des Energieverbrauchs sowie des Energiemix und die damit verbundene erhöhte Energiezufuhr für die untere Atmosphäre beschreiben (Strahlungsantrieb). Sie werden RCP (**R**epresentative **C**oncentration **P**athways) -Szenarien genannt, wobei die Höhe der Änderung des Strahlungsantriebs (in Wm^{-2}) ergänzt wird. So ist beispielsweise das Szenario RCP4.5 gekennzeichnet durch einen zusätzlichen Strahlungsantrieb von 4.5 Wm^{-2} im Jahr 2100 im Vergleich zum vorindustriellen Stand Mitte des 19. Jahrhunderts. Die Szenarien beinhalten jedoch nicht nur den anthropogenen Einfluss auf die Atmosphäre, sondern auch erwartete Veränderungen beispielsweise in der Landnutzung (zum Beispiel Rodung und Urbanisierung). Auch hier werden physikalisch basierte Klimamodelle für Sensitivitätsstudien gewinnbringend eingesetzt, um die Auswirkungen der Landnutzung und deren abgeschätzter zukünftiger Änderung auf das regionale Klima zu untersuchen. Die dargestellten RCP-Szenarien lassen sich jeweils mittels verschiedener sozioökonomischer Pfade (SSP: **S**hared **S**ocioeconomic **P**athways) erreichen.

Die Bandbreite der verschiedenen Szenarien weist bereits auf die große Unsicherheit in der globalen Entwicklung hin, die maßgeblich auch von politischen Entscheidungen und deren Umsetzung bestimmt ist. So sieht das völkerrechtlich bindende Klimaschutzabkommen, das im Dezember 2015 in Paris verabschiedet wurde, für die globale Erwärmung eine Obergrenze von 2°C vor. Darüber hinaus legt der Vertrag fest, dass Anstrengungen unternommen werden sollen, um die Erderwärmung möglichst auf 1,5°C zu beschränken. Um die Unsicherheiten in den Annahmen über die zukünftige Treibhausgasentwicklung zu berücksichtigen, aber auch um der nichtperfekten Reproduktion des realen Klimas über die nur näherungsweise beschriebenen Klimaprozesse in den unterschiedlichen Klimamodellen Rechnung zu tragen, verwendet man Ensembles von Simulationen. Damit wertet man also unterschiedliche Emissionsszenarien und unterschiedlichste globale und regionale Klimamodelle aus, um eine Vorstellung von der Robustheit der abgeleiteten Klimatrends zu bekommen.

3 Gesellschaftliche Relevanz

Die in der Regel sehr rechenzeit-, speicher- und personalaufwändigen regionalen Klimasimulationen haben eine hohe gesellschaftliche Relevanz: Die Klimaprojektionen dienen als wissenschaftlich fundierte Planungsgrundlage zur Abschätzung des Klimazustands der Zukunft. Insbesondere die Wasserwirtschaft, die Land- und Forstwirtschaft, die Energiewirtschaft, aber auch der Tourismus und die Finanz- und Versicherungswirtschaft benötigen langfristige Planungsgrundlagen für ihre Investitionen. Auch auf dem Gebiet der Katastrophenvorsorge und der humanitären Unterstützung erlaubt die Abschätzung der zukünftigen Klimatrends frühzeitig Anpassungsmaßnahmen einzuleiten. Da das Klima insgesamt, wie auch die Klimaänderung regional sehr unterschiedlich ausgeprägt ist, sind hochaufgelöste und regional angepasste Klimamodelle notwendig.

Für die Planung – zum Beispiel für Infrastruktur – hat die Abschätzung der Unsicherheiten eine hohe Bedeutung. Die Unsicherheiten können nur über die Verwendung von Ensembles abgeleitet werden. Dies kann mittlerweile nur noch über abgestimmte und konzertiert agierende Konsortien erreicht werden, wie zum Beispiel der CORDEX-Initiative (**Co**ordinated **R**egional **C**limate **D**ownscaling **Ex**periment; www.cordex.org). Die Experimente werden in regelmäßigen Abständen mit neuesten Modellversionen und Erkenntnissen wiederholt, insbesondere mit immer höheren räumlichen Auflösungen, verbesserten und aktualisierten Emissionsabschätzungen und verbesserten Prozessmodellen.

Neben den klassischen Klimaprojektionen, bei denen der erwartete Klimazustand bis Mitte oder Ende des Jahrhunderts abgeschätzt wird, gewinnen mittlerweile dekadische Vorhersagen (die kommenden 10 Jahre) und saisonale Vorhersagen (die kommenden 12 Monate) eine immer größere Bedeutung und werden entsprechend in diesem Promet-Band ebenfalls vorgestellt.

4 Die Herausforderungen in der regionalen Klimamodellierung – Eine kurze Einführung zu den Artikeln

Die quantitative **Modellierung des Klimasystems (Beitrag 2)** steht im Vordergrund des nächsten Artikels. Dazu wird ein Überblick über die Komponenten beziehungsweise Kompartimente des Klimasystems, ihre Interaktion und ihre Variabilität gegeben. Die Herausforderung besteht darin, die klimarelevanten physikalischen, chemischen und biologischen Prozesse in mathematische Gleichungen zu fassen, die am Rechner schließlich gelöst werden können. Weitere adressierte Herausforderungen sind der Umgang und die mögliche Korrektur von gerichteten Modellfehlern („Bias"), geeignete Beobachtungsreferenzdatensätze und die Erzeugung und Bewertung von Ensembles von Klimasimulationen.

In den Beiträgen **Statistische Regionalisierung (Beitrag 3) und Dynamische Regionalisierung (Beitrag 4)** werden die zwei grundsätzlich angewandten Methoden der Regionalisierung globaler Klimamodelle vorgestellt. In der statistischen Regionalisierung werden Beziehungen zwischen dem Zustand der Atmosphäre auf der großräumigen Skala und den regionalen Klimaverhältnissen an der Landoberfläche quantifiziert. Die Herausforderung ist hier, geeignete Prädiktoren für den Zusammenhang zu finden. Schwerpunkt bei der Beschreibung liegt hierbei auf Methoden, die für Deutschland frei zugängliche Klimaprojektionen anbieten. In der Beschreibung der dynamischen Modellierung liegt der Schwerpunkt in der Beschreibung der fundamentalen Modellannahmen und der Gleichungen dynamischer Klimamodelle und der Notwendigkeit für die Parametrisierung bestimmter physikalischer Prozesse. Die technische Herausforderung dieser Methode ist unter anderem die numerische Realisierung zur Lösung der umfangreichen Gleichungssysteme und der hohe Rechenzeitaufwand, insbesondere wenn hohe räumliche Auflösungen angestrebt werden.

Konvektionserlaubende Klimamodellierung (Beitrag 5) ist dynamische Regionalisierung mit horizontalen Gitterweiten von weniger als 4 km. Bei dieser Auflösung wird keine Parametrisierung für die hochreichende Konvektion mehr verwendet. Insbesondere gelingt es damit zum Beispiel den Tagesverlauf bestimmter hydrometeorologischer Variablen besser zu reproduzieren. Die Herausforderung ist einerseits der extrem hohe Rechenzeitaufwand, andererseits aber auch die notwendige spezielle Anpassung von einzelnen Modellkomponenten.

Im **Leitfaden zur Nutzung dynamischer regionaler Klimamodelle (Beitrag 6)** wird ein Überblick über die notwendigen Schritte gegeben, die mit dem Einsatz von regionalen Klimamodellen für die dynamische Regionalisierung verbunden sind. Die Herausforderung des hohen Rechenzeit- und Speicheraufwands wird exemplarisch an den EURO-CORDEX-Konfigurationen dargestellt.

Der Artikel **Dekadische Klimavorhersagen und nahtlose Vorhersagen (Beitrag 7)** widmet sich dem noch jungem Forschungsgebiet der Vorhersagbarkeit des Klimas auf der saisonalen Skala (also der kommenden Monate) bis hin zu Dekaden (also der kommenden Jahre bis zu einem Jahrzehnt). Die Herausforderung dieser Vorhersagezeiträume liegt in der Tatsache begründet, dass sie einerseits vom Anfangszustand des Klimasystems beeinflusst sind (wie die Wettervorhersage), andererseits aber wegen der Länge des Vorhersagezeitraums auch auf langsamere Veränderungen innerhalb und außerhalb des Klimasystems reagieren, wie beispielsweise der Änderung der Treibhausgaskonzentration (also wie die Klimaprojektionen).

Im Rahmen der Weiterentwicklung der regionalen Klimamodelle werden zunehmend auch andere Komponenten des Klimasystems relevant. Die Übersicht **Gekoppelte regionale Atmosphären-Ozean Modellsysteme (Beitrag 8)** beschreibt die verschiedenen Methoden der Kopplung von regionalen Atmosphären- und Ozeanmodellen. Es werden die speziellen Herausforderungen für vier Teilregionen beschrieben, nämlich dem Mittelmeer, der Nord- und Ostsee und dem Arktischen Meer.

Die verbesserte Beschreibung der Landoberflächenhydrologie innerhalb der regionalen Klimamodellierung steht im Fokus des Artikels **Gekoppelte Modellsysteme: Berücksichtigung von lateralen terrestrischen Wasserflüssen (Beitrag 9)**. In klassischen dynamischen regionalen Klimamodellen werden nur vertikale Wasserflüsse im Boden modelltechnisch erfasst. Der Artikel beschäftigt sich mit der Herausforderung, auch die lateralen Wasserflüsse bis hin zu tieferen Schichten zu berücksichtigen, um so Rückkopplungsmechanismen zwischen dem Boden und der Atmosphäre auch für längere Zeitskalen zu erlauben.

In der Beschreibung **Gekoppelte Modellsysteme: Klima und Luftchemie (Beitrag 10)** wird die Wichtigkeit der Berücksichtigung von Aerosol in regionalen Klimamodellen verdeutlicht und erläutert, wie mittels Klima-Luftchemie-Modellsystemen die Auswirkung von Mitigationsstrategien auf die Luftqualität abgeschätzt werden kann. Herausforderung ist einerseits die Komplexität der chemischen Reaktionsmechanismen angemessen zu beschreiben, andererseits aber auch die Beschaffung adäquater Emissionsdaten. Für die Zukunft wird erwartet, dass mit weiter steigender Rechenleistung auch der Detailliertheitsgrad der modellierten Gasphasenchemie und Aerosoleffekte weiter zunehmen wird.

Durch die **Integration biogeochemischer Prozesse und dynamischer Landnutzung (Beitrag 11)** in regionalen Klimamodellen wird eine verbesserte Berücksichtigung der Landbiosphäre erreicht. Denn gerade der Mensch greift massiv in die Gestaltung der Landoberfläche ein und großflächige Änderungen können sich ebenso auf das regionale Klima auswirken wie die sich global verändernden Treibhausgaskonzentrationen in der Atmosphäre. Neben der Beschreibung der biogeochemischen Prozesse ist eine weitere besondere Herausforderung die satellitenbasierte Konstruktion von relevanten Datensätzen zur Landnutzungsänderung.

Die Anwendung regionaler Klimamodelle für **Regionale Klimaprojektionen (Beitrag 12)** ist der letzte Schritt hin zur wissenschaftlich fundierten Abschätzung des zukünftig erwarteten Klimas in einer Region. Die Unsicherheiten werden hier mittels umfangreicher Ensemblesimulationen abgebildet. In den im Detail besprochenen EURO-CORDEX-Simulationen liegt ein Großteil des Ensembles für die RCP-Szenarien 4.5 und 8.5 zugrunde. Die gerichteten Fehler werden analysiert und die erwarteten Änderungen in Temperatur und Niederschlag für Europa vorgestellt.

Auf die Beschreibung der neuesten Generation von regionalen Klimamodellen, nämlich den regional verfeinernden globalen Modellen wie ICON (**Ico**sahedral **N**on-Hydrostatic) oder MPAS (**M**odeling and **P**rediction **A**cross **S**cales), haben wir in diesem Promet-Band bewusst verzichtet. Hintergrund ist, dass zu beiden Modellsystemen bisher noch keine Simulationen für klimarelevante Zeiträume (also mindestens 30 Jahre) veröffentlicht worden sind.

5 Schlussfolgerung und Ausblick

Die regionale Klimamodellierung zeichnet sich durch immer komplexere Modellsysteme aus, die durch die Vielzahl der berücksichtigten klimarelevanten Prozesse mittlerweile als regionale Erdsystemmodelle gelten. Die zunehmende Modellkomplexität spiegelt sich im immensen Rechenzeit- und Speicherbedarf der Modellsysteme wieder. Die Entscheidungsfindung zu Anpassungsmaßnahmen an den Klimawandel muss auf der wissenschaftlich fundierten Anwendung dieser Modellsysteme beruhen. Auch wenn die globalen Modelle mit immer feinerer Gitterweite betrieben werden, werden regionale Klimamodellsysteme ihre Relevanz nicht verlieren. In Zukunft können zunehmend Entscheidungen auf Basis von konvektionserlaubenden Projektionen getroffen werden.

Durch die gegenwärtigen Bemühungen, die globale Erwärmung im Mittel auf weniger als 2°C bezüglich des vorindustriellen Niveaus zu beschränken, dem Verhandlungsprozess der „Conference **of** the **P**arties" (COP) und dem nun errungenen Weltklimavertrag wird die Bedeutung der regionalen Klimamodellierung weiter zunehmen. Denn über den „Green Climate Fund" werden zukünftig 100 Milliarden Dollar pro Jahr nicht nur für Treibhausgasminderungsmaßnahmen zur Verfügung gestellt, sondern es sollen auch detaillierte, und damit regionale Klimaanpassungsmaßnahmen finanziert werden. Dazu muss abgeschätzt werden, auf welchen Klimazustand man sich regional anzupassen hat. Die Antwort kann gegenwärtig nur die regionale Klimamodellierung geben. Im Rahmen des COP-Prozesses wird die Entwicklung der regionale Klimaanpassungsmaßnahmen nicht auf die entwickelten Regionen wie Deutschland beschränkt bleiben, sondern muss auf die infrastrukturschwachen klima- und wassersensitiven Regionen vieler Entwicklungsländer ausgedehnt werden.

Kontakt

PROF. DR. HARALD KUNSTMANN
Karlsruher Institut für Technologie (KIT)
Campus Alpin – Institut für Meteorologie und Klimaforschung (IMK-IFU)
Kreuzeckbahnstraße 19
82467 Garmisch-Partenkirchen
harald.kunstmann@kit.edu
und
Universität Augsburg
Institut für Geographie
Alter Postweg 118
86135 Augsburg

DR. BARBARA FRÜH
Deutscher Wetterdienst
Klima- und Umweltberatung
Frankfurter Str. 135
63067 Offenbach
barbara.frueh@dwd.de

J. BRAUCH, K. FRÖHLICH, F. IMBERY

2 Modellierung des Klimasystems

Climate System Modelling

Zusammenfassung

In diesem Kapitel werden zunächst die Begriffe Klima, Klimaänderung und Klimavariabilität erläutert. Was ist Klima, welche Komponenten umfasst das Klimasystem und auf welchen Zeitskalen können sich Veränderungen abspielen? Mit einem kurzen Blick auf die Geschichte der Klimamodellierung wird gezeigt, wie sich das Verständnis der steuernden Prozesse des Klimasystems in den letzten 50 Jahren verbessert hat, wobei die technologische Entwicklung der Computerressourcen eine nicht unerhebliche Rolle spielt. Anschließend werden die einzelnen Komponenten eines Klimamodells, Atmosphäre, Land, Ozean und Meereis und die mit ihnen verbundenen Herausforderungen diskutiert. Heute werden globale und regionale Klimamodelle betrieben, um, je nach Fragestellung, globale Zusammenhänge zu erfassen oder hochaufgelöste Prozesse auf kleinräumigen Skalen besser zu verstehen. Da es kein „bestes" Modell gibt, werden je nach Modell beziehungsweise Modellkombination sowie Anfangs- und Randbedingungen unterschiedliche Ergebnisse berechnet. Daraus resultieren Unsicherheiten, welche bei der Interpretation von Klimaprojektionen bedacht werden müssen. Evaluierungsmethoden, die diese Unsicherheiten quantifizieren sowie Ensembleansätze, mit deren Hilfe die Bandbreiten möglicher Ergebnisse beschrieben werden können, werden ebenso vorgestellt wie die Vor- und Nachteile von Korrekturverfahren von Modellergebnissen.

Summary

In this chapter, the terms climate, climate change and variability are explained. What is the climate itself, which components are part of the climate system and on which time scale climate variations can occur? A short introduction of the history of climate modelling shows how the understanding of the main processes of the climate system has improved over the last 50 years and the role of the evolution of computing resources in this process. The climate model components atmosphere, ocean, land and cryosphere are discussed in details with their major challenges. Today, there exists a large variety of global and regional climate models to simulate global relationships and improve the understanding of small scale processes. As there is not one perfect climate model, each model or model combination will compute different results, due to the fact that different approximations where chosen or the initial or boundary conditions differ. The resulting uncertainties have to be taken into account when interpreting climate simulations. Therefore, the evaluation of climate models is presented to quantify these uncertainties together with the pros and cons of bias correction for climate models. Ensemble simulations additionally help to assess the bandwidth of climate projections.

1 Das Klimasystem und seine Variabilität

Klima wird laut WMO (**W**orld **M**eteorological **O**rganization)[1] als mittleres Wetter bezeichnet. Es ist definiert als ein Maß für den mittleren Zustand der Atmosphäre und deren Variabilität über einen längeren Zeitraum. Charakterisiert wird das Klima durch die statistischen Eigenschaften der Atmosphäre, wie zum Beispiel Mittelwert, Häufigkeiten, Andauerverhalten und Extremwerte von meteorologischen Größen (zum Beispiel Temperatur, Wind oder Niederschlag). Als Zeitspanne empfiehlt die WMO mindestens 30 Jahre, aber auch Betrachtungen über längere Zeiträume wie Jahrhunderte und Jahrtausende sind bei Klimafragen gebräuchlich.

Der Zustand der Atmosphäre wird durch vielfältige Wechselwirkungen zwischen den verschiedenen Atmosphärenschichten, zwischen Atmosphäre und Hydrosphäre (Ozeane, Wasserkreislauf), Biosphäre (Fauna, Flora), Lithosphäre (feste, unbelebte Erde) und Kryosphäre (Eis, Gletscher, Per-

[1] http://www.wmo.int/pages/prog/wcp/ccl/faqs.php, Stand Oktober 2016

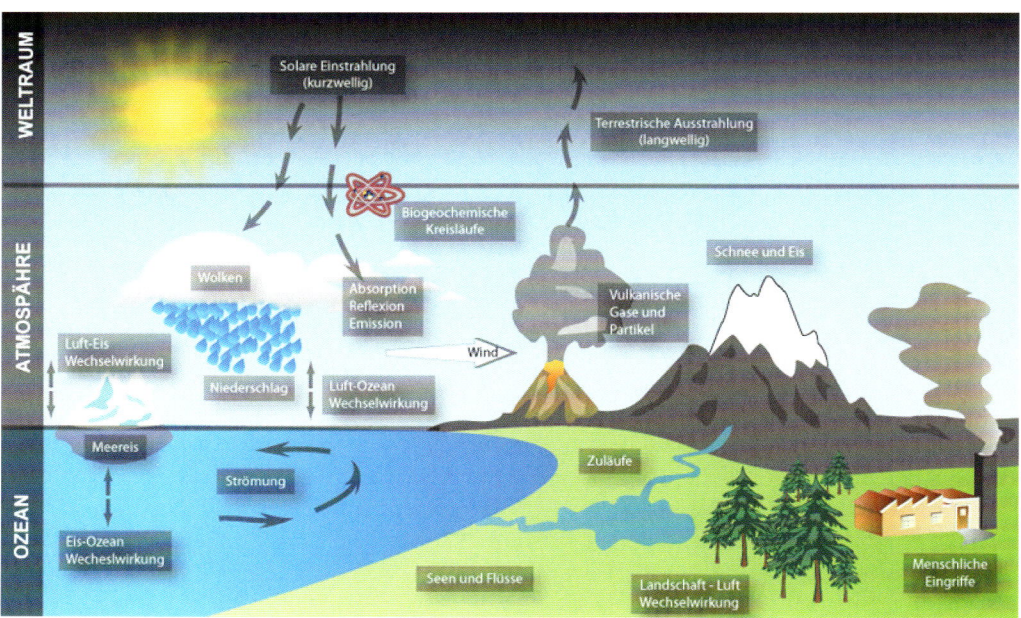

Abb. 2-1: Das Klimasystem. Quelle: www.dwd.de.

mafrost) bestimmt. Die Gesamtheit dieser Komponenten wird Klimasystem genannt (Abb. 2-1). Der Hauptantrieb des Klimasystems ist die Energie der Sonne. Der Beitrag von Wärme aus dem Inneren der Erde ist dagegen sehr klein. Die einzelnen Komponenten des Klimasystems – Atmosphäre, Land, Ozean, Meereis – stehen in Wechselwirkung, das heißt, es findet Energie-, Masse- und Impulsaustausch über die Grenzflächen statt. Durch die unterschiedlichen Eigenschaften der Komponenten kommt es zu Wechselwirkungen auf unterschiedlichen Zeitskalen, die dann wiederum Rückkopplungen und weitere Reaktionen auslösen können. Das Klimasystem weist also durch den Einfluss seiner eigenen inneren Dynamik Klimaschwankungen oder -variabilität auf verschiedenen Zeitskalen auf.

Das Klimasystem ist ein offenes System. Das bedeutet, dass noch weitere, externe Einflussfaktoren eine Rolle spielen, wie zum Beispiel Vulkanausbrüche, Schwankungen der Sonnenaktivität, Änderung der Erdbahnparameter oder menschliche Einflüsse – wie die Emission von Treibhausgasen oder Landnutzungsänderungen. Es gibt also gewissermaßen kein „normales" Klima, da sich das Klima auf unterschiedlichen räumlichen und zeitlichen Skalen verändert. Klimaänderung oder Klimawandel wird von der WMO als statistisch signifikante Veränderung des mittleren Zustands des Klimas oder seiner Variabilität beschrieben, die für einen längeren Zeitraum, typischerweise Jahrzehnte oder länger, anhält.

Die einzelnen Komponenten, zum Beispiel Atmosphäre, Land und Ozean, beeinflussen das Klimasystem auf unterschiedlichen Zeitskalen. Die Troposphäre reagiert sehr schnell – in einem Zeitraum von Minuten bis Tagen – auf Veränderungen und weist die größte Variabilität auf kurzen Zeitskalen auf. Die Variabilität im trägeren, tiefen Ozean hingegen, in den Eisschilden und in der Biosphäre mit dem Kohlenstoffspeicher im Erdboden, tragen zu den langen Zeitskalen des Klimasystems bei, da sie Reaktionszeiten von Jahrhunderten bis Jahrtausenden haben. Selbst auf geologischen Zeitskalen treten Schwankungen des Klimasystems auf, wie zum Beispiel durch Gebirgsbildung (Orogenese) oder die Speicherung von Kohlenstoff in der Lithosphäre.

Der Ozean ist im Klimasystem von großer Bedeutung, da er Wärmeenergie von der Atmosphäre aufnimmt, meridional umverteilt und über längere Zeit speichern kann. Er ist die größte Quelle für den atmosphärischen Wasserdampf. Ebenso findet im Ozean durch die ozeanische Zirkulation, biologische Aktivität, Absinken und Ablagerung im Sediment eine Aufnahme, Umverteilung und Speicherung von Kohlenstoff statt. Aus den verschiedenen Speichern wird ein kleiner Anteil des Kohlenstoffs an die Atmosphäre zurückgegeben. Auf längeren Zeitskalen gelangt Kohlenstoff aus Böden ebenso wie aus Gesteinen durch Remineralisierung und Verwitterungsprozesse zurück in den Kreislauf. Der Kohlenstoffkreislauf ist eines der anschaulichsten Beispiele für Massenaustausch zwischen den Klimakomponenten auf unterschiedlichen Zeitskalen.

Neben den kurzfristigen Reaktionen des Klimasystems auf äußere Einflüsse, wie zum Beispiel Tages- und Jahresgang, gibt es Schwankungen mit längeren Perioden. Prominentestes Beispiel hierfür und für die starke Ozean-Atmosphärenkopplung ist das ENSO-Phänomen im tropischen Pazifik (ENSO: **E**l **N**iño **S**outhern **O**scillation). Hier verändern sich alle 2 bis 10 Jahre das Windregime und die Meeresströmungen im tropischen Pazifik so stark, dass dies dramatische Auswirkungen auf das Niederschlagsverhalten in angrenzenden und entfernteren Regionen hat. Auch der Fischfang vor der südamerikanischen Pazifikküste unterliegt dadurch großen Schwankungen.

In der Paläoklimaforschung konnte aus Klimaarchiven wie Eisbohrkernen oder Sedimentbohrkernen die Temperaturentwicklung auf der Erde in den letzten Jahrmillionen rekonstruiert werden[2]. Die Temperaturentwicklung verdeutlicht, dass im Klimasystem durchaus schon starke Schwankungen auftraten. Hier spielen die Land-Meer-Verteilung, die Gebirgsbildung und die Orbitalparameter eine große Rolle.

---

[2] https://commons.wikimedia.org/wiki/File:All_palaeotemps.png

2 Die Klimamodellierung

In den Anfängen der Klimamodellierung der 1960er Jahren wurden vereinfachte Modelle der Dynamik von Atmosphäre und Ozean entwickelt. Die Vereinfachungen erleichterten das Umsetzen in numerische Algorithmen und ermöglichten ein schnelleres Lösen der Gleichungen mit Hilfe von Computern. Dadurch wurden Klimavorhersagen und -projektionen überhaupt erst möglich. Mit der rasanten Entwicklung im Bereich der Hochleistungsrechner und dem zunehmenden Verständnis des Klimasystems und seiner Wechselwirkungen nahm auch die Komplexität der Klimamodelle zu. Dies wird in Abb. 2-2 deutlich, die zeigt, welche Komponenten des Klimasystems im Laufe der Zeit in den Klimamodellen hinzugefügt wurden. Mittlerweile umfassen globale Klimamodelle (GCMs: **G**eneral **C**irculation **M**odels) neben Atmosphäre und Ozean auch die Hydrosphäre, Biosphäre und Kryosphäre. EDWARDS (2011) gibt eine Übersicht über die Geschichte der Klimamodellierung.

In **E**rd**s**ystem**m**odellen (ESMs) wird versucht, das gesamte Erdsystem abzubilden, indem auch komplexere chemische und biologische Prozesse berücksichtigt werden. Als weitere Komponenten der ESMs spielen meist der Kohlenstoffkreislauf, Aerosole und Atmosphärenchemie eine Rolle, gegebenenfalls auch eine dynamische Vegetationskomponente.

Je nach wissenschaftlicher Fragestellung werden auch weiterhin unterschiedliche Typen von Klimamodellen benutzt:
- Einfache oder „konzeptionelle" Klimamodelle,
- Modelle mittlerer Komplexität: EMICs, „**E**arth **S**ystem **M**odels of **I**ntermediate **C**omplexity",
- Modelle hoher Komplexität: GCMs und ESMs.

Ein Beispiel für einfache Klimamodelle sind sogenannte **E**nergie-**B**ilanz-**M**odelle (EBM, engl. „energy balance model"). Sie stellen der solaren Einstrahlung die terrestrische Ausstrahlung gegenüber und versuchen so, die Einflussfaktoren auf die Strahlungsbilanz zu analysieren. Einfache EBMs berechnen eine mittlere Temperatur der Erdoberfläche, während komplexere EBMs räumlich variierende Temperaturänderungen simulieren können.

EMICs umfassen möglichst viele Prozesse, wie sie in GCMs realisiert sind, nur dass die Komplexität einzelner Komponenten zum Beispiel durch Parametrisierungen, niedrigere Auflösung oder räumliche Mittelung reduziert ist. Oftmals ist die Atmosphäre auf ein vertikal gemitteltes Energie-Feuchte-Bilanzmodell reduziert. Dadurch können möglichst viele Wechselwirkungen in sehr langen Simulationen realisiert werden. In EBY et al. (2013) werden verschiedene EMICs vorgestellt und miteinander verglichen. Sie sind in der Paläoklimatologie von großer Bedeutung.

Ein guter Überblick über die gegenwärtigen GCMs und ESMs ist im aktuellen IPCC-Bericht (IPCC 2013) zu finden.

Klimamodelle sind unentbehrliche Werkzeuge, die bei vielen Fragestellungen helfen, das Klimasystem besser zu verstehen und zukünftige Entwicklungen vorherzusagen:
- Überprüfung von Theorien:
  Bei Fragestellungen, zu welchen keine Daten zur Verfügung stehen oder keine Experimente durchgeführt werden können, helfen Klimamodelle Theorien zu testen.
- Verbesserung des Verständnisses des Klimasystems:
  Klimamodelle liefern die Grundlage, um die interne Dynamik, die Wechselwirkung zwischen den Komponenten und die Variabilität im Klimasystem genauer analysieren zu können. Daneben gibt es auch die Möglichkeit, in Prozessstudien die Reaktion des Klimasystems auf Veränderung der Anfangs- und Randbedingungen zu untersuchen. Was-wäre-wenn-Simulationen sind möglich, wie zum Beispiel die Simulation des letzten Jahrhunderts ohne anthropogenen Einfluss.
- Klimavorhersagen:
  Erst die Anwendung von Klimamodellen machen Vorhersage oder Projektionen auf Zeitskalen von Wochen bis Jahrhunderten möglich.

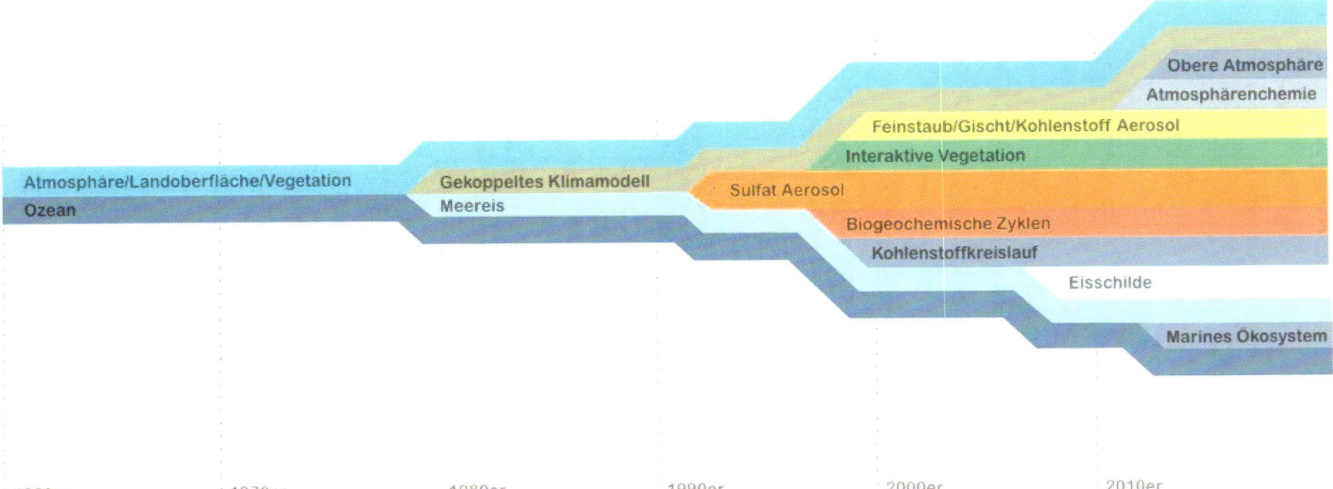

Abb. 2-2: Berücksichtigung der Prozesse in der Klimamodellierung im Laufe der Zeit, adaptiert von JAKOB (2014).

- Aufbereitung von Messdaten:
Klimamodelle sind für die Regionalisierung von Messdaten auf ein einheitliches Gitter nötig, wie zum Beispiel beim Erstellen von Reanalysen
- Datenverfügbarkeit:
Klimamodelle liefern auch dort Informationen und Zusammenhänge, wo sowohl räumlich als auch zeitlich nur wenige Messungen zu Verfügung stehen, wie zum Beispiel in den Polarregionen der Erde

Im Folgenden werden die einzelnen Komponenten eines Erdsystemmodells vorgestellt.

2.1 Atmosphäre

Die physikalische Beschreibung der dynamischen atmosphärischen Prozesse wird durch einen Satz an Gleichungen für die Impulserhaltung (Bewegungsgleichungen), die Massenerhaltung (Kontinuitätsgleichung) und die Energieerhaltung (erster Hauptsatz der Thermodynamik) realisiert (LANGE 2002).

Vektorform der Bewegungsgleichungen:

$$\rho \frac{\partial \vec{v}}{\partial t} = -2\vec{\Omega} \times \rho \vec{v} - \nabla p - \rho \nabla \Phi$$

Kontinuitätsgleichung:

$$\frac{\partial \rho}{\partial t} = -\rho \nabla \cdot \vec{v}$$

Thermodynamische Gleichung für Temperatur:

$$\rho \frac{\partial T}{\partial t} = -\frac{p}{c_v} \nabla \cdot \vec{v}$$

Ideale Gasgleichung:

$$p = \rho R T$$

$\vec{v}$ Dreidimensionale Windkomponenten
p Druck
∇ Operator für die räumliche Ableitung der auf sie angewendeten Variable
ρ Dichte der Luft
Ω Winkelgeschwindigkeit der Erde
Φ Schwerepotential
c_v Spezifische Wärmekapazität bei konstanten Volumenprozessen
T Temperatur
R allgemeine Gaskonstante

Dies sind die „fundamentalen", „ursprünglichen" oder „primitiven" Gleichungen für die Annahme einer trockenen, adiabatischen und reibungsfreien Atmosphäre. Die adiabatische Atmosphäre enthält die „quasistatische Annahme", nämlich dass der Druck im Inneren eines sich vertikal bewegenden Luftpaketes der gleiche sei wie der seiner Umgebung („parcel method"), womit man einen konstanten adiabatischen Temperaturgradienten erhält.

Um numerische Anwendungen zu erleichtern, werden diese Bewegungsgleichungen noch weiter vereinfacht – zum Beispiel hinsichtlich der Geometrie – und als Annäherungen für eine flache Atmosphäre („shallow-atmosphere-approximation") weitergeführt.

Eine weitere, häufig verwendete Vereinfachung der Bewegungsgleichungen ist die hydrostatische Approximation. Hierbei wird die vertikale Bewegungskomponente zur diagnostischen Gleichung umgewandelt ($\partial w/\partial t = 0$). Damit wird ein hydrostatisches Gleichgewicht in der atmosphärischen Säule erreicht und Schallwellen aus dem Wellenspektrum gefiltert. Der numerische Zeitschritt kann somit unabhängig von diesen hochfrequenten Wellen gewählt werden.

Der Name „primitive Gleichungen" wird im meteorologischen Kontext allgemein auf die so vereinfachten Gleichungen angewandt, da deren ursprüngliche Form noch durchscheint. Die Vereinfachung der „flachen Atmosphäre" zu überwinden, bedeutet, dass kompliziertere geometrische Vorschriften umzusetzen sind, wenn zum Beispiel die Erde nicht mehr als Kugel angenommen werden kann. Dies muss in Übereinstimmung mit den Erhaltungsgesetzen geschehen (THUBURN und WHITE 2013) und ist Gegenstand der Forschung.

Sollen nicht nur die trockene, sondern auch die feuchte Luft und alle Hydrometeore beschrieben werden, muss die Gasgleichung diese partiellen Anteile berücksichtigen. Physikalische Prozesse, die aufgrund der Modellauflösung nicht beschrieben werden können, sowie Prozesse, die unabhängig vom Modellgitter agieren, müssen separat beschrieben – parametrisiert – werden.

Skalenabhängige Parametrisierungen, die von der verwendeten Gitterauflösung abhängig sind, bilden die Prozesse für Konvektion, nicht vom Modellgitter aufgelöste Wolkenbildung, den Austausch mit dem Boden und die Turbulenz in der Grenzschicht sowie orografische und nichtorografische Schwerewellen ab.

Der Strahlungstransfer in der Atmosphäre und die Wolkenmikrophysik beschreiben Prozesse, die im Bereich von Molekülen und/oder Wolkenpartikeln stattfinden und damit unabhängig von der Gitterauflösung dargestellt werden müssen.

Die Erhöhung der zeitlichen und räumlichen Auflösung eines Wetter- oder Klimamodelles erfordert die Überprüfung der Gültigkeit aller bisher gemachten Annahmen in der Dynamik und in den Parametrisierungen. Ein Gitterabstand von etwa 10 km oder feiner erfordert zum Beispiel die Anwendung nichthydrostatischer Modelle, sowohl auf der globalen, als auch (erst recht) auf der regionalen Skala. Bei Gitterabständen kleiner als 3 km wird die Konvektion nicht mehr parametrisiert, sondern explizit dargestellt. Eine stärkere vertikale Auflösung in der Troposphäre erlaubt die Darstellung vieler kleinräumiger Prozesse, während die Erhöhung des Modelloberrandes bis in die Mesosphäre die

Kopplung der atmosphärischen Schichten ermöglicht und damit die Vorhersagbarkeit auf längeren Zeitskalen verbessert.

Jede Simulation der atmosphärischen Prozesse benötigt einen Anfangszustand der prognostischen Variablen. Ein globales Beobachtungsnetz und durchgeführte Datenassimilation sorgen für die Erstellung der Daten und deren Zuführung zum Modell als Anfangsbedingung.

Die größten Herausforderungen einer guten Modellierung der atmosphärischen Prozesse liegen noch immer in der Beschreibung von Wolkenprozessen und ihrem Einfluss auf die dynamische Zirkulation und damit auf das Klima. Deshalb ist dieser Prozess einer der „Großen Herausforderungen" („Grand Challenges"[3]) an die Wissenschaft des **W**orld **C**limate **R**esearch **P**rogrammes (WCRP), siehe auch BONY et al. (2015).

Aerosole und die natürlichen und anthropogenen Treibhausgase (wie Kohlendioxid, Ozon, Methan, Distickstoffoxid) sind in Klimamodellen als Hintergrundprofile auf klimatologischer Basis für die Vergangenheit beziehungsweise als Szenarium für die Zukunft häufig vorgeschrieben.

Aerosol beschreibt kleine Partikel in der Luft, wie zum Beispiel Mineralstaub, Meersalz, Zellpartikel oder Partikel aus der Verbrennung fossilen Brennstoffs oder von Vulkanausbrüchen. Sie haben einen direkten Einfluss auf die Strahlung und damit die Energiebilanz der Atmosphäre und indirekte Einflüsse auf die Wolkenbildung. Die Darstellung insbesondere der Aerosol-Wolken-Wechselwirkung in Klimamodellen arbeitet noch mit sehr starken Vereinfachungen.

Ein physikalisch-chemischer Kreislauf von Bildung und Abbau von Aerosolpartikeln kann über ein Aerosol-Strahlungs-Transportmodell realisiert werden. Für die Bildung und den Abbau von Spurengasen, wie zum Beispiel dem Ozon, werden Atmosphären-Chemie-Module betrieben (siehe Beitrag 10). Für beide Module ist ein hoher Rechenaufwand notwendig. Der Einfluss der Aerosole auf den Klimawandel ist Gegenstand intensiver Forschung (STEVENS und BOUCHER 2012).

2.2 Land

Landmodelle beinhalten im Allgemeinen eine vereinfachte Darstellung der Landoberfläche und der obersten Bodenschichten. An der Landoberfläche findet der Austausch von Stoffflüssen (zum Beispiel Wasser), Energie und Impuls mit der Atmosphäre statt.

Einfachste Bodenmodelle umfassen nur eine Schicht des Bodens („simple bucket models"), in welcher eine bestimmte Menge an Bodenwasser gespeichert werden kann. Die Temperatur in der Bodenschicht ergibt sich aus der Wärmebilanz (Austausch fühlbarer und latenter Energie mit der Atmosphäre) an der Oberfläche. Das überschüssige Wasser wird als Abfluss in den Untergrund behandelt.

Ausgangsbasis für komplexere Bodenmodelle mit mehreren Schichten sind die Gleichungen für den Energie- und Wasserhaushalt im Boden, in Abhängigkeit von der Bodenbeschaffenheit und der Bodennutzung. Hier wird für die Temperatur die Wärmeleitungsgleichung angewendet und der Bodenwassergehalt wird aus dem vertikalen Wasserfluss in einem porösen, nichtgesättigten Medium berechnet. Diese Prozesse werden zur Vereinfachung nur in vertikaler Richtung ablaufend (eindimensional) betrachtet.

Eindimensionale Wärmeleitungsgleichung in vertikaler Richtung:

$$\frac{\partial T}{\partial t} = a \frac{\partial^2 T}{\partial z^2}$$

T   Temperatur
a   Wärmeleitungskoeffizient

Eindimensionale Richards-Gleichung in vertikaler Richtung (RICHARDS 1931):

$$\frac{\partial W}{\partial t} = \frac{\partial K_h(W)}{\partial z} + \frac{\partial}{\partial z}\left[K_h(W)\frac{\partial \Psi(W)}{\partial z}\right]$$

W volumetrischer Wassergehalt
K_h hydraulische Leitfähigkeit
Ψ Druckhöhe des Wassers
z vertikale Koordinate
t Zeit

An der Oberfläche des Bodens wird die Änderung der Vegetation und der Schneedecke beschrieben. Dem Land- oder Bodenmodell können auch Module zur Beschreibung von Seen und Städten angegliedert sein.

Auf langen Zeitskalen sollte sich die Vegetation dynamisch dem Klima anpassen können (Wald- oder Wüstenbildung). ESMs enthalten oftmals dynamische globale Vegetationsmodelle, die unterschiedliche Pflanzenarten berücksichtigen. Soll in einem ESM der Kohlenstoffkreislauf simuliert werden, muss der kohlenstoffbasierte Lebenszyklus der Vegetation und die Speicherung von Kohlenstoff in Pflanzen und im Boden möglichst realitätsnah im Landmodell dargestellt werden (siehe Beitrag 11).

Auch in mehrschichtigen Bodenmodellen wird der Abfluss ins Grundwasser oftmals noch vernachlässigt. Die Angliederung eines Abflussmodells („river routing model"), sorgt für die Ableitung des überschüssigen Wassers über ein realitätsnahes Flusssystem ins Meer (siehe Beitrag 9). Noch komplexere Bodenmodelle können die Grundwasserbewegung dreidimensional simulieren und somit Teile des Grundwassers wieder an die Oberfläche

---

[3]   https://www.wcrp-climate.org/grand-challenges/grand-challenges-overview, Stand Oktober 2016

zurückleiten. Damit können die Wasserstände in Flüssen berechnet werden.

Eine der Schwierigkeiten bei der Entwicklung der Bodenmodelle ist die korrekte Darstellung von Tages- und Jahresgängen oberflächennaher atmosphärischer Größen wie der Temperatur in 2 m Höhe oder des Taupunktes. Die realistische Simulation der Evapotranspiration, wie auch die Wiedergabe von Abschattungseffekten durch Vegetation, spielen dabei eine wichtige Rolle (SCHULZ et al. 2016).

Die Bereitstellung der Eigenschaften des Bodens hinsichtlich seiner Beschaffenheit (Bodentypen, Landnutzung) vor jeder Simulation stellt eine weitere Herausforderung dar, da globale drei-dimensionale Daten der Bodenparameter schwer zu erheben sind.

Bei längerfristigen Betrachtungen des Klimasystems müssen der anthropogene Einfluss wie Landnutzungsänderungen, Effekte wie die Verschiebung von Vegetationsstufen (zum Beispiel Desertifikation), das Auftauen oder Entstehen von Permafrost und Waldbrände berücksichtigt werden.

2.3 Ozean

Die Gleichungen der Ozeanmodelle basieren wie die der Atmosphärenmodelle auf den primitiven Gleichungen. Nebenden primitiven Gleichungen ist hier der Salzgehalt eine Erhaltungsgröße. Zusätzlich gibt es die nichtlineare Zustandsgleichung für die Dichte in Abhängigkeit von Temperatur, Salzgehalt und Druck.

Die Ozeanzirkulation wird einerseits von Wind, Gezeiten, Coriolis- und Schwerkraft dynamisch angetrieben, andererseits thermodynamisch durch die Temperatur- und Salzgehaltsverteilung bestimmt.

Das erste globale Ozeanmodell wurde 1969 entwickelt. Die Einführung einer Stromfunktion vereinfachte die dynamischen Gleichungen. Hierbei wird ein fester, auf dem Ozean liegender Deckel angenommen (sogenannte „Rigid-Lid"-Approximation). Wärme-, Süßwasser- und Impulsflüsse sind durch diese Abdeckung möglich. Die Rigid-Lid-Approximation kann jedoch nur dann angewendet werden, wenn Gezeiten und Wellenprozesse im Ozeanmodell vernachlässigt werden können. Wie bei Atmosphärenmodellen müssen für alle Vorgänge, die nicht in den Gleichungen enthalten sind, die Approximationen überdacht oder Parametrisierungen benutzt werden. Für die Realisierung der vertikalen und horizontalen Diskretisierung wurden verschiedene Modelltypen entwickelt, zum Beispiel mit Vertikalkoordinaten, die sich an der Dichteverteilung oder an der Topographie orientieren. Das Ozeanmodellgitter muss zudem im Gegensatz zur Atmosphäre die Ozeanbecken als Randbedingungen berücksichtigen.

Ozeanmodelle benötigen einen Anfangszustand. Hier wird eine Temperatur- und Salzgehaltsverteilung vorgeschrieben, die den Bedingungen des Zeitraums, der untersucht werden soll, am nächsten liegt. Dazu werden klimatologische Datensätze, Reanalysen oder vorangegangene Ozeansimulationen benutzt. Die oberen Randbedingungen aus der Atmosphäre werden entweder als Flüsse zur Verfügung gestellt oder mit Hilfe von Bulk-Gleichungen aus Variablen wie Wolkenbedeckung und der Temperatur in 2 m Höhe, etc. berechnet (siehe Beitrag 8).

Trotz „realistischer Anfangsbedingungen" ist es in der Ozeanmodellierung wichtig, dass das Modell eine längere Einschwingzeit („spin-up") bekommt, um sich auf die vorgeschriebenen Randbedingungen einzustellen. Bei Simulationen bestimmter vergangener oder zukünftiger Zeiträume wird die Einschwingzeit vernachlässigt, da sich in dieser Zeit die Modellkomponenten noch aufeinander einstimmen und dadurch künstliche Trends auftreten.

Liegt das Interesse auf der Tiefenzirkulation bis in mehrere 1000 m Tiefe, dann sollte diese Einschwingzeit ausreichend lang sein (in einer Größenordnung von 100 bis 1000 Jahren). Werden nur kurzfristige Oberflächenprozesse betrachtet, kann unter Umständen auf die Einschwingphase verzichtet werden.

Eine Herausforderung in der Ozeanmodellierung ist die Realisierung der Vermischung. Sie ist in der Horizontalen verantwortlich für den Austausch unterschiedlicher Strömungen und Wassermassen und in der Vertikalen bei Wassermassenbildungsprozessen. Mesoskalige Wirbel sind eine der treibenden Kräfte der Vermischung, deren Ausdehnung mit der geographischen Breite, der Schichtung und der Wassertiefe variiert. Auch bei dem Austausch zwischen Ozean und Atmosphäre spielen sie eine Rolle, sowohl bei der Energieaufnahme des Ozeans als auch bei der Entwicklung von Fronten in der Atmosphäre. Mit zunehmender Rechnerkapazität ist es möglich, auch bei globalen Ozeanmodellen die Gitter so zu verfeinern, dass Prozesse wie mesoskalige Wirbel aufgelöst werden: es werden wirbelerlaubende (engl. „eddy-permitting", etwa 1/4° Gitterweite) und wirbelauflösende Simulationen (engl. „eddy-resolving", etwa 1/12° Gitterweite) unterschieden. Mit der feineren Gitterweite wird auch die Topographie in den globalen Ozeanmodellen besser wiedergegeben. Die westlichen Randströme und Verbindungen zu Randmeeren wie zum Beispiel das Mittelmeer sind jedoch noch immer unzureichend dargestellt. Als Strategie müssen entweder die verwendeten Parametrisierungen verbessert oder die Gitterweite noch weiter verfeinert werden. Eine Lösung könnte auch die Nutzung von adaptiven oder unstrukturierten Modellgittern sein, welche zum Beispiel die Randströme und engen Passagen mit mehr Gitterpunkten abdecken, als den offenen Ozean (WANG et al. 2014).

Die Kopplung eines Wellenmodells erlaubt zudem eine realistischere Darstellung der Vermischung in Ozeanmodellen, wodurch sich Parametrisierungen vereinfachen können.

Ein wichtiges Qualitätsmerkmal der Ozeanmodellierung ist die Realisierung der meridionalen Umwälzzirkulation (abgekürzt MOC: **M**eridional **O**verturning **C**irculation) und die Aufnahme von Spurenstoffen aus der Atmosphäre. Da die Vermischung in Ozeanmodellen eine Auswirkung auf die Tiefenwasserbildung hat, hängt die Güte der meridionalen Umwälzzirkulation und somit auch der Wärmetransport im Ozean von der Repräsentation der Vermischung ab. Die Verwendung von verfolgbaren Partikeln (engl. „tracers", zum Beispiel C_{14}) hilft, die Unsicherheiten in der Ozeanzirkulation zu analysieren, wobei die Beschreibung der Übertragung der Partikel von der Atmosphäre in den Ozean auf empirischen Zusammenhängen beruht.

Eine weitere Herausforderung in der Ozeanmodellierung ist der Vergleich mit Beobachtungen. Beobachtungen des globalen und tiefen Ozeans sind erst mit Hilfe der Satelliten und einer Vielzahl an Bojen ermöglicht worden. Trotz allem ist die Datengrundlage im Vergleich mit der Verfügbarkeit der Beobachtungen in der Atmosphäre extrem dünn. Durch die zunehmende Verwendung von Ozeanmodellen mit sehr feinen Gitterweiten werden zudem auch feinmaschigere Beobachtungen zur Evaluierung benötigt.

2.4 Kryosphäre

Unter Kryosphäre im Klimasystem versteht man den Anteil der Erdoberfläche, welcher mit Schnee und Eis bedeckt ist. Dazu zählen Meereis, Eis auf Flüssen und Seen, Gletscher, Eisschilde und gefrorener Boden. Im Folgenden wird nur die Modellierung von Meereis und Eis auf der Landoberfläche vorgestellt. Eis auf Flüssen und Seen und gefrorener Boden werden in den Landmodellen behandelt. Eine besondere Rolle nimmt Permafrostboden ein, welcher langfristig Kohlenstoff speichern kann.

Das Meereis spielt im Klimasystem eine wichtige Rolle, da es die Albedo der Ozeanoberfläche verändert und durch die veränderte Oberflächenrauigkeit den Impulsaustausch zwischen Ozean und Atmosphäre beeinflusst. Im Ozean ist die Meereisbildung von zusätzlicher Bedeutung, da im Gefriervorgang das reine Wasser zuerst friert, so dass Wasser mit erhöhtem Salzgehalt zurückbleibt. Sie bewirkt, dass das Umgebungswasser schwerer wird und absinkt. Diese Prozesse muss ein Meereismodell im Ozean abbilden. Einfache Meereismodelle für die Atmosphäre, wie zum Beispiel in dem regionalen Klimamodell COSMO-CLM, beinhalten nur den thermodynamischen Anteil, welche die Eisbildung und -schmelze simulieren. Die Energiebilanz wird an der Eisoberfläche berechnet. Komplexe, mehrschichtige Eismodelle simulieren zusätzlich die dynamischen Bewegungen des Meereises. Die Fließeigenschaften des Eises werden in Form eines rheologischen Ansatzes in den Gleichungen berücksichtigt. Diese Eismodelle sind in der Lage, das Auftürmen von Eis, das Anfrieren an den Seiten und an der Eisunterkante, offenes Wasser im Eis und eine zusätzliche Schneeauflage zu simulieren. Hochaufgelöste Meereismodelle stellen auch die Kanäle dar, die bei der Meereisbildung durch die Salzlake in das Eis geschmolzen werden.

Analog zur Behandlung von Meereis wird auch beim Inlandeis die dynamische Bewegung des Eises und die Thermodynamik der Eisbildung und des Schmelzens simuliert. Bewegt sich das Landeis auf den Ozean hinaus, muss auch dieser Prozess simuliert werden. Durch Schmelzvorgänge im Küstenbereich gewinnt der Ozean an Süßwasser, wodurch sich die lokale Wassermassenzusammensetzung ändert und der Meeresspiegel ansteigt. Das Abbrechen von Eisbergen modifiziert den internen Stress im Eis, wodurch es zu schnellerem Fließen des Inlandeises kommen kann.

Die Beschreibung der Schmelzprozesse von Meer- und Landeis und die Wechselwirkung mit dem globalen Klima ist ebenfalls eine der „Großen Herausforderungen", welche das WCRP[3] an die aktuelle Forschung richtet.

3 Unsicherheiten in Klimamodellen

Die Ergebnisse der Klimamodelle sind aufgrund ihrer Konstruktion und auf Basis des verwendeten Wissens mit vielen Unsicherheiten verbunden, die bei der Auswertung und Interpretation der Ergebnisse bedacht werden müssen.

Allgemein werden folgende Unsicherheiten der Klimamodelle unterschieden:
- Approximationen:
  Durch Vorüberlegungen werden bestimmte, auf allgemeinen Theorien basierende physikalische Prozesse aus den Gleichungen eliminiert (zum Beispiel Schallwellen), um den rechnerischen Einsatz zu vereinfachen.
- Diskretisierung:
  Da die physikalischen Gleichungen partielle Ableitungen und chaotische Prozesse enthalten, die analytisch nicht gelöst werden können, erhält man durch die numerische Näherung Ungenauigkeiten.
- Computerungenauigkeit:
  Die Technologie der Rechner beschränkt die Rechengenauigkeit, so dass es hier zu Fehlern in den Nachkommastellen kommen kann, die sich auch fortpflanzen können.
- Empirische Abschätzung oder Modellparametrisierung:
  Durch die numerische Lösung der Gleichungen mit einem diskreten Abstand der Gitterpunkte müssen Prozesse, die auf einer kleineren Skala als dem Gitterpunktabstand ablaufen, parametrisiert werden (zum Beispiel Konvektion). Ein anderes Beispiel für Parametrisierung sind Prozesse, die aus Messungen empirisch abgeleitet wurden, wie zum Beispiel der Austausch von Wärme, Feuchte und Impuls zwischen Ozean und Atmosphäre. In regionalen Klimamodellen werden die Parametrisierungen in den verschiedenen Regionen oft regional angepasst, so dass zum Beispiel ein regionales Modell für Europa andere Parametrisierungen oder Parametrisierungskoeffizienten benutzt als ein regionales Modell für Afrika. Bei jeder Anwendung von Klimamodellen müssen die verwendeten Parametrisierungen hinterfragt und ihre Unsicherheiten diskutiert werden.

- Tuning:
Durch die Parametrisierungen in den Gleichungen gibt es Parameter, die angepasst oder „getuned" werden, um eine möglichst gute Übereinstimmung mit beobachteten Daten zu erreichen. Schlüsselparameter der Globalmodelle sind zum Beispiel die Energiebilanz am oberen Rand der Atmosphäre, die mittlere Oberflächentemperatur oder die zonale Windgeschwindigkeit in den atmosphärischen Jetströmen (MAURITSEN et al. 2012). Tuning ist sehr aufwendig, da Simulationen mit neuen Parameterwerten innerhalb der physikalisch sinnvollen Variation iterativ wiederholt werden müssen, bis ein gewünschtes Ergebnis erzielt wurde. Parametertuning wirkt auf das gesamte Modellklima, so dass mit möglichst objektiven Methoden ein optimaler Zustand gefunden werden muss. Häufig werden globale Klimamodelle für bestimmte Zeitscheiben „getuned", zum Beispiel auf den vorindustriellen Zustand. Hierbei entsteht die Unsicherheit, inwieweit die Wahl der Parameter auch bei Zukunftsszenarien realistische Ergebnisse liefern. HOURDIN et al. (2016) geben einen sehr guten Überblick über Tuning und seine Implikationen.
- Komplexität der Modellkomponenten:
Mit jedem Hinzufügen neuer Modellkomponenten kommen neben den modelleigenen Unsicherheiten noch Unsicherheiten durch die Wechselwirkungen untereinander hinzu.
- Start- und Randbedingungen der Modelle:
Start- und Randbedingungen können Beobachtungsdaten oder Ergebnisse anderer Modellsimulationen sein. Die Qualität und Dichte der Beobachtungsdaten sowie die Methoden, diese dem Modell als Anfangsbedingungen verfügbar zu machen, beeinflussen die Qualität der Vorhersage auf kurzen Zeitskalen entscheidend. Wenn kein Atmosphärenchemiemodell angekoppelt ist, werden zusätzlich Treibhausgaskonzentration, Ozon- und Aerosolgehalt als Randbedingungen während der Simulation benötigt.
- Szenarien:
Um die zukünftige Entwicklung des Klimasystems abzuschätzen, wurden verschiedene Szenarien entwickelt. Diese Szenarien dienen den Klimamodellen als Randbedingungen für Klimaprojektionen. Es handelt sich um sogenannte repräsentative Konzentrationspfade (RCPs: **Re**presentative **C**oncentration **P**athways), die sich deutlich voneinander unterscheiden (IPCC 2013). Sie umfassen neben den zukünftigen Änderungen der Treibhausgasemissionen und des Strahlungsantriebs auch sozioökonomische Faktoren und die Änderungen der Landnutzung. Es gibt aktuell 4 Szenarien: RCP2.6, RCP4.5, RCP6 und RCP8.5. Sie stellen vier mögliche zukünftige Entwicklungen dar, auf deren Grundlage mit Klimamodellen mögliche Klimaänderungen berechnet werden.
- Unkenntnis:
Im Gegensatz zum natürlichen Klimasystem sind Klimamodelle geschlossene Systeme. Sie können nur Zusammenhänge und Wechselwirkungen von Komponenten darstellen, die in den Modellen abgebildet sind. Daher ist das Verständnis über die Rückkopplungseffekte und deren realistische Simulation durch numerische Klimamodelle entscheidend für die Güte von Klimasimulationen.

4 Evaluierung von Klimamodellen

Bevor es sinnvoll ist, Aussagen über Klimaveränderungen aufgrund von Modellsimulationen zu machen, ist es wichtig, die Modellergebnisse zu überprüfen. Dies erfolgt auf zwei unterschiedliche Arten. Zum einem werden die Simulationen der Vergangenheit mit Beobachtungsdaten mit möglichst großer Datenabdeckung verglichen. Kriterien für die Beurteilung, wie gut eine Klimagröße im Vergleich zur beobachteten Vergangenheit modelliert wird, sind unter anderem die zufriedenstellende Wiedergabe des Mittelwertes über den Untersuchungszeitraum, die Häufigkeitsverteilung der Werte, die Minimal- und Maximalwerte (Größenordnung und Häufigkeit des zeitlichen Auftretens) oder der Jahresganges der räumlichen Verteilung und das Änderungssignals im Untersuchungszeitraum. Darüber hinaus ist wesentlich, ob ein Klimamodell in der Lage ist, die sogenannte Klimasensitivität realistisch zu reproduzieren. Klimasensitivität (speziell: ECS, „**E**quilibrium **C**limate **S**ensitivity") ist ein Maß für die Erwärmung der Erde durch eine Verdoppelung eines Treibhausgases (meist Kohlendioxid). Diese Klimasensitivität kann aus Beobachtungsdaten (MARVEL et al. 2016, ROHLING et al. 2012) errechnet oder mit Klimamodellen abgeschätzt werden.

Die Evaluierung der Klimamodelle ist wichtig, einerseits um zu wissen, in welchen Bereichen, räumlich und zeitlich, die Ergebnisse nah an Beobachtungen liegen, andererseits um zu erfahren, wo systematische Fehler im Modell auftreten. Diese Erkenntnis hilft dann, die Modellentwicklung auf diese Bereiche zu konzentrieren, um die Modelle weiter zu verbessern. Zum anderen werden die Simulationsergebnisse mit anderen Modellergebnissen wie in CMIP „**C**oupled **M**odeling **I**ntercomparison **P**roject" verglichen. Dort werden globale Klimamodelle genutzt, um zukünftige Szenarien bis zum Jahr 2100 zu simulieren (TAYLOR et al. 2012 und KNUTTI et al. 2013).

Im Rahmen von CMIP6, das aktuell beginnende CMIP, hat sich die globale Klimamodell-Community darauf geeinigt, zukünftig als erstes die sogenannten DECK-Simulationen (DECK: **D**iagnosis, **E**valuation, and **Cha**racterization of **K**lima experiments) durchzuführen. Sie sind die Grundlage der Evaluierung der Globalmodelle in CMIP. Die DECK-Simulationen für CMIP6 starteten 2016, die Veröffentlichungen dieser Simulationen gehen in den nächsten IPCC-Report ein, der im Jahre 2022 erscheinen soll.

Die DECK-Simulationen umfassen:
- AMIP-Simulation (1979-2014),
- Vorindustrielle Kontrollsimulation (500 Jahre),

- 1 %/Jahr CO_2-Anstieg,
- Abrupte Änderung auf $4 \times CO_2$.

Bei den AMIP-Simulationen („**A**tmospheric **M**odel **I**ntercomparison **P**roject") wird nur das Atmosphärenmodell mit Landkomponente verwendet, um den gewünschten Zeitabschnitt zu simulieren. Am unteren Rand wird die Meeresoberflächentemperatur der Ozeane (SST, „**s**ea **s**urface **t**emperature") in einem einheitlichen Datensatz vorgeschrieben, so dass alle Atmosphärenmodelle mit den gleichen Randbedingungen rechnen. Somit sind die Ergebnisse miteinander vergleichbar. Für den simulierten Zeitraum ist auch eine gute Abdeckung mit Messdaten vorhanden.

Daneben ist eine Kontrollsimulation mit präindustriellem konstantem CO_2-Antrieb gefordert. Das Modell sollte zum Anfang dieser Simulation schon die Einschwingphase hinter sich haben, so dass sich ein Gleichgewicht zwischen den Modellkomponenten eingestellt hat und die Ergebnisse keinen artifiziellen Trend aufzeigen. Aus dieser Simulation soll deutlich werden, welche interne Variabilität das Klimamodell mit den gewählten Parametern aufweist. Bei der Simulation 1 % CO_2-Anstieg pro Jahr ist die Zielsetzung festzustellen, wie schnell sich die einzelnen Komponenten des simulierten Klimasystems erwärmen und welche Temperaturerhöhung simuliert wird. Diese Erwärmung wird auch TCR, „**T**ransient **C**limate **S**ensitivity", genannt. Die abrupte Änderung auf einen vierfachen CO_2-Wert gibt Aufschluss über die Klimasensitivität des Modells.

Nach diesen DECK-Simulationen können dann die zukünftigen Szenarien simuliert werden. Diese werden dann im Hinblick auf die Ergebnisse aus den DECK-Simulationen ausgewertet.

In der regionalen Klimamodellierung gibt es ebenfalls eine Evaluierungssimulation für die vergangenen 20 bis 30 Jahre, in welchem das Modell an den Rändern mit den Daten aus aus einer Reanalyse (siehe Erläuterung in Abschnitt 4.1) angetrieben wird.

Es existiert eine Vielzahl von Metriken zur Bestimmung der Güte einer Modellsimulation. Hier werden die Simulationen mit Klimatologien der Vergangenheit verglichen. Die Metriken fokussieren dabei hauptsächlich auf den mittleren Fehler, die Varianz, und die Wahrscheinlichkeitsverteilung.

Anders als bei Wettervorhersagemodellen liefern Klimamodelle keine detaillierten Informationen über den Wetterablauf der Zukunft, sondern Projektionen des künftigen Klimas im Sinne von dessen statistischen Eigenschaften über längere Zeiträume. Die Ergebnisse der Projektionsrechnungen werden als Abweichungen von einem Referenzzeitraum, das heißt 1961–1990 oder 1981–2010, angegeben. Die Robustheit der Ergebnisse sollte anhand unterschiedlicher Referenzzeiträume untersucht werden (HAWKINS und SUTTON 2015).

4.1 Referenzdaten

Die Wahl der Beobachtungsdaten als Referenzdatensatz fügt der Auswertung zusätzliche Faktoren der Unsicherheit hinzu. Homogenität und Repräsentativität der Beobachtungen sind nicht überall gegeben. Die Dichte der Beobachtungsdaten hat sich in den letzten 150 Jahren deutlich verbessert. So wurden in vorherigen Jahrhunderten vereinzelt Punktmessungen durchgeführt, die hauptsächlich auf der Nordhalbkugel zu finden waren. In einigen Teilen der Erde ist die Stationsdichte auch heute noch sehr gering. Mit dem Start der Satellitenmessungen in den 1970er Jahren begann die großflächige Beobachtung der Erdoberfläche. Räumlich und zeitlich sowie vertikal hoch aufgelöste In-Situ-Messungen sind weiterhin essentiell für das Verständnis der Prozesse im Klimasystems und die wechselseitige Evaluierung der Beobachtungsmethoden. Zur Evaluierung von Klimamodellen müssen Punktmessungen auf Modellgitter interpoliert werden. Dadurch oder durch die Transformation zwischen verschiedenen Projektionsrastern kann es zu zusätzlichen Abweichungen gegenüber den ursprünglichen Daten kommen. Eine besondere Form der Referenzdaten sind Reanalysen. Hier werden Beobachtungen verschiedener Quellen in ein Modell assimiliert und somit kontinuierliche Felder physikalisch konsistenter Variablen berechnet (zum Beispiel der ERA-Interim-Datensatz des EZMW, (DEE et al. 2011) oder die NCEP-Reanalyse des NCAR (KALNAY et al. 1996)). Verschiedene Reanalysedatensätze unterscheiden sich besonders stark in Gebieten mit geringer Beobachtungsdichte. In diesen Gebieten wird die Modellphysik nur sehr gering oder gar nicht von den Beobachtungen gesteuert, so dass hier die Unterschiede der jeweils zugrunde liegenden Modelle sichtbar werden. Dies ist bei der Auswertung des eigenen Modells zu berücksichtigen.

4.2. Modellensemble

Um die durch das chaotische Verhalten des Klimasystems und die Modellfehler entstehenden Unsicherheiten abzuschätzen, werden heute in vielen Anwendungen Ensembleberechnungen durchgeführt. Dies bedeutet, dass Klimasimulationen für den gleichen Zeitraum mit leicht unterschiedlichen Anfangs- oder Randbedingungen oder modifizierten Modellparametern (sogenanntes „Perturbed Physics"-Verfahren) mehrmals berechnet werden. Mit einem einzelnen Modell bekommt man dadurch verschiedene Realisierungen, so dass die Bandbreite der Ergebnisse analysiert werden kann (engl. „single-model-ensemble"). Durch die Auswertung eines solchen Ensembles von Simulationen können dann Qualitätsaussagen im Vergleich zum vergangenen Klima und Wahrscheinlichkeitsaussagen über den zukünftigen Zustand des Klimasystems getroffen werden.

Trotz der Variation der Anfangsbedingungen oder der Parametrisierungen liefern einzelne Modelle oft Lösungen, die nur einen Ausschnitt der Bandbreite der natürlichen Variabilität abdecken. Deshalb werden viele Modelle mit-

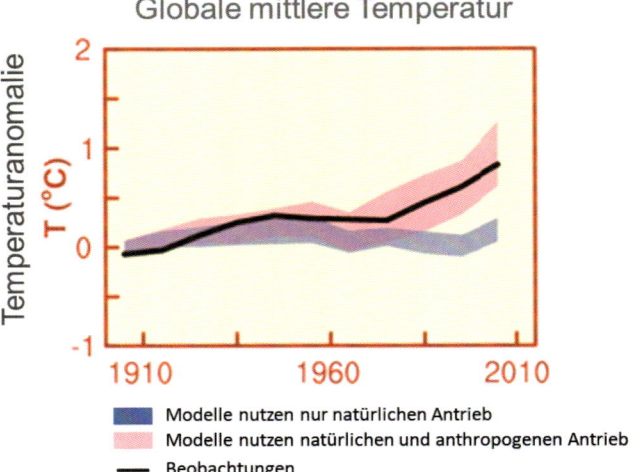

Abb. 2-3: Multi-Modellensemble des globalen Klimas für das 20. Jahrhundert (IPCC 2013). Die Werte sind dekadische Mittelwerte der Erdoberflächentemperatur relativ zum Zeitraum 1880–1919. Die farbigen Bänder stellen die Konfidenzintevalle von 5 bis 95% dar. Alternative, animierte Darstellung im Internet: http://www.bloomberg.com/graphics/2015-whats-warming-the-world, Stand Oktober 2016.

einander verglichen (engl. „multi-model-ensembles"). Dabei ist darauf zu achten, dass möglichst unabhängige Modelle genutzt werden, um die Variabilität des Klimasystems vollständig abbilden zu können.

Der Vergleich der Modelle geschieht oftmals in Modellvergleichsstudien (engl. „**m**odel **i**ntercomparison **p**rojects", kurz MIPs). Unter dem Dach des CMIP6-Projekts gibt es eine Vielzahl von MIPs, wie zum Beispiel den Vergleich von Ozeanmodellen in OMIP. Hier werden die Randbedingungen der Modelle so weit wie möglich vorgegeben, um eine Vergleichsbasis der Simulationen zu erhalten.

Sehr eingängig wird der Nutzen von Multimodellensembles in Abbildung 2-3 veranschaulicht. Hier sind die Ergebnisse von Klimasimulationen des letzten Jahrhunderts mit natürlichem (Solarantrieb und Vulkanausbrüche) und mit zusätzlichem anthropogenem Antrieb dargestellt. Dabei wird deutlich, dass die Modellsimulationen den anthropogenen Antrieb berücksichtigen müssen, um den Temperaturanstieg der letzten Dekaden wiedergeben zu können.

Klimaprojektionsensembles sind ebenfalls Multimodellensembles, die jedoch als Randbedingungen die Emissionsszenarien nutzen. Bei der Auswertung von Klimaprojektionsensembles wird unter der Annahme, dass die Ensemblemitglieder statistisch unabhängig sind, für jede einzelne Projektion die gleiche Eintrittswahrscheinlichkeit angenommen. Bei einem ausreichend großen Ensemble ist es unter dieser Annahme möglich, probabilistische Aussagen über zukünftige Klimazustände zu treffen. Mit der Bestimmung von Perzentilen können Bandbreiten innerhalb des betrachteten Ensembles berechnet werden, innerhalb derer ein bestimmtes Änderungssignal zu erwarten ist. Mit diesen Bandbreiten ist es dann möglich, robuste Aussagen zu Änderungskorridoren abzuleiten.

Allerdings muss auch bei statistischen Auswertungen von Klimaprojektionsensembles bedacht werden, dass nie sämtliche Einflüsse und Unsicherheiten innerhalb des Klimasystems berücksichtigt werden können. Ebenso können sich angenommene Voraussetzungen (wie zum Beispiel Emissionsszenarien) als nicht ausreichend haltbar herausstellen. Die aus der Analyse von Klimaprojektionsensembles resultierenden Bandbreiten klimatischer Änderungen müssen daher immer als Teilmenge der in der Natur möglichen Veränderungen interpretiert werden. Das EU-FP6-Forschungsprojekt ENSEMBLES hat eine Vielzahl an Klimasimulationen aus der Kombination verschiedener globaler und regionaler Klimamodelle für Europa und Afrika erstellt und ausgewertet. Der Abschlussbericht dieses Projektes gibt einen guten Überblick über die verwendeten Methoden und Ergebnisse (VAN DER LINDEN und MITCHELL 2009).

4.3 Modellbias

Unter einem Modellbias versteht man einen systematischen Fehler der Klimasimulation gegenüber Referenzdaten. Werden nun bei der Evaluierung systematische Fehler detektiert, ist es notwendig, diese zu diskutieren und a posteriori mit statistischen Methoden zu korrigieren, insbesondere, wenn die erzeugten Daten selbst wieder Eingang in weitere Modelle finden (zum Beispiel in Wasserhaushaltsmodelle).

Wird dies getan, spricht man von Bias-Korrektur oder biaskorrigierten Modelldaten. Die zentralen Annahmen bei der Bias-Korrektur sind:
• Der Fehler ist stationär in der Zeit.
• Der Fehler ist auch unter Klimaänderungsbedingungen stationär.
Dies sind allerdings Annahmen, die für mögliche sich ändernde zukünftige Klimazustände nicht überprüfbar sind (TEUTSCHBEIN und SEIBERT 2012).

Es gibt unterschiedliche Bias-Korrekturverfahren mit unterschiedlicher Komplexität und Zielsetzung. Manche Methoden werden mit dem Ziel angewandt, das Klimaänderungssignal zu erhalten, während bei anderen Methoden eine Anpassung der Verteilungsfunktion im Vordergrund steht. Hier wird bewusst eine nachträgliche Korrektur des Klimaänderungssignals der Projektion in Kauf genommen. Zusätzlich ist zu beachten, dass die physikalische Konsistenz zwischen verschiedenen Variablen, die in deterministischen Klimamodellen gegeben ist, nach der Anwendung von statistischen Korrekturverfahren verloren gehen kann. Ein vielversprechender Ansatz kommt von VRAC und FRIEDERICHS (2015): die Autoren beschreiben eine multivariate Methode, bei welcher die zeitliche und räumliche Abhängigkeit auch zwischen den korrigierten Variablen erhalten bleibt.

Welche Vor- und Nachteile einer Bias-Korrektur bei der Verwendung von Klimaprojektionsdaten bestehen, hängt auch von der jeweiligen Fragestellung ab. Dazu existiert ein

Projekt, in welchem die verschiedenen Methoden einander gegenübergestellt werden: **B**ias **C**orrection **I**ntercomparison **P**roject (BCIP)[4].

Bei der Vielzahl an Bias-Korrekturverfahren gilt es zu bedenken, dass es kein „bestes" Aufbereitungsverfahren, kein „bestes" Modell und keine „beste" Modellkombination gibt. Je nach Modell, Anfangs- und Randbedingungen werden unterschiedliche Trends berechnet. Die daraus resultierenden Bandbreiten an Ergebnissen produzieren Unsicherheiten, welche bei der Interpretation von Klimaprojektionen bedacht werden müssen.

5. Zusammenfassung und Ausblick

Das Klimasystem ist ein hochkomplexes, nichtlineares System, welches nur durch Vereinfachungen mit einem Klimamodell abgebildet werden kann. Deshalb gibt es nicht ein einziges Klimamodell, das alle Fragen beantwortet, sondern eine Vielzahl an Modellkombinationen und -konfigurationen für unterschiedliche Anwendungen und Fragestellungen.

Die wichtigsten Bestandteile des Klimasystems und ihre Umsetzung in Modellen wurden vorgestellt. In den Atmosphärenmodellen sind noch viele Fragen rund um Wolkenprozesse, ihre Wechselwirkung mit Aerosolen und der Einfluss auf die atmosphärische Zirkulation offen. In Ozeanmodellen muss die Realisierung der Vermischung weiter optimiert werden. Nicht nur die Schwachstellen der einzelnen Modellkomponenten müssen verbessert werden, sondern auch der Austausch zwischen ihnen.

Die Unsicherheiten, die mit den Klimamodellen selbst verbunden sind, müssen bei der Interpretation der Simulationsergebnisse bedacht und kommuniziert werden. Bei der Evaluierung der Klimamodelle ist die Verfügbarkeit von gerasterten Referenzdaten für den Zeitraum der Simulation unerlässlich, um ein Maß für die Güte der Simulation zu erhalten. Zusätzlich ist es sinnvoll, statt Einzelsimulationen Multimodellensemble zu betrachten. So können Unsicherheiten quantifiziert und Wahrscheinlichkeitsaussagen für künftige Klimaentwicklungen getroffen werden. Hier ist zu berücksichtigen, dass die Bandbreiten der Projektionen nur die klimatischen Entwicklungen basierend auf den vorgegebenen Zukunftsszenarios simulieren können.

Werden die Simulationsergebnisse als Eingangsdaten von weiteren Modellen genutzt, müssen sie gegebenenfalls a posteriori korrigiert werden, wenn die Ergebnisse systematisch von den Referenzdaten abweichen. Hierfür existiert eine Vielzahl von Korrekturverfahren, deren Vor- und Nachteile gegeneinander abgewogen werden müssen.

Eine immer größere Herausforderung bei der Nutzung von Klimamodellen sind nicht nur die wissenschaftlichen Fragestellungen, sondern auch der Umgang mit Ressourcen wie Rechenzeit und Speicherplatz. Bislang war die Rechenzeitlimitierung die größte Hürde. Deshalb werden globale Klimaprojektionen mit relativ grobmaschigen Gittern simuliert und anschließend mit regionalen Klimamodellen verfeinert. Neben der Rechenzeitlimitierung ist auch eine Strategie im Umgang mit den Klimamodelldaten vonnöten, die bei immer feinerer Auflösung der Modelle immer mehr Speicherplatz und zusätzliche Rechenzeit für die anschließende Aufbereitung benötigen.

Aus diesem Kapitel wird deutlich, dass Klimamodelle unter Berücksichtigung des anthropogenen Antriebs sehr wohl in der Lage sind, den Temperaturanstieg des vergangenen Jahrhunderts zu simulieren. Darüber hinaus müssen die Klimamodelle jedoch noch weiter optimiert werden, um das Klimasystem mit all seinen Komponenten besser zu beschreiben und das Vertrauen in die Vorhersagen zu stärken. Letztendlich ist klar, dass nur im Zusammenspiel von Verbesserung der Datenerfassung und der Klimamodelle die „Großen Herausforderungen" bewältigt werden können.

Literatur

BONY, S., STEVENS, B., FRIERSON, D. M. W., JAKOB, C., KAGEYAMA, M., PINCUS, R., SHEPHERD, T. G., SHERWOOD, S. C., SIEBESMA, A. P., SOBEL, A. H., WATANABE, M., WEBB, M. J., 2015: Clouds, circulation and climate sensitivity. *Nature Geoscience* **8**, 4, 261-268, doi:10.1038/ngeo2398.

DEE, D. P., UPPALA, S. M., SIMMONS, A. J., BERRISFORD, P., POLI, P., KOBAYASHI, S., ANDRAE, U., BALMASEDA, M. A., BALSAMO, G., BAUER, P., BECHTOLD, P., BELJAARS, A. C. M., VAN DE BERG, L., BIDLOT, J., BORMANN, N., DELSOL, C., DRAGANI, R., FUENTES, M., GEER, A. J., HAIMBERGER, L., HEALY, S. B., HERSBACH, H., HOLM, E. V., ISAKSEN, L., KALLBERG, P., KÖHLER, M., MATRICARDI, M., MCNALLY, A. P., MONGE-SANZ, B. M., MORCRETTE, J.-J., PARK, B.-K., PEUBEY, C., DE ROSNAY, P., TAVOLATO, C., THEPAUT, J.-N., VITART, F., 2011: The ERA-Interim reanalysis: configuration and performance of the data assimilation system. *Quarterly Journal of the Royal Meteorological Society* **137**, 656, 553-597, doi:Doi 10.1002/Qj.828.

EBY, M., WEAVER, A. J., ALEXANDER, K., ZICKFELD, K., ABE-OUCHI, A., CIMATORIBUS, A. A., CRESPIN, E., DRIJFHOUT, S. S., EDWARDS, N. R., ELISEEV, A. V., FEULNER, G., FICHEFET, T., FOREST, C. E., GOOSSE, H., HOLDEN, P. B., JOOS, F., KAWAMIYA, M., KICKLIGHTER, D., KIENERT, H., MATSUMOTO, K., MOKHOV, I. I., MONIER, E., OLSEN, S. M., PEDERSEN, J. O. P., PERRETTE, M., PHILIPPON-BERTHIER, G., RIDGWELL, A., SCHLOSSER, A., SCHNEIDER VON DEIMLING, T., SHAFFER, G., SMITH, R. S., SPAHNI, R., SOKOLOV, A. P., STEINACHER, M., TACHIIRI, K., TOKOS, K.,

---
[4] http://www.meteo.unican.es/en/node/73279, Stand Oktober 2016

YOSHIMORI, M., ZENG, N., ZHAO, F., 2013: Historical and idealized climate model experiments: an intercomparison of Earth system models of intermediate complexity. *Climate of the Past* **9**, 3, 1111-1140, doi:10.5194/cp-9-1111-2013.

EDWARDS, P. N., 2011: History of climate modeling. *Wiley Interdisciplinary Reviews-Climate Change* **2**, 1, 128-139, doi:10.1002/wcc.95.

HAWKINS, E., SUTTON, R.,2015: Connecting climate model projections of global temperature change with the real world. *Bulletin of the American Meteorological Society* **97**, 6, 963-980, 0(0), doi:10.1175/bams-d-14-00154.1.

HOURDIN, F., MAURITSEN, T., GETTELMAN, A., GOLAZ, J.-C., BALAJI, V., DUAN, Q., FOLINI, D., JI, D., KLOCKE, D., QIAN, Y., RAUSER, F., RIO, C., TOMASSINI, L., WATANABE, M., WILLIAMSON, D., 2016: The art and science of climate model tuning. *Bulletin of the American Meteorological Society,* in press, doi:http://dx.doi.org/10.1175/BAMS-D-15-00135.1.

IPCC, 2013: Climate Change 2013: The Physical Science Basis.

JAKOB, C., 2014: Going back to basics. *Nature Clim. Change* **4**, 12, 1042-1045, doi:10.1038/nclimate2445.

KALNAY, E., KANAMITSU, M., KISTLER, R., COLLINS, W., DEAVEN, D., GANDIN, L., IREDELL, M., SAHA, S., WHITE, G., WOOLLEN, J., ZHU, Y., CHELLIAH, M., EBISUZAKI, W., HIGGINS, W., JANOWIAK, J., MO, K. C., ROPELEWSKI, C., WANG, J., LEETMAA, A., REYNOLDS, R., JENNE, R., JOSEPH, D., 1996: The NCEP/NCAR 40-year reanalysis project. *Bulletin of the American Meteorological Society* **77**, 3, 437-471, doi:10.1175/1520-0477(1996)077<0437:tnyrp>2.0.co;2.

KNUTTI, R., MASSON, D., GETTELMAN, A., 2013: Climate model genealogy: Generation CMIP5 and how we got there. *Geophysical Research Letters* **40**, 6, 1194-1199, doi:Doi 10.1002/Grl.50256.

LANGE, H. J., 2002: Die Physik des Wetters und des Klimas: ein Grundkurs zur Theorie des Systems Atmosphäre. *Reimer*, 625 S.

MARVEL, K., SCHMIDT, G. A., MILLER, R. L., NAZARENKO, L. S., 2016: Implications for climate sensitivity from the response to individual forcings. *Nature Climate Change* **6**, 4, 386-389, doi:10.1038/nclimate2888.

MAURITSEN, T., STEVENS, B., ROECKNER, E., CRUEGER, T., ESCH, M., GIORGETTA, M., HAAK, H., JUNGCLAUS, J., KLOCKE, D., MATEI, D., MIKOLAJEWICZ, U., NOTZ, D., PINCUS, R., SCHMIDT, H., TOMASSINI, L., 2012: Tuning the climate of a global model. *Journal of Advances in Modeling Earth Systems* **4**, doi:10.1029/2012ms000154.

RICHARDS, L. A., 1931: Capillary conduction of liquids through prorous mediums. *Journal of Applied Physics* **1**, 5, 318-333, doi:http://dx.doi.org/10.1063/1.1745010.

ROHLING, E. J., SLUIJS, A., DIJKSTRA, H. A., KÖHLER, P., VAN DE WAL, R., VON DER HEYDT, A. S., BEERLING, D. J., BERGER, A., BIJL, P. K., CRUCIFIX, M., DECONTO, R., DRIJFHOUT, S. S., FEDOROV, A., FOSTER, G. L., GANOPOLSKI, A., HANSEN, J., HÖNISCH, B., HOOGHIEMSTRA, H., HUBER, M., HUYBERS, P., KNUTTI, R., LEA, D. W., LOURENS, L. J., LUNT, D., MASSON-DEMOTTE, V., MEDINA-ELIZALDE, M., OTTO-BLIESNER, B., PAGAN, M., PÄLIKE, H., RENSSEN, H., ROYER, D. L., SIDDALL, M., VALDES, P., ZACHOS, J. C., ZEEBE, R. E., MEMBERS, P. P., 2012: Making sense of palaeoclimate sensitivity. *Nature* **491**,7426, 683-691, doi:10.1038/nature11574.

SCHULZ, J.-P., VOGEL, G., BECKER, C., KOTHE, S., RUMMEL, U., AHRENS, B., 2016: Evaluation of the ground heat flux simulated by a multi-layer land surface scheme using high-quality observations at grass land and bare soil. *Meteor. Z.* **25**, 5, 607-620, doi:10.1127/metz/2016/0537.

SHUKLA, J., PALMER, T. N., HAGEDORN, R., HOSKINS, B., KINTER, J., MAROTZKE, J., MILLER, M., SLINGO, J., 2010: Toward a New Generation of World Climate Research and Computing Facilities. *Bulletin of the American Meteorological Society* **91**, 10, 1407-1412, doi:10.1175/2010bams2900.1.

STEVENS, B., BOUCHER, O., 2012: Climate science: The aerosol effect. *Nature* **490**, 7418, 40-41.

TAYLOR, K. E., STOUFFER, R. J., MEEHL, G. A., 2012: An Overview of Cmip5 and the Experiment Design. *Bulletin of the American Meteorological Society* **93**, 4, 485-498, doi:Doi 10.1175/Bams-D-11-00094.1.

TEUTSCHBEIN, C., SEIBERT, J., 2012:. Bias correction of regional climate model simulations for hydrological climate-change impact studies: Review and evaluation of different methods. *Journal of Hydrology* **456**, 12-29, doi:10.1016/j.jhydrol.2012.05.052.

THUBURN, J., WHITE, A. A., 2013: A geometrical view of the shallow-atmosphere approximation, with application to the semi-Lagrangian departure point calculation. Quarterly *Journal of the Royal Meteorological Society* **139**, 670, 261-268, doi:10.1002/qj.1962.

TRENBERTH, K. E.,ASRAR, G. R., 2014: Challenges and Opportunities in Water Cycle Research: WCRP Contributions. *Surveys in Geophysics* **35**, 3, 515-532, doi:10.1007/s10712-012-9214-y.

VAN DER LINDEN, P., MITCHELL, J. F.B., 2009: ENSEMBLES: Climate Change and its Impacts: Summary of research and results from the ENSEMBLES project. Retrieved from *Met Office Hadley Centre*, Exeter, 160 pp, http://ensembles-eu.metoffice.com/docs/Ensembles_final_report_Nov09.pdf.

VRAC, M., FRIEDERICHS, P., 2015: Multivariate-Intervariable, Spatial, and Temporal-Bias Correction. *Journal of Climate* **28**, 1, 218-237, doi:10.1175/Jcli-D-14-00059.1.

WANG, Q., DANILOV, S., SIDORENKO, D., TIMMERMANN, R., WEKERLE, C., WANG, X., JUNG, T., SCHRÖTER, J., 2014: The Finite Element Sea Ice-Ocean Model (FESOM) v.1.4: formulation of an ocean general circulation model. *Geosci. Model Dev.* **7**, 2, 663-693, doi:10.5194/gmd-7-663-2014.

Ergänzende Literatur

GETTELMAN, A., ROOD, R. B., 2016: Demystifying Climate Models. *Springer-Verlag, Berlin, Heidelberg,* 274 pp.

GOOSSE, H.,2015: Climate System Dynamics and Modelling. *Cambridge University Press,* 373 pp.

MCGUFFIE, K., HENDERSON-SELLERS, A., 2013: A Climate Modelling Primer. *John Wiley & Sons,* 298 pp.

RAYNER, J. N.,1995: Climate System Modeling, edited by Kevin E. Trenberth. *Geographical Analysis* **27**, 182–184, doi:10.1111/j.1538-4632.1995.tb00343.x.

VON STORCH, H., GÜSS, S., HEIMANN, M.,1999: Das Klimasystem und seine Modellierung. *Springer-Verlag, Berlin, Heidelberg.*

Kontakt

DR. JENNIFER BRAUCH
Deutscher Wetterdienst
Geschäftsbereich Klima und Umwelt
Frankfurter Str. 135
63067 Offenbach
jennifer.brauch@dwd.de

DR. KRISTINA FRÖHLICH
Deutscher Wetterdienst
Geschäftsbereich Klima und Umwelt
Frankfurter Str. 135
63067 Offenbach
kristina.froehlich@dwd.de

DR. FLORIAN IMBERY
Deutscher Wetterdienst
Geschäftsbereich Klima und Umwelt
Frankfurter Str. 135
63067 Offenbach
florian.imbery@dwd.de

Abkürzungen

AMIP	Atmosphere Model Intercomparison Project
BCIP	Bias Correction Intercomparison Project
CMIP	Climate Modeling Intercomparison Project
COSMO-CLM	Regionales Klimamodell der CLM-Community
DECK	Diagnosis, Evaluation, and Characterization of Klima experiments
EBMs	Energy Balance Models
ECS	Equilibrium Climate Sensitivity
EMIC	Earth System Model of Intermediate Complexity
ENSO	El Niño Southern Oscillation
ESMs	Earth System Models
EZMW	Europäisches Zentrum für Mittelfristige Wettervorhersage
GCMs	General Circulation Models
IPCC	Intergovernmental Panel on Climate Change
MOC	Meridional Overturning Circulation
NCAR	National Center for Atmospheric Research
RCPs	„Repräsentative Konzentrationspfade" oder Representative Concentration Pathways
SST	Sea Surface Temperature
TCR	Transient Climate Response
WCRP	World Climate Research Programme

F. KREIENKAMP, A. SPEKAT, P. HOFFMANN

3 Empirisch-Statistisches Downscaling – Eine Übersicht ausgewählter Methoden

Empirical-Statistical Downscaling – An overview of selected methods

Zusammenfassung

Der vorliegende Text gibt eine Übersicht zu den in Deutschland entwickelten und genutzten empirisch-statistischen Downscaling-Methoden. Der Fokus liegt dabei auf denjenigen Methoden, die flächendeckende Daten für Deutschland öffentlich bereitstellen. Hierzu zählen STARS und WETTREG. Hinzu kommt eine Methode mit dem Namen EPISODES. Für jede Methode wird das konzeptionelle Vorgehen beschrieben.

Summary

The following text provides an overview overempirical-statistical downscaling methods developed and used in Germany. It focuses on those methods whichprovide a complete data coverage of Germany publicly available. This includes the methods STARS and WETTREG. They are augmented by a new method, called EPISODES. For each method the conceptual framework is presented.

1 Einleitung

Planungshorizonte von Entscheidern aus Politik, Verwaltung und Wirtschaft reichen von wenigen Stunden bis zu hundert Jahren. Für die Betrachtung von Zeiträumen in der nahen Zukunft wurden bis vor wenigen Jahren häufig Beobachtungswerte aus der Vergangenheit verwendet. Durch die fortschreitende Klimaänderung ist eine derartige Vorgehensweise jedoch nicht mehr möglich. Für zukünftige Projektionen des Klimas werden daher Simulationen von Klimamodellen benötigt, die möglichst alle relevanten Prozesse des Klimasystems berücksichtigen.

Eine Klimaprojektion wird durch ein globales Klimamodell (**G**lobal **C**limate **M**odel, GCM) auf der Basis eines vorgegebenen Szenarios mit einer räumlichen Gitterweite von derzeit etwa 120 bis 400 km erzeugt. Da eine derart grobe Auflösung für viele Fragestellungen, wie zum Beispiel aus dem Bereich der Politikberatung oder dem Einsatz als Basis für die Wirkmodellmodellierung nicht ausreicht, ist ein Downscaling auf die regionale Skala der Simulationsergebnisse mit Hilfe regionaler Klimamodelle erforderlich. Dazu werden in der Wissenschaft zwei alternative Wege beschritten:

- Die Nutzung eines numerischen regionalen Klimamodells (RCM): Ein RCM simuliert auf Basis der physikalischen Gleichungen einen räumlichen Ausschnitt des Klimasystems (zum Beispiel Europa), jedoch mit einer höheren räumlichen und zeitlichen Auflösung (für Klimaprojektionen, etwa im Rahmen von CORDEX (**Co**ordinated **R**egional Climate **D**ownscaling **Ex**periment) derzeit etwa 12,5 km bis 50 km, je nach großskaliger Region).
- **E**mpirisch-**s**tatistische **D**ownscaling (ESD)-Methoden: Die Vorstellung der Systematik dieser Methoden und die Vorstellung von drei in Deutschland entwickelten ESD-Methoden ist der Gegenstand der hier folgenden Abschnitte.

Die Nutzung von Ergebnissen regionaler Klimamodelle (RCM und ESD) bei Untersuchungen zu regionalen Auswirkungen des Klimawandels ist seit wenigen Jahren gängige Praxis geworden, zum Beispiel im europäischen ENSEMBLES-Projekt (KJELLSTROM und GIORGI 2010). Während noch im 4. Sachstandsbericht des IPCC (AR4, SOLOMON et al. 2007) die regionalen Modelle keiner Bewertung unterzogen wurden, spielen sie im 5. Sachstandsbericht (AR5, IPCC 2013/2014a, b) eine zentrale Rolle. Diese werden ergänzt durch die internationale CORDEX-Initiative des **W**orld **C**limate **R**esearch **P**rogramme (WCRP). Die CORDEX-Initiative stellt mithin die Datengrundlage für Klimawandel- und Anpassungsstudien im Rahmen des 5. Sachstandsberichtes des IPCC zur Verfügung.

Das CORDEX-Rahmenprogramm umfasste in seiner Initialphase nur Aktivitäten von RCM-Gruppen. In jüngster Zeit wurde dies durch einen neuen Zweig, CORDEX ESD, ergänzt.

2 Systematischer Rahmen für ESD-Methoden

Wilks (WILKS 2012, WILKS 2010) und GUTIÉRREZ et al. (2013) liefern mit ihren Artikeln eine sehr gute Übersicht über die genutzten Ansätze auf dem Gebiet der ESD-Methoden. Eine Einführung in die Thematik ESD befindet sich in BENESTAD et al. 2008.

Zunächst wird zwischen der ESD-Herangehensweise („ESD Approaches") und ESD-Techniken („ESD Techniques") unterschieden.

2.1 ESD-Herangehensweise

Die Entwicklung einer ESD-Methodik umfasst mehrere Arbeitsschritte. Der erste Schritt ist immer eine Trainingsphase. Unter Trainingsphase wird die Suche nach Prädiktoren auf der großräumigen Skala zur Beschreibung des Prädikanten auf der regionalen Skala verstanden. Im Rahmen der Trainingsphase werden die Modellalgorithmen auf die Beschreibung der Daten hin optimiert („Calibration") und mittels einer Prüfmethode („Cross-Validation") analysiert. Die in der Trainingsphase ermittelten Beziehungen werden dann auf die Modelldaten, beispielsweise die Simulationen des zukünftigen Zustands der Atmosphäre, übertragen (Downscaling-Phase). In der Downscaling-Phase wird zwischen den beiden ESD-Herangehensweisen „Perfect Prognosis" (PP) und „Model Output Statistics" (MOS) unterschieden:

- Perfect Prognosis (PP)
  „Perfect Prognosis" ist eine Strategie, die voraussetzt, dass das Ergebnis einer Modellrechnung perfekt (ohne Fehler) sei. Wichtig dabei ist, dass im Rahmen einer PP die Kalibrierung auf der Basis von beobachteten Daten, der „Trainingsatmosphäre" (zum Beispiel einer Reanalyse) und des klimatischen Zustands am Boden (Stationsdaten) erfolgt. Für die Downscaling-Phase wird die so entwickelte Methodik auf die Simulationsdaten eines GCM-Klimaprojektionslaufes übertragen. Auch im Zusammenhang mit Wettervorhersage kann PP eingesetzt werden; die Übertragung erfolgt dann auf Basis von Rechnungen eines Wetterprognosemodells.
- Model Output Statistics (MOS)
  Hier werden für die Trainingsphase und die Downscaling-Phase die Daten des gleichen Vorhersagemodells genutzt. Die MOS-Methodik analysiert im Rahmen der Trainingsphase den „Fehler" des Vorhersagemodelles und gleicht diesen im Rahmen des Downscalings aus. Ein Einsatz im Klimaprojektionsmodus ist daher problematisch.

2.2 ESD-Techniken

Die ESD-Techniken beschreiben den Zusammenhang zwischen der großräumigen und der lokalen Skala. Dazu ergeben sich verschiedene Möglichkeiten:

- Transferfunktionen
  Transferfunktionen beschreiben lineare oder nichtlineare Funktionen zwischen dem Prädiktoren (meteorologische Variable auf der großräumigen Skala) und dem Prädikanden (meteorologische Variable auf der lokalen Skala). Klassische Beispiele sind Regressionsfunktionen oder neuronale Netze.
- Analoga und Wetterlagen
  Analoga basieren auf dem Vergleich der zu untersuchenden atmosphärischen Situation und einem historischen Archiv. In dem Archiv wird der ähnlichste Tag gesucht. Für die Bestimmung des ähnlichsten Tages werden je nach Zielstellung ein oder mehrere, für den Zweck gesuchte Parameter genutzt.
- Wetterlagenklassifikation
  Eine Wetterlagenklassifikation beschreibt eine Gruppierung der großräumigen Wettersituation. Für die Definition einer Wetterlagenklassifikation gibt es eine Vielzahl an Herangehensweisen (siehe PHILIPP et al. 2010, SPEKAT et al. 2010, BISSOLLI und DITTMANN 2003). Nach Abschluss der Klassendefinition wird jeder untersuchte Tag einer der Wetterlagenklassen zugeordnet.
- Wettergeneratoren
  Wettergeneratoren stellen hier einen Sonderfall dar. Sie beschreiben den Prozess der Erstellung von synthetischen Zeitreihen, die die Signatur eines sich wandelnden Klimas tragen, sind jedoch per se keine Downscaling-Methode. Die Definition der Eigenschaften der zu schaffenden synthetischen Reihen basiert auf den Ergebnissen der obigen Techniken.

Jede ESD-Technik basiert auf einer zentralen Grundannahme (siehe BENESTAD et al. 2008): Der Zusammenhang zwischen der großräumigen und der lokalen Skala bleibt über die Zeit stabil. Dieses setzt voraus, dass entweder im GCM für den genutzten Zeitraum keine Modell-Drift und keine wesentliche Veränderung der physikalischen Zusammenhänge auftreten bzw. diese durch die genutzte ESD-Methodik explizit berücksichtigt werden. Eine Modelldrift tritt bei Rechnungen in der saisonalen und dekadischen Zeitskala auf. Hier wird das GCM mit den beobachteten Daten initialisiert und das GCM „driftet" dann auf den vom Model bevorzugten Zustand hin. Um hier belastbare Datensätze zu erzeugen, muss dieses explizit von der ESD-Technik berücksichtigt werden.

Jede ESD-Technik basiert sowohl auf einem physikalischen Zusammenhang zwischen großräumigen Zustandsvariablen und den lokalen Größen als auch dem physikalischen Zusammenhang der meteorologischen Größen untereinander. Würden sich diese Zusammenhänge im Rahmen eines Klimaprojektionslaufes grundsätzlich verändern, wäre der Einsatz der angepassten ESD-Methodik sehr wahrscheinlich nicht mehr sinnvoll. Bisher gehen die Entwickler von ESD-Methoden, wie auch die Entwickler von RCM-Parametrisierungen, davon aus, dass die Zusammenhänge über den gesamten Zeitraum stabil sind.

2.3 ESD-Einsatzgebiete

Die Weiterentwicklung von ESD-Methoden sowie die Zusammenstellungen eines Katalogs der von ihnen produzierten Resultate erfolgt in Abstimmung mit Nutzern. Die in Deutschland vorhandenen ESD-Methoden stellen beispielsweise oftmals Lösungsansätze für den Bereich hydrologischer Eingangsdaten dar. Hier wurden in den letzten Jahren Datensätze, die den Klimawandel berücksichtigenden, an den Stationspunkten mit täglicher Auflösung benötigt. Die Datensätze umfassen den Niederschlag und die für die Berechnung der Verdunstung notwendigen meteorologischen Elemente. Dazu zählen die Zwei-Meter-Lufttemperatur (Minimum, Mittel und Maximum), ein Feuchtewert (meist die relative Luftfeuchte), ein Strahlungswert (Sonnenscheindauer oder Globalstrahlung), der Bedeckungsgrad und die mittlere Windgeschwindigkeit in 10 m Höhe. Mit diesem Satz an meteorologischen Elementen sind auch weitere Einsatzgebiete möglich.

Ein wesentliches Spezifikum von mit ESD-Methoden erstellten Datensätzen ist, dass diese im wesentlichen biasfrei sind. Dieses gilt aber nur für die direkt in die Entwicklung einbezogenen Elemente. Weiterhin ist anzumerken, dass dieses Spezifikum für Datensätze auf der Basis von Wettergeneratoren nicht gelten muss.

3 In Deutschland entwickelte ESD-Methoden

Wissenschaftler einer Vielzahl von Einrichtungen in Deutschland waren oder sind mit der Entwicklung von ESD-Methoden befasst. Beispiele dafür sind die Arbeitsgruppen von Prof. Jakobeit an der Universität Augsburg (HERTIG et al. 2012, HERTIG et al. 2013, SEUBERT et al. 2013), Prof. Paeth an der Universität Würzburg (PAETH et al. 2010, PAXIAN et al. 2014, PAXIAN et al. 2015), Prof. Bárdossy an der Universität Stuttgart (BARGAOUI und BÁRDOSSY 2015, HABERLANDT et al. 2015, SCHLABING et al. 2014) oder Prof. Hense an der Universität Bonn (VRAC und FRIEDERICHS 2015, ZERENNER et al. 2016, RAHMANI et al. 2016). Die genannten Forschungsgruppen sind im Wesentlichen im Bereich der Grundlagenforschung und projektbezogen tätig. Öffentlich verfügbare deutschlandweite Datensätze für Klimaszenarien werden aber nicht bereitgestellt.

Seit vielen Jahren liefern zwei ESD-Methoden Eingangsdaten für die Wirkmodellierung in Deutschland, die öffentlich (https://cera-www.dkrz.de) verfügbar sind. Die Daten basieren einerseits auf der Methodik STAR(S), entwickelt von Mitarbeitern des Potsdam-Instituts für Klimafolgenforschung und andererseits auf der Methodik WETTREG von der Climate & Environment Consulting Potsdam GmbH (und deren Vorgänger Meteo-Research).

Seit Anfang 2014 wird beim Deutschen Wetterdienst eine weitere ESD-Methode entwickelt. Im Gegensatz zu den beiden oben genannten Methoden, ist hier der Einsatz nicht auf die Thematik Klimaprojektionen eingeschränkt. Ziel ist der Einsatz im kompletten Zeitrahmen von saisonaler und dekadischer Vorhersage bis hin zu Klimaprojektionen. Diese ESD-Methode EPISODES liegt aktuell als Prototyp vor und befindet sich gerade in der abschließenden Entwicklung.

Alle drei Methoden stellen so genannte „Multi Element – Multi Site"-Datensätze zur Verfügung. Das bedeutet, alle Elemente an einer Station und alle Stationen stehen zu einem Zeitpunkt in direktem physikalischem Zusammenhang. Somit sind die Ergebnisse der drei Methoden beispielsweise für hydrologische Untersuchungen von Einzugsgebieten nutzbar. Alternativ können alle drei Methoden auch mit Rasterdatensätzen arbeiten. Weiterhin werden durch die drei Methoden biasfreie Datensätze erzeugt. Das bedeutet, dass alle Elemente in den bereit gestellten Datensätzen im Beobachtungszeitraum auf dem gleichen mittleren Niveau wie die Beobachtungsdaten liegen.

Die weitere Vorstellung von Methoden aus Deutschland wird auf die Methoden WETTREG, STARS und EPISODES beschränkt, oben angeführt, frei verfügbare Datensätze für das gesamte Gebiet Deutschland bereitstellen.

3.1 WETTREG

Die statistische Regionalisierungsmethode WETTREG (**wett**erlagenbasierte **Reg**ionalisierungsmethode) vereint in sich die Komponenten Wetterlagenklassifikation, Regressionsbeziehungen und Wettergenerator. In den Grundzügen arbeitet WETTREG wie folgt: Es werden Beziehungen zwischen dem Zustand der Atmosphäre auf der großräumigen Skala und den regionalen Klimaverhältnissen am Erdboden quantifiziert. Diese werden Zeitreihen meteorologischer Parameter an den Orten von Messstationen oder den Koordinaten von Gitterpunktdatensätzen wie HYRAS (RAUTHE et al. 2013) oder E-OBS (HAYLOCK et al. 2008) aufgeprägt. Der WETTREG-Ansatz kann auf die Frage reduziert werden: Wie sähe eine Messreihe an einem Ort aus, wenn sie die Signatur des Klimawandels beinhaltet?

3.1.1 Wetterlagenklassifikation

Die Wetterlagenklassifikations-Semantik ist bei WETTREG in zweierlei Hinsicht erweitert:
1. Es handelt sich um Strukturen in atmosphärischen Feldern einer Vielzahl von Größen – anders als bei den bekannten Mustern wie zum Beispiel den Großwetterlagen nach HESS und BREZOWSKI (1952; vergleiche auch GERSTENGARBE und WERNER 2005) – bei denen lediglich Bodendruck- und 500 hPa-Geopotentialfelder ausgewertet werden.
2. Das Prinzip, nach dem die Klassen aufgebaut werden, folgt dem „Environment-to-Circulation"-Ansatz (YARNAL 1993), das heißt, es werden Tage zu einer Klasse zusammengefasst, die einen bestimmten Wertebereich eines regionalen meteorologischen Parameters abdecken (zum Beispiel sehr kalte … kalte … normal warme … warme … sehr warme Tage). Mit Blick auf die optimale Komplexität der Klassifikation werden in der Größenordnung zehn Klassen gebildet.

3.1.2 Prozessidentifikation

Für den Klimazustand der Gegenwart werden mit Hilfe von Regressionsfunktionen und Ähnlichkeitsmaßen optimale Beziehungen zwischen dem Klima am Boden für Regionen einer Größe von rund 200 x 200 km (Quelle: Messdaten von Klimastationen oder aus Gitterpunkt-Datensätzen) und dem großräumigen Klimazustand über dem mittleren Europa (Quelle: Reanalysedaten der freien Atmosphäre) ermittelt. Da es regionale Spezifika dieser Beziehung gibt (warme Tage an der Nordseeküste sind mit anderen Wetterlagen verbunden als warme Tage im Voralpenraum), muss die Identifikation ebenfalls regional spezifisch erfolgen. Des Weiteren gibt es jahreszeitliche Unterschiede in den Zusammenhängen zwischen regionalem und großräumigem Klima, die bei der Identifikation berücksichtigt werden.

3.1.3 Zukünftiger Klimazustand

Im Zuge der Prozessidentifikation entstanden Urbilder der Wetterlagen, die in den Simulationen von GCMs, angetrieben mit unterschiedlichen Treibhausgasszenarien, wiedererkannt werden. Abhängig vom GCM und dem Szenario können Häufigkeitsverteilungen der Muster erstellt werden. Die Muster bilden Wertebereiche regionaler meteorologischer Parameter am Erdboden ab (zum Beispiel Temperatur oder Niederschlag). Voraussetzung für eine erfolgreiche Prozessidentifikation ist die qualitativ und quantitativ korrekte Simulation der Wetterlagen in einem sich wandelnden Klima.

3.1.4 Wettergenerator

Nach dem Setzkastenprinzip werden Episoden aus den Klimamessreihen der Gegenwart von einem konditionierten Wettergenerator zu neuen, synthetischen Reihen zusammengefügt (KREIENKAMP et al. 2013). Die wichtigste prägende Bedingung bei der Reihensynthese ist dabei die Reproduktion der GCM- und szenariospezifischen, sich ändernden Häufigkeitsverteilung der Wetterlagen, die ihrerseits jahreszeitlich unterschiedlich sind. Der Wettergenerator wird zudem so konditioniert, dass er stochastisch unabhängige, äquivalente Zeitreihen synthetisiert, die die Signatur eines gewandelten Klimas tragen.

3.1.5 Evaluierung

In einer vorgeschalteten Analyse wird überprüft, welche Zeitreihen von WETTREG synthetisiert werden, wenn das vom GCM simulierte Gegenwartsklima die Grundlage ist. Dazu werden die Häufigkeitsverteilungen der Wetterlagen aus den so genannten „20C-Läufen" der einzelnen GCMs ermittelt und zur Konditionierung des Wettergenerators eingesetzt. Es zeigt sich, dass diese für die Regionen synthetisierten Reihen der Temperatur in 2 m Höhe nur sehr geringe Abweichungen von den gemessenen Werten in der Größenordnung von ±0,2 °C besitzen (KREIENKAMP et al. 2011b). Beim Niederschlag belaufen sich die Unterschiede auf höchstens ±10 %.

3.1.6 Studien mit WETTREG

Das Verfahren wird zur Regionalisierung von Klimamodellprojektionen bei zahlreichen Bundes- und Landesbehörden aus dem Bereich Klimaanpassung sowie aktuell im Rahmen der BMBF-Vergleichsstudie ReKliEs-De (http://reklies.hlnug.de/startseite.html) eingesetzt. Eine besondere Herausforderung für WETTREG war und bleibt die Tatsache, dass ein zukünftiger Klimazustand mit Hilfe von Segmenten des gegenwärtigen Klimas beschrieben wird. Dies führt zu einer eingeschränkten Belastbarkeit der Resultate immer dann, wenn der zukünftige Zustand sich drastisch vom gegenwärtigen fortentwickelt und die aus dem GCM ermittelten Häufigkeitsverteilungen der Muster starke Veränderungen zeigen. Auf der anderen Seite stellt das Verfahren eine unabhängige Informationsquelle bezüglich des regionalen Klimawandels dar und ist in der Lage, aus den Projektionen der GCMs eigenständig Klimasignale zu entwickeln.

3.2 STARS

Regionale- und stationsbasierte Klimaszenarien werden im **S**tatistical-**A**nalogue **R**esampling **S**cheme (STARS) auf der Basis projizierter Temperaturentwicklungen generiert (ORLOWSKY et al. 2008). Dazu sind einerseits lange meteorologische Beobachtungsreihen der vergangenen Jahrzehnte notwendig sowie Informationen über die mögliche Änderung der bodennahen Temperatur in der jeweiligen Region. Regionale Klimaszenarien werden mittels dieses Modellansatzes durch eine Temperatur gesteuerte Umordnung der täglichen Beobachtungswerte erzielt. Somit wird jedem Wetter an einem bestimmten Tag der Zukunft das Wetter eines bestimmten Tages in der Vergangenheit zugeordnet. Die Grundannahme dafür ist, dass Wettersituationen der Vergangenheit auch in naher Zukunft in ähnlicher Form wiederkehren.

Für die Anwendung auf einen Klimadatensatz sind folgende Schritte notwendig:
1. Datenreduktion:
   Aus dem sogenannten Basisdatensatz werden manuell beziehungsweise mithilfe eines Clusteralgorithmus repräsentative Stationen ermittelt. Diese sollen nach Möglichkeit die verschiedenen klimatischen Gegebenheiten der Region abdecken. Typischerweise liegt die Anzahl derer bei etwa 5 Stationen. Eine höhere Anzahl würde den STARS-Algorithmus erheblich einschränken, zumal regionale Temperaturentwicklungen in GCMs viel zu grob vorliegen, um noch feinere Vorgaben zu treffen.
2. Temperaturvorgabe:
   Für diese ausgewählten Referenzstationen werden die nächstgelegenen Gitterzellen in den globalen Klimamodellen bestimmt und das Änderungssignal der Temperatur für den Simulationszeitraum vorgegeben. Je nach Wahl des Szenarios, des GCM und des Projektionszeitraums wird für jeden dieser Gitterpunkte eine Regressionsgerade mit den entsprechenden Kennzahlen

(Nulldurchgang und Anstieg) ermittelt. Um einen gleitenden Übergang zwischen Beobachtungs- und Simulationsperiode zu gewährleisten, werden die Anfangspunkte aus der letzten Dekade des Beobachtungszeitraums gewonnen und die Endpunkte aus dem Temperaturanstieg ermittelt.
3. Jahresmittel:
Der Algorithmus beginnt mit einer ersten Näherung. Werte der Jahresmitteltemperatur an den repräsentativen Stationen werden entsprechend der vorgegebenen Temperaturtrends umgeordnet. Durch Iteration wird diejenige Kombination mit der besten Übereinstimmung zum vorgegebenen Temperaturtrend als erste Näherung akzeptiert.
4. Tagesblöcke:
In einer zweiten Näherung werden nun ebenfalls iterativ Tagesblöcke ausgetauscht. Ziel ist es eine Optimierung der vorgegebenen Trends zu erzielen. Diese Blöcke werden zuvor festgelegt und haben typischerweise die Länge von 12 Tagen. Sie unterteilen jedes Jahr in Witterungsepisoden. Bei der Ersetzung von Blöcken wird auf die jahreszeitliche Zugehörigkeit geachtet. Da dieser Optimierungsschritt von vielen Umordnungskombinationen erfüllt werden kann, lässt sich somit ein Ensemble von Realisierungen erzeugen. Durch die Neuordnung muss die Regressionsvorgabe an allen repräsentativen Stationen innerhalb einer vorgegebenen Toleranz erfüllt werden. Dies schränkt die Auswahl von geeigneten Blöcken ein.

5. Ergebnisbereitstellung:
Als Ergebnis für jede Realisierung erhält man eine Ausgabedatei in der steht, welches Datum der Vergangenheit zu welchem Datum in der Zukunft zugeordnet wird. Mit dieser Information werden schließlich die Basisdaten für alle Stationen des Beobachtungsnetzes umgeordnet.

Die Anwendung des Verfahrens ist nicht nur auf Stationsdaten beschränkt, sondern kann ebenso auf Reanalysen beziehungsweise Modelldaten sowie auf andere Regionen (LUTZ et al. 2013, FELDHOFF et al. 2015) ausgeweitet werden. Unabhängig von projizierten Temperaturentwicklungen in GCMs lassen sich auch beobachtete Trends und damit verbundene weitere Klimainformationen in die nahe Zukunft fortschreiben. Aktuell sind STARS basierte Klimaszenarien (GERSTENGARBE et al. 2015) die Grundlage für eine sektorenübergreifende Darstellung der möglichen Folgen des Klimawandels in Deutschland (http://www.klimafolgenonline.com).

Eine Bewertung der Plausibilität der durch STARS generierten regionalen Klimaensembles für Deutschland wurde in WECHSUNG und WECHSUNG (2014) aus Anwendersicht vorgenommen. Der darin durchgeführte „perfekte Modellvergleich" offenbart, wie sich das statistische Verfahren im Vergleich zu einem dynamischen Klimamodell verhält, wenn das Klimasignal im Simulationszeitraum deutlich von dem im Referenzzeitraum abweicht. Ein vergleichsweise starker Anstieg der Globalstrahlung verbunden mit einem deutlichen Rückgang der Niederschläge im Sommer führt zu fraglichen Entwicklungsszenarien aus Sicht der Klimaimpakt-Modellierer. Interpretationshilfen der Modellentwickler, welche die Grenzen der Modellanwendung offenlegen, an die Nutzer sind deshalb zwingend erforderlich.

3.3 EPISODES

EPISODES ist eine in der Entwicklungs-/Prototypphase befindliche ESD-Methode für den Bereich Jahreszeitenvorhersage, Dekadenvorhersage bis in die Klimaprojektionszeitskala. Die Entwicklung erfolgt beim Deutschen Wetterdienst. EPISODES wird Zeitreihen mit Tagesdaten in Form von Daten an Stationen oder im Rasterformat zur Verfügung stellen. Aktuell sind die meteoro-

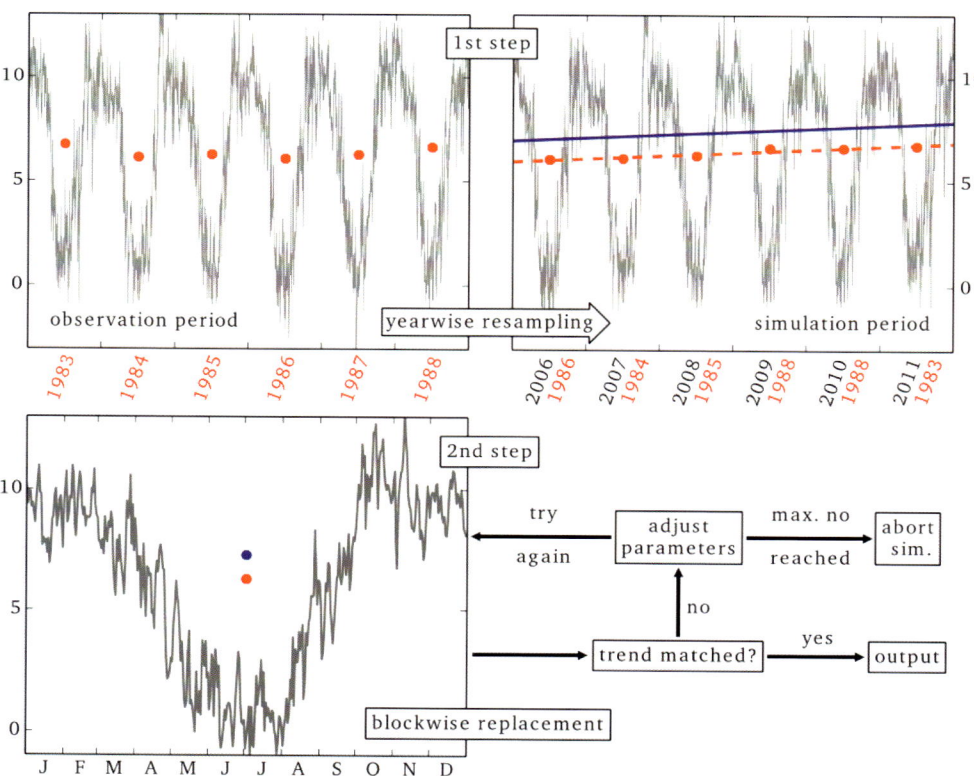

Abb. 3-1: STARS-Modellkonzept (FELDHOFF et al. 2015). Erste Näherung (oben): Iteratives Umordnen einzelner Jahre (rote Punkte) nach der Jahresmitteltemperatur hinsichtlich einer vorgegebenen Trendgerade (blaue Linie). Zweite Näherung (unten): Iterativer Austausch von Tagesblöcken zur Ausbesserung der simulierten Trendgerade.

logischen Elemente Tagesmittel der Temperatur, Tagesmittel der relativen Feuchte und die Tagessumme des Niederschlags (HYRAS-Datensatz) im zu erzeugenden Gitterdatensatz enthalten. Ein Datensatz in dem zusätzlich die Minimum-, Mittel-, Maximum-2 m-Temperatur, das Tagesmittel der relativen Feuchte, die Tagessumme des Niederschlag, die Sonnenscheindauer, das Tagesmittel der Bewölkung und das Tagesmittel Wind (Stationsdaten) enthalten sind, befindet sich in der Testphase. Für die Endversion ist eine räumliche Skala, die das Gebiet Deutschland, die Gebiete aller Einzugsgebiete der nach Deutschland entwässernden Flüsse sowie die Staaten Österreich, Schweiz und Dänemark, geplant. Die Methodik ist in KREIENKAMP et al. (2017) beschrieben.

Eingesetzt wird ein zweistufiges Verfahren. Die erste Stufe führt ein Downscaling von der europäischen Skala (zum Beispiel aus einem GCM-Datensatz) auf die regionale Skala (zum Beispiel Nordostdeutschland) durch. Für das Downscaling kommt ein Perfect-Prognosis-System auf der Grundlage von analogen Fällen mit nachfolgender Regression zum Einsatz. Ausgangspunkt für die Entwicklung sind Felder der NCEP/NCAR-Reanalysen (KALNAY et al. 1996). Im Rahmen der Vorbereitung (Preprocessing) werden die atmosphärischen Felder auf ein einheitliches Gitter übertragen. Es werden Informationen des Geopotentials, der Temperatur und der Feuchte in der unteren Atmosphäre auf den Geopotentialniveaus 1000, 850, 700 und 500 hPa genutzt. Auf Grundlage dieser Werte werden abgeleitete Informationen wie die geostrophische Wirbelstärke (Vorticity) oder relative Topographien berechnet. Zur Reduktion systematischer Fehler werden die Gitterpunktwerte in Anomalien zum mittleren Zustand (1971–2000 für jeden Julianischen Tag) umgerechnet.

Ein Screening-Verfahren sucht die optimale Kombination aus zwei Feldern, die für die Analogiesuche genutzt werden. Die Suche erfolgt auf der Basis einer Kreuzvalidierung (5-fold-cross-validation). Als Zeitfenster für das historische Archiv werden die Jahre 1971–2014 genutzt. Entsprechend dem Zieltag wird ein Rahmen von ± 20 Julianischen Tagen genutzt. Für die nachfolgende Regression werden die 35 ähnlichsten Fälle eingesetzt. Beim Niederschlag erfolgt der Einsatz der Regression nur, wenn an mindestens 12 der ähnlichsten 35 Archivtage Niederschlag aufgetreten ist, ansonsten wird dem Zieltag kein Niederschlag zugeordnet. Wenn die vorab genannte Bedingung Niederschlagstag erfüllt ist, erfolgt die Entwicklung einer Regression auf der Basis logarithmustransformierter Werte aller gewählten Archivtage mit Niederschlag.

Für die Bearbeitung des oben genannten Gesamtgebietes erfolgt dieser Schritt für mehrere Teilregionen. Im Ergebnis liegt ein zeitlicher Verlauf täglicher Werte für die gewählten Hauptparameter vor. Diese bilden die Grundlage für die zweite Stufe. Hier erzeugt ein Wettergenerator synthetische Zeitreihen für alle genannten meteorologischen Elemente für ein Teilgebiet oder das gesamte oben genannte Gebiet. Dieser Schritt wird entsprechend der aktuellen Planung nur für Klimaprojektionen durchgeführt. Bei saisonalen und dekadischen Vorhersagen sind die vorhandenen Ensembles ausreichend groß.

Im Gegensatz zu STARS und WETTREG werden in EPISODES nicht mehr die beobachteten Werte im Beobachtungsniveau durch den Wettergenerator verbaut. Vor dem Arbeitsschritt Wettergenerator erfolgt für die genutzte Zeitreihe eine Trennung von mittlerem Klimasignal und kurzfristiger Variabilität. Mit den Ergebnissen des Downscaling-Schrittes werden für die meteorologischen Elemente tiefpassgefilterte Jahresgänge (± 15 Tage und ± 5 Jahre) berechnet. Diese Jahresgänge beschreiben den Klimatrend. Der Wettergenerator nutzt auf Basis des beobachteten mittleren Jahresganges erzeugte Anomaliewerte der Elemente. Mit den erzeugten Anomalieperioden wird die kurzfristige Variabilität beschrieben. Diese werden in Verbindung mit den auf Basis des Downscaling-Schrittes erzeugten Jahresgängen genutzt, um neue synthetische Zeitreihen zu erzeugen. Somit sind deutlich veränderte mittlere Niveaus und neue Extremwerte möglich.

Da eine erweiterte tägliche Analyse und Extraktion der GCM-Daten erfolgt, kann zielgerichteter auf mehrjährige Schwankungen in den GCM-Ergebnissen, aber auch auf Verschiebungen in den Jahreszeiten eingegangen werden.

3.4 Weitere ESD-Methoden

Das Themenfeld ESD ist von hoher aktueller Bedeutung. Die Vorteile der ESD-Methoden wurden von Wetterdiensten und Großforschungseinrichtungen weltweit erkannt. Projekte wie CORDEX, SPECS und COST-VALUE haben die Systematisierung und Analyse von ESD-Methoden als einen Schwerpunktbereich definiert.

Weltweit wird eine Vielzahl an ESD-Methoden eingesetzt. Einen Überblick dazu liefern Wilks (WILKS 2012, WILKS 2010) und GUTIÉRREZ et al. (2013). Die Thematik umfasst auch die Klimavorhersage (GUTIÉRREZ et al. 2013). Die in der internationalen Literatur dokumentierten Methoden erzeugen oft keine Datensätze, die für die Stationen räumlich konsistent sind oder betreffen oft nur ein meteorologisches Element. Beispiele für ESD-Datensätze im europäischen Raum sind der Weather Generator 2.0 der UK ClimateProjections (JONES et al. 2010) oder das Downscaling-Portal der Santander Met-Group (www.meteo.unican.es/en/portal/downscaling).

Vereinzelt werden auch sehr spezifische Downscaling-Methoden eingesetzt. Ein Beispiel dafür ist ein von SEREGINA et al. (2014) entwickeltes System. Ziel ist hier nicht die Bereitstellung von transienten Zeitreihen als Input für Wirkmodelle, sondern die Abschätzung der statistischen Variabilität einzelner Parameter (hier Windböen). Genutzt wird eine Verfahrenskette zum statistisch-dynamischen Downscaling. Diese Verfahrenskette nutzt statistische Methoden zur Selektion einzelner Ereignisse in globalen Klimaprojektionsläufen (hier Wetterlagen), die dann mit einem dynamischen Modell modelliert werden. Die statistisch gefundenen Ereignisse werden auf ihre Häufigkeit untersucht und die Ergebnisse der dynamischen Modellsimulationen entsprechend gewichtet.

3.5 Pro & Kontra ESDs

Pro
ESD-Methoden können mit relativ wenig Aufwand vorhandene GCM-Läufe auf die regionale Skala übertragen; sie sind zudem gegenüber den RCMs mit vergleichsweise geringen Anforderungen an CPU-Leistungsfähigkeit und Speicheraufwand zu betreiben. Zumeist entstehen die Ergebnisse der ESD-Methoden nicht an Gitterpunkten sondern den Koordinaten von Stationen.

Auf der Basis von Wettergeneratoren können eine Vielzahl von Realisierungen erzeugt werden. Diese sind Grundlage für stochastische Analysen. Die in den erzeugten Realisierungen vorhandene Stochastik kann aber nicht die Information ersetzen, welche durch multiple Läufe eines GCM erzeugt werden. Sie beschreibt vielmehr die interne Variabilität des Wettergenerators.

ESD-Methoden liefern Datensätze ohne systematischen Bias, die direkt ohne vorherige Anpassung durch Wirkmodelle genutzt werden können.

Kontra
ESD-Methoden sind nur reduziert eigenständig und ohne dynamische Modelle (GCM) nicht denkbar.

ESD-Methoden basieren auf der Annahme, dass der Zusammenhang zwischen den Skalen auch unter Klimawandelbedingungen erhalten bleibt. Ein Beweis dafür kann aber nicht direkt erbracht werden.

Das Justieren/Kalibrieren auf Zielregionen hat Vor-, aber auch Nachteile. So ist es schwierig, gleichzeitig effizient und universell zu verfahren. Universalität wäre gegeben, wenn mit dem gleichen Prinzip Aussagen im gesamten Untersuchungsgebiet entstünden. Allerdings wird diese Prämisse sowohl von den ESDs als auch den RCMs nicht stringent eingehalten.

ESD-Methoden analysieren nur Teilaspekte der GCM-Ergebnisse. Bei STARS ist es beispielsweise der mittlere Trend der regionalen Jahresmitteltemperatur oder bei WETTREG die Häufigkeit von definierten Temperatur- und Feuchtewetterlagen je Jahreszeit in den einzelnen Jahren. Informationen die unterhalb der gewählten Zeitskalen liegen, müssen daher nicht mit den Entwicklungen der genutzten GCM-Läufe übereinstimmen. Die gewählten Teilaspekte werden als umschreibende Näherung (Proxy) für alle anderen Zielgrößen verwendet. Es muss jeweils nachgewiesen werden, dass diese Proxys belastbar sind.

Die Verwendung von beobachteten Werten durch die Wettergeneratoren kann bei stark geänderten klimatischen Bedingungen problematisch sein. Die vorhandene Variabilität, insbesondere im Sommer, reicht nur teilweise aus um stark geänderte klimatische Bedingungen zu beschreiben. Die Wettergeneratoren von WETTREG und EPISODES gehen auf diese Problematik ein. Beide Wettergeneratoren verändern die beobachteten Daten. Damit steht ein größerer Bestand an Witterungsabschnitten zur Verfügung. Statistische Verfahren besitzen zusätzlich eine Sensitivität bezüglich der Qualität und des Zeitraums von verwendeten Beobachtungen (oder gerasterten Beobachtungsdaten).

4 Ausblick

Die im Text beschriebenen Methoden befinden sich dauerhaft in der Weiterentwicklung. So wurde beispielsweise der Wettergenerator von WETTREG in den letzten Jahren komplett neu entwickelt (KREIENKAMP et al. 2013). Neben den zusätzlichen synthetischen Witterungsabschnitten wurden die Auswahlkriterien der zu wählenden Beobachtungsabschnitte deutlich verändert.

Die Methode STARS wird aktuell komplett überarbeitet. Ziel ist der Übergang hin zu einer jahreszeitlich basierten Vorgabe, die auch die Niederschlagsverhältnisse berücksichtigt. Weiterhin soll die Vorgabe nicht mehr nur als linearer Trend erfolgen. Vergleichbar zu EPISODES wird beim Wettergenerator an einer Trennung von Klimasignal und kurzfristiger Variabilität gearbeitet. Ein Prototyp dieser Entwicklung (STARS3.0) ist verfügbar.

Aktuelle Forschungsthemen innerhalb der ESD-Community sind:
- Konsistenz von „Multi Element – Multi Site"-Datensätzen,
- Einbindung von zeitlich höher aufgelösten Datensätzen,
- Erzeugung synthetischer Basisdatensätze für die räumliche und zeitliche Verfeinerung und für die Thematik „neue Extreme",
- Verbesserung der Analyse von großräumigen Faktoren extremer Witterungsverhältnisse zur Erzeugung neuer nicht bekannter Extreme,
- Stabilität der genutzten statistischen Beziehung in einem sich wandelnden Klima.

Das laufende BMBF-Projekt ReKliEs-De plant einen Vergleich von ESD-Methoden mit den RCM-Modellen. In diesem Test sind aktuell STARS und WETTREG eingebunden. Dafür wurden neue STARS3.0-Simulationen für jedes der ausgewählten GCMs mit je 10 Realisierungen bereitgestellt. In dekadischen Abständen wurden die jahreszeitlichen Temperaturwerte der GCMs als Zielgröße für die Umordnung der vergangenen Witterungsepisoden herangezogen. Das Grundkonzept des Modells wurde dabei jedoch nicht verändert.

Literatur

BARGAOUI, Z., BÁRDOSSY, A., 2015: Modelling short duration extreme precipitation patterns using copula and generalized maximum pseudo-likelihood estimation with censoring. *Advances in Water Resources* **84**, 1-13.

BENESTAD, R., HANSSEN-BAUER, I., CHENG, D., 2008: Empirical-statistical Downscaling. *World Scientific Publishing Co. Pte. Ltd., Singapore.*

BISSOLLI, P., DITTMANN, E., 2003: Objektive Wetterlagenklassen (Objective weather types). In: Klimastatusbericht 2003. *DWD, Offenbach*, 101-107.

FELDHOFF, J. H., LANGE, S., VOLKHOLZ, J., DONGES, J. F., KURTHS, J., GERSTENGARBE, F.-W., 2015: Complex networks for climate model evaluation with application to statistical versus dynamical modeling of South American climate. *Climate Dynamics* **44**, 1567–1581, doi: 10.1007/s00382-014-2182-9.

GERSTENGARBE, F.W., WERNER, P.C.,2005: Katalog der Großwetterlagen Europas (1881–2004) nach P. Hess und H. Brezowsky. *PIK Technical Report* **100**.

GERSTENGARBE, F.-W., HOFFMANN, P., ÖSTERLE, H., WERNER, P. C., 2015: Ensemble simulations for the RCP-8.5-Scenario. *Meteorol. Z.* **24**, 2, 147-156, doi: 10.1127/metz/2014/0523.

GUTIÉRREZ, J. M., BEDIA, J., BENESTAD, R., PAGÉ, C., 2013: SPECS D52.1. Review of the different statistical downscaling methods for s2d prediction Tech. *Notes Santander Meteorology Group (CSIC-UC)*, GMS: **03.2013**, 1–12.

HABERLANDT, U., BELLI, A., BÁRDOSSY, A., 2015: Statistical downscaling of precipitation using a stochastic rainfall model conditioned on circulation patterns - an evaluation of assumptions. *International Journal of Climatology* **35**, 417-432.

HAYLOCK M. R., HOFSTRA, N., KLEIN-TANK, A. M. G., KLOK, E. J., JONES, P. D., NEW, M., 2008: A European daily high-resolution gridded data set of surface temperature and precipitation for 1950-2006. *J. Geophys. Res.* **113**, 1-12, D20119, doi: 10.1029/2008JD10201.

HERTIG, E., SEUBERT, S., PAXIAN, A., VOGT, G., PAETH, H., JACOBEIT, J., 2013: Statistical modeling of extreme precipitation for the Mediterranean area under future climate change. *Int. J. Climatol.*, **34**, 1132-1156, doi: 10.1002/joc.3751.

HERTIG, E., SEUBERT, S., PAXIAN, A., VOGT, G., PAETH, H., JACOBEIT, J., 2012: Changes of total versus extreme precipitation and dry periods until the end of the 21st century: statistical assessments for the Mediterranean area. *Theor. Appl. Climatol.*, **111**, 1-20, doi: 10.1007s00704-012-0639-5.

HESS, P., BREZOWSKY, H., 1952: Katalog der Groß-wetterlagen Europas. *Berichte des Deutschen Wetterdienstes in der US-Zone* **33**.

IPCC, 2013: Climate Change 2013 – The Physical Science Basis. Contribution of Working Group I to the Fifth Assessment Report of the Intergovernmental Panel on Climate Change. Cambridge University Press, Cambridge, United Kingdom and New York, 1535 pp., http://www.climatechange2013.org/images/report/WG1AR5_ALL_FINAL.pdf

IPCC, 2014a: Climate Change 2014 - Impacts, Adaptation, and Vulnerability. Part A: Global and Sectoral Aspects. Contribution of Working Group II to the Fifth Assessment Report of the Intergovernmental Panel on Climate Change. *Cambridge University Press, Cambridge, United Kingdom and New York*, 1132 pp., http://ipcc.ch/pdf/assessment-report/ar5/wg2/WGIIAR5-PartA_FINAL.pdf

IPCC, 2014b: Climate Change 2014 - Impacts, Adaptation, and Vulnerability. Part B: Regional Aspects. Contribution of Working Group II to the Fifth Assessment Report of the Intergovernmental Panel on Climate Change. *Cambridge University Press, Cambridge, United Kingdom and New York*, 688 pp., http://ipcc.ch/pdf/assessment-report/ar5/wg2/WGIIAR5-PartB_FINAL.pdf

JONES, P. D., HARPHAM, C., KILSBY, C. G., GLENIS, V., BURTON, A., 2010: UK Climate Projections science report. Projections of future daily climate for the UK from the Weather Generator. *University of Newcastle*, 47 Seiten.

KALNAY, E., KANAMITSU, M., KISTLER, R., COLLINS, W., DEAVEN, D., GANDIN, L., IREDELL, M., SAHA, S., WHITE, G., WOOLLEN, J., ZHU, Y., LEETMAA, A., REYNOLDS, R., CHELLIAH, M., EBISUZAKI, W., HIGGINS, W., JANOWIAK, J., MO, K. C., ROPELEWSKI, C., WANG, J., JENNE, R., JOSEPH, D., 1996: The NCEP/NCAR 40-Year Reanalysis Project. *Bulletin of the American Meteorological Society* **77**, 437-471, doi:dx.doi.org/10.1175/1520-0477(1996)077<0437:TNYRP>2.0.CO;2.

KREIENKAMP, F., PAXIAN, A., FRÜH, B., 2017: Evaluation of the Empirical-Statistical Downscaling method EPISODES. Submitted to *Climate Dynamics*.

KREIENKAMP, F., SPEKAT, A., ENKE, W., 2013: The Weather Generator Used in the Empirical Statistical Downscaling Method, WETTREG. *Atmosphere* **4**, 169-197, doi:10.3390/atmos4020169.

KREIENKAMP, F., SPEKAT, A., ENKE, W., 2011: Ergebnisse regionaler Szenarienläufe für Deutschland mit der statistischen Methode WETTREG auf der Basis der SRES Szenarios A2 und B1 modelliert mit ECHAM5/MPI-OM. *Climate and Environment Consulting Potsdam GmbH, Hamburg*, 106 pp.

KJELLSTROM, E., GIORGI, F.,2010: Regional Climate Model evaluation and weighting Introduction. *Climate Research* **44**, 117-119.

LUTZ, J., VOLKHOLZ, J., GERSTENGARBE, F.-W., 2013: Climate projections for southern Africa using complementary methods. International Journal of Climate Change Strategies and Management. *Special issue on climate change in Africa* **5**, 2, 130-151.

ORLOWSKY,B.,GERSTENGARBE,F.-W.,WERNER,P.C., 2008: A resampling scheme for regional climate simulations and its performance compared to a dynamical RCM. *Theoretical and Applied Climatology* **92**, 209-223.

PAETH, H., DIEDERICH, M.,2010: Postprocessing of simulated precipitation for impact research in West Africa. Part II: A weather generator for daily data. *Climate Dynamics* **36**, 7-8, 1337–1348.

PAXIAN, A., HERTIG, E., SEUBERT, S., VOGT, G., JACOBEIT, J., PAETH, H., 2015: Present-day and future Mediterranean precipitation extremes assessed by different statistical approaches. *Clim. Dyn.* **44**, 845-860, doi: 10.1007/s00382-014-2428-6.

PAXIAN, A., HERTIG, E., VOGT, G., SEUBERT, S., JACOBEIT, J., PAETH, H., 2014: Greenhouse gas related predictability of regional climate model trends in the Mediterranean area. *Int. J. Climatol.* **34**, 2293–2307, doi: 10.1002/joc.3838.

PHILIPP A., BARTHOLY, J., BECK, C., ERPICUM, M., ESTEBAN, P., FETTWEIS, X., HUTH, R., JAMES, P., JOURDAIN, S., KREIENKAMP, F., KRENNERT, T., LYKOUDIS, S., MICHALIDES, S., PIANKO, K., POST, P., RASILLA ÁLVAREZ, D., SCHIEMANN, R., SPEKAT, A., TYMVIOS, F. S., 2010: COST733CAT - a database of weather and circulation type classifications. *Physics and Chemistry of the Earth* **35**, 360-373, doi: 10.1016/j.pce.2009.12.010.

RAHMANI, E., FRIEDERICHS, P., KELLER, J., HENSE, A., 2016: Development of an effective and potentially scalable weather generator for temperature and growing degree-days. *Theoretical and Applied Climatology*, **124**, 3, 1167-1186. doi: 10.1007/s00704-015-1477-z.

RAUTHE M., STEINER, H., RIEDIGER, U., MAZURKIEWICZ, A., GRATZKI, A.,2013: A Central European precipitation climatology - Part I: Generation and validation of a high-resolution gridded daily data set (HYRAS). *Meteorol. Z.* **22**, 235–256, doi: 10.1127/0941–2948/2013/0436.

SEUBERT, S., FERNANDEZ-MONTES, S., PHILIPP, A., HERTIG, E., JACOBEIT, J., VOGT, G., PAXIAN, A., PAETH, H., 2013: Mediterranean climate extremes in synoptic downscaling assessments. *Theor. Appl. Climatol.*, 117, 1, 257-275, doi: 10.1007/s00704-013-0993-y.

SCHLABING, D., FRASSL, M.A., EDER, M., RINKE, K., BÁRDOSSY, A.,2014: Use of a weather generator for simulating climate change effects on ecosystems: A case study on Lake Constance. *Environmental Modelling & Software* **61**, 326-338.

SEREGINA, L., HAAS, R., BORN, K. PINTO, J., 2014: Development of a wind gust model to estimate gust speeds and their return periods. *Tellus A* **66**, 15 pp., http://www.tellusa.net/index.php/tellusa/article/view/22905

SPEKAT, A., KREIENKAMP, F., ENKE, W., 2010: An impact-oriented classification method for atmospheric patterns. *Physics and Chemistry of the Earth* **35**, 352–359, doi:10.1016/j.pce.2010.03.042.

SOLOMON, S., QIN, D., MANNING, M., CHEN, Z., MARQUIS, M., AVERYT, K.B., TIGNOR, M., MILLER, H. L., 2007: Climate Change 2007: The Physical Science Basis. Contribution of Working Group I to the Fourth Assessment Report of the Intergovernmental Panel on Climate Change. *Cambridge University Press, Cambridge, New York*.

VRAC, M., FRIEDERICHS, P., 2015: Multivariate – intervariable, spatial and temporal – bias correction. *J. Climate* **28**, 218-237,doi: 10.1175/JCLI-D-14-00059.1.

WECHSUNG, F., WECHSUNG, M.,2014: Dryer years and brighter sky – the predictable simulation outcomes for Germany's warmer climate from the weather resampling model STARS. *Int. J. Climatol.* **35**, 12, 3691-3700, doi: 10.1002/joc.4220.

WILKS, D., 2010: Use of stochastic weather generators for precipitation downscaling. *WIREs Clim Change* **1**, 898–907, doi: 10.1002/wcc.85.

WILKS, D., 2012: Stochastic weather generators for climate-change downscaling, part II: multivariable and spatially coherent multisite downscaling. *WIREs Clim Change* **3**, 267–278,doi: 10.1002/wcc.167.

YARNAL, B.,1993: Synoptic Climatology in Environmental Analysis. *Belhaven Press, London*, 195 pp.

ZERENNER, T., VENEMA, V., FRIEDERICHS, P., SIMMER, C., 2016: Downscaling near-surface atmospheric fields with multi-objective Genetic Programming. *Environmental Modelling & Software* **84**, 85-98.

Kontakt

DR. FRANK KREIENKAMP
Deutscher Wetterdienst
Güterfelder Damm 87-91
14532 Stahnsdorf
frank.kreienkamp@dwd.de

DIPL.-MET. ARNE SPEKAT *)
Climate & Environment Consulting Potsdam GmbH
David-Gilly-Straße 1
14469 Potsdam
arne.spekat@cec-potsdam.de

DR. PETER HOFFMANN
Potsdam-Institut für Klimafolgenforschung
Telegrafenberg A31
14412 Potsdam
peterh@pik-potsdam.de

*) und Potsdam-Institut für Klimafolgenforschung

R. KNOCHE, K. KEULER

4 Dynamische Regionalisierung

Dynamical Downscaling

Zusammenfassung

Die dynamische Regionalisierung ist eine in der Klimamodellierung weithin akzeptierte Methode, um die Ergebnisse globaler Klimasimulationen für einen ausgewählten räumlich begrenzten Bereich zu verfeinern und zu verbessern. Dieser Beitrag beschreibt die Grundlagen dieser physikalisch basierten Regionalisierungsmethode sowie Anwendungsmöglichkeiten und prinzipielle Einschränkungen. Er erklärt fundamentale Modellannahmen, Gleichungen, Variablen und benötigte externe Parameter und zeigt die Notwendigkeit der Parameterisierung bestimmter physikalischer Prozesse. Aspekte der numerischen Realisierung, der Initialisierung und der erforderlichen Randbedingungen werden erörtert und Auswirkungen der Modellauflösung diskutiert. Schließlich werden die grundlegenden Eigenschaften und Unterschiede von drei häufig verwendeten regionalen Klimamodellen vorgestellt und Strategien zur Modellevaluierung und damit zusammenhängende Probleme angesprochen.

Summary

Dynamical downscaling is a well accepted method in climate modelling to refine and improve the results of global climate simulations for a selected and spatially limited domain. The basics of this physical regionalization method are introduced together with some remarks on the applicability and principal restrictions of this method. Fundamental model assumptions, equations, variables and required external parameters are explained as well as the needs for the parameterization of certain physical processes. Some aspects of numerical realization, initialization and required boundary conditions are presented and the implications of model resolution are discussed. Principle features and differences of three widely-used regional climate models are introduced and the strategy of model evaluation with some related problems are addressed.

1 Einleitung

Um das Klima unserer Erde genauer verstehen und mögliche Entwicklungen besser abschätzen zu können, muss das gesamte Klimasystem mit allen seinen Wechselwirkungen betrachtet werden. Dafür geeignete Werkzeuge sind physikalisch basierte globale Klimamodelle (**Ge**neral **C**irculation **M**odels, GCMs) oder weiter entwickelte **Erd**system**m**odelle (ESMs). Sie beschreiben die wichtigsten klimarelevanten Vorgänge in der Atmosphäre, in den Ozeanen, in den Eisschilden, an der Erdoberfläche und in den oberflächennahen Bodenschichten einschließlich der Wechselwirkungen zwischen diesen Teilsystemen.

Wegen des großen Rechenaufwandes können komplexe GCMs oder ESMs bei Klimasimulationen über mehrere Jahrhunderte derzeit nur mit einer vergleichsweise groben Auflösung oberhalb von 100 bis 200 km betrieben werden. Für genauere Analysen und für Abschätzungen möglicher Klimaänderungsfolgen wird jedoch oftmals detaillierte regionale „Vor Ort"-Information benötigt. Mit verschiedenen Methoden wird daher versucht, die gewünschte kleinerskalige regionale oder lokale Information zu gewinnen. Dazu zählen sowohl die Anwendung besonders konstruierter oder konfigurierter globaler Modelle mit höherer Auflösung wie auch der Einsatz von ebenfalls physikalisch basierten regionalen Klimamodellen (**R**egional **C**limate **M**odels, RCMs). Neben diesen dynamischen Verfahren werden auch Regionalisierungsverfahren mit statistischen oder kombinierten statistisch-dynamischen Modellen genutzt (siehe Kapitel 3).

1.1 Dynamische Regionalisierungsverfahren

Eine Möglichkeit der Regionalisierung besteht darin, ausgewählte Zeiträume („time slices") einer bereits vorliegenden globalen Simulation mit einem reduzierten Globalmodell zu wiederholen. Derartige Modelle bestehen aus einem Atmosphärenmodell und einem gekoppelten Bodenmodell, verzichten aber in der Regel auf ein angekoppeltes Ozean- und

Eismodell (siehe Kapitel 7). Die benötigten zusätzlichen Informationen, wie Temperatur der Ozeanoberfläche (SST) oder Eisbedeckung, werden der ursprünglichen vollständig gekoppelten Simulation entnommen. Das Weglassen von Modellkomponenten (mit vergleichsweise langsam ablaufenden Prozessen und langen Einstellzeiten) und die Tatsache, dass ein längerer Simulationsvorlauf („Spin-up") dann nicht erforderlich ist, ermöglichen eine höhere Modellauflösung und damit eine bessere Regionalisierung der Information.

Eine weitere Methode ist, globale Modelle mit einer horizontal variierenden räumlichen Auflösung („stretched-grid models") einzusetzen. Auf diese Weise ist es möglich, eine oder mehrere ausgewählte geographische Regionen mit mehr Details zu modellieren. Ein Vertreter dieses Modelltyps ist das vom französischen Wetterdienst „Météo France" entwickelte Modell „Arpège". Auf ähnliche Weise arbeiten zum Beispiel die lokal verfeinernden Modellsysteme ICON (**Ico**sahedral **N**on-hydrostatic Global Circulation Model), entwickelt vom DWD und dem Max Planck-Institut für Meteorologie, und MPAS (**M**odel for **P**rediction **A**cross **S**cales), entwickelt vom Los Alamos National Laboratory und dem **N**ational **C**enter for **A**tmospheric **R**esearch (NCAR).

Das am häufigsten angewendete Verfahren zur Regionalisierung ist jedoch das sogenannte „Nesting-Verfahren" (Abbildung 4-1). Hierbei wird ein regionales Modell, das nur einen begrenzten räumlichen Ausschnitt des Klimasystems (**L**imited **A**rea **M**odell, LAM) betrachtet, in ein globales Modell räumlich eingebettet (genestet). Aufgrund der räumlichen Begrenzung sind bei vergleichbarem Rechenaufwand eine größere Auflösung und die Verwendung von aufwändigeren und detaillierteren Modellverfahren möglich. Die an den Außenrändern des regionalen Modellgebietes benötigte Information über die zeitlichen Veränderungen der atmosphärischen Felder wird der Simulation des globalen Modells entnommen und mathematisch dem Gleichungssystem des RCMs in Form von Randbedingungen zur Verfügung gestellt. Auf diese Weise gelangen fortwährend Informationen über den im globalen Modell berechneten Zustand des Klimasystems in das regionale Modell. Das Grundkonzept ist seit vielen Jahrzehnten aus der numerischen Wettervorhersage bekannt. Man bezeichnet dieses Vorgehen auch als Antreiben eines regionalen Modells durch ein globales Modell.

Genestete Simulationen kennen zwei Anwendungs-Modi. Im Ein-Wege-Modus gelangen mit der oben erwähnten Randwertübernahme nur Informationen von außen, das heißt, aus dem antreibenden Modell in den genesteten inneren Bereich. Im interaktiven Zwei-Wege-Modus werden darüber hinaus auch Informationen aus dem Inneren an das übergeordnete Modell zurückgegeben. Dies kann mögliche Inkonsistenzen, die zwischen dem genesteten Modell und dem übergeordneten Modell in der Nähe des Randes entstehen, verhindern oder zumindest mindern. Inwieweit – abgesehen von speziellen meteorologischen Konstellationen – eine Zwei-Wege-Nestung generell bessere Ergebnisse liefern kann, ist nicht eindeutig zu beantworten. Da im Zwei-Wege-Modus das genestete Modell bereits synchron mit dem antreibenden Modell betrieben werden muss, wird für die Regionalisierung globaler Simulationen wesentlich häufiger das flexiblere Ein-Wege-Verfahren angewendet. Für bereits durchgeführte globale Simulationen kann so nachträglich für beliebige Regionen in einer Art „Postprocessing" (nachgeschalteter dynamischer Diagnose) die regionale oder lokale Information abgeleitet werden. Die Ein-Wege-Nestung eines RCMs in ein globales Modell wird in diesem Beitrag näher beschrieben und ist meistens gemeint, wenn von dynamischem Downscaling oder dynamischer Regionalisierung die Rede ist.

Einige regionale Modelle erlauben auch eine Mehrfachnestung, das heißt, das regionale Modell kann – im Ein-Wege- oder Zwei-Wege-Modus - wiederholt in sich selbst genestet werden. Mit jedem Nestungsschritt lässt sich so sukzessive die Modellauflösung für immer kleiner werdende Modellgebiete weiter steigern.

1.2 Einsatzmöglichkeiten regionaler Klimamodelle

In der Regel simulieren die regionalen Modelle nicht den gesamten vom antreibenden Modell abgedeckten Zeitraum, sondern beschränken sich auf einen oder mehrere kürzere Zeitabschnitte von mehreren Dekaden oder Jahrhunderten. Klassisches Anwendungsgebiet ist das Downscaling von globalen Klimaszenarien, welche die Reaktion des Klimasystems auf bestimmte externe Einflussfaktoren beschreiben. Simuliert werden mögliche zukünftige Klimazustände, wie sie zum Beispiel durch steigende Treibhausgaskonzentrationen aufgrund anthropogener Emissionen erwartet werden, oder Klimazustände aus der Vergangenheit (Paläoklima), charakterisiert zum Beispiel durch gegenüber heute veränderten Werten der solaren Einstrahlung oder anderen Eigenschaften der Erdoberfläche oder der Atmosphäre.

Ein weiteres Einsatzgebiet der RCMs ist das Downscaling von globalen Reanalysen, die das Gegenwartsklima beziehungsweise das Klima der nahen Vergangenheit repräsen-

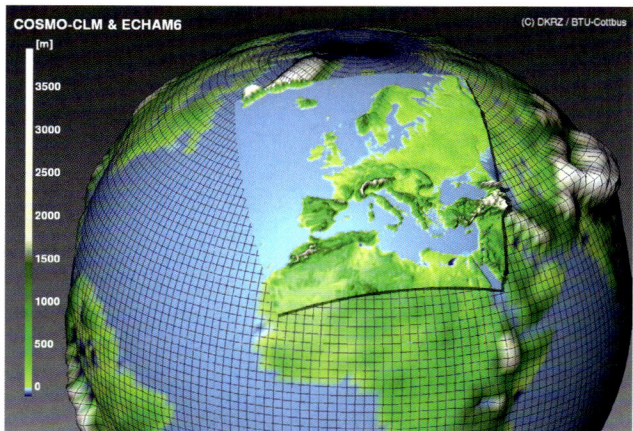

Abb. 4-1: Nestungsprinzip der dynamischen Regionalisierung, dargestellt anhand der Orographie eines globalen Modells und eines eingebetteten (genesteten) Regionalmodells.

tieren. Erzeugt werden sie mit speziell entwickelten globalen Analysemodellen, die mit einem aus Beobachtungen abgeleiteten Zustand starten, und denen während der Simulation zusätzliche Informationen aus Beobachtungen aufgeprägt werden. Ziel ist es, einen physikalisch konsistenten Wetterverlauf zu simulieren und dabei die Abweichungen vom tatsächlich beobachteten Verlauf möglichst gering zu halten. Die so gewonnenen globalen und dann regionalisierten Reanalyse-Daten werden vor allem für die Gestaltung eines realistischen Klimahintergrunds benötigt, zum Beispiel bei detaillierten Studien zu bestimmten meteorologischen oder klimatologischen Prozessen. Das Downscaling von Reanalysen wird auch genutzt, um durch den Vergleich des simulierten Regionalklimas mit dem beobachteten Klima die Fähigkeiten (Qualität/Genauigkeit) des regionalen Modells einzuschätzen zu können (siehe Abschnitt 5).

Sowohl bei den Szenarien- wie auch bei den Reanalyse-Rechnungen geht das Interesse über die reinen Klimaaspekte hinaus. So werden die Ergebnisse eines RCM häufig auch als hoch aufgelöste Eingangsdaten für Folgemodelle verwendet, welche zum Beispiel die Auswirkungen von anthropogenen Eingriffen in natürliche Systeme untersuchen und die Folgen für den Wasserhaushalt, die Luftqualität oder für die landwirtschaftliche Produktion abschätzen.

2 Regionale Modellierung

Zentraler Bestandteil eines Regionalmodells ist der atmosphärische Modellteil. Für die Erfassung der Austauschvorgänge an der Landoberfläche ist ein Boden-Schnee-Vegetationsmodell interaktiv angekoppelt. Zusätzlich benötigt der Atmosphärenteil über den durch die Gitterauflösung (siehe Abschnitt 2.1) explizit erfassten Wasserflächen die Temperatur an der Oberfläche und gegebenenfalls auch Informationen über die Eisbedeckung. Im einfachsten Fall werden dazu die vom antreibenden Modell berechneten Werte herangezogen. Einige regionale Modelle sind auch bereits mit regionalen (Teil-) Ozeanmodellen gekoppelt, oder enthalten spezielle Module, die die Prozessabläufe kontinentaler Seegebiete nachbilden (siehe Kapitel 7). Sie können so die regionalen Aspekte bestimmter Meeres-/Seeregionen besser berücksichtigen und eine von der Entwicklung im antreibenden Modell abweichende Entwicklung modellieren.

2.1 Koordinatensystem, Gitterstruktur und Modellskala

Für die räumliche Beschreibung in der Horizontalen verwenden die regionalen Modelle überwiegend der Erdgestalt angepasste Koordinaten, zum Beispiel (rotierte) geographische Koordinaten, oder „ebene" Koordinaten in Verbindung mit geographischen Projektionen. In der Vertikalen wird für die Atmosphäre fast ausschließlich eine sogenannte bodenfolgende Koordinate benutzt, das heißt, die (generalisierte) Vertikalkoordinate ist so konstruiert, dass der Erdoberfläche ein konstanter Koordinatenwert zugeordnet werden kann und sie damit eine Koordinatenfläche darstellt. Mit zunehmendem Abstand vom Erdboden glei-

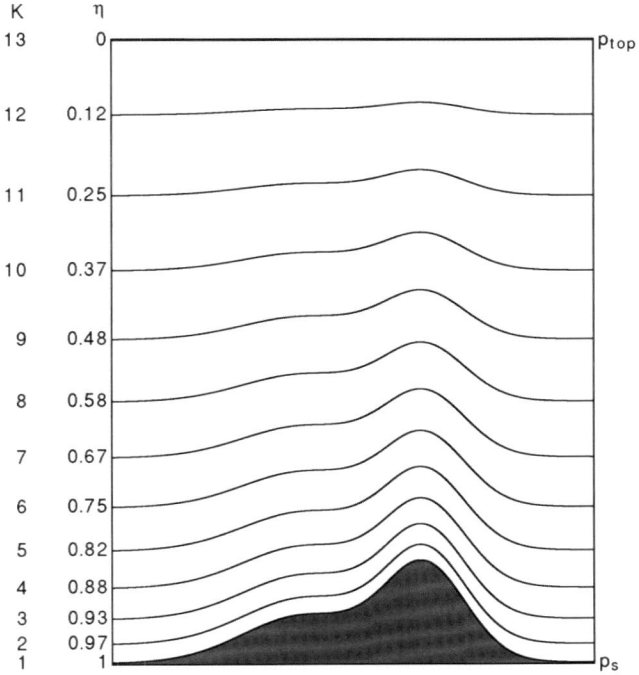

Abb. 4-2: Lage der η-Koordinatenflächen in dem regionalen Modell WRF.

chen sich die Koordinatenflächen dann immer mehr einer Fläche konstanter Höhe oder konstanten Drucks an. Als Beispiel sei hier die in dem regionalen Modell WRF (siehe Abschnitt 3.3) verwendete Koordinate η genannt (Abbildung 4-2). Sie orientiert sich an dem aktuell herrschenden hydrostatischen Druck p_h und ist definiert durch

$$\eta = \frac{(p_h - p_{h,top})}{(p_{h,surface} - p_{h,top})} \quad (1)$$

mit $p_{h,surface}$ und $p_{h,top}$ als Werte des hydrostatischen Drucks an der Erdoberfläche beziehungsweise am Modelloberrand. Die Erdoberfläche und der Modelloberrand sind dann Koordinatenflächen mit den Werten $\eta = 1$ beziehungsweise $\eta = 0$.

Nahezu alle regionalen Modelle sind im engeren Sinne Gitterpunktmodelle: Der im Modell wiedergegebene Ausschnitt der Erdoberfläche ist – dem Koordinatensystem angepasst – mit einem Gitternetz überzogen. Zusammen mit der Schichteneinteilung der Atmosphäre und des Bodens ergibt sich damit eine dreidimensionale Gitterstruktur für den Modellbereich. Die so entstandenen Gitterpunkte beziehungsweise Gitterzellen sind die kleinsten im Modell identifizierbaren Einheiten. Unterhalb der Gitterskala kennt das Modell keine weiteren Strukturen.

Die in regionalen Simulationen gewählten Werte für die horizontale Gitterweite liegen meistens deutlich unter 50 km, zum Teil reichen sie bis unter 1 km. Die vertikale Auflösung der Modellatmosphäre beträgt in der Regel zwischen 30 und 60 Schichten, wobei die Schichtdicke zwischen kleineren Werten in Bodennähe und größeren Werten im oberen Atmosphärenbereich variiert. Der Erdboden wird in RCMs typischerweise mit 3 bis 10 Schichten (in Ausnahmefällen auch deutlich mehr) aufgelöst, wobei die Schichtdicken nach unten zunehmen. Wird eine Schneedecke modelliert, werden dazu in den regionalen Modellen sowohl einfache Ein-Schicht-Formulierungen wie auch aufwändigere vertikale Strukturen auflösende Mehr-Schicht-Formulierungen verwendet.

Ein entscheidendes Charakteristikum einer Modellsimulation ist die effektive Auflösung (Modellskala). Nur Phänomene oberhalb dieser Skala können vom Modell erfasst und in ihrer Entwicklung mehr oder weniger realistisch simuliert werden. Sie wird durch die horizontale und vertikale Gitterweite bestimmt. Allerdings ist keine scharfe Definition möglich. Aus numerischen Gründen muss allgemein davon ausgegangen werden, dass erst Strukturen von mindestens der vierfachen Gitterweite adäquat wiedergegeben werden können.

2.2 Modellannahmen, Modellvariablen und Modellgleichungen

Grundsätzlich beruhen alle globalen und regionalen Modelle auf den gleichen physikalischen Prinzipien, die im Wesentlichen die Erhaltungseigenschaften von Energie, Masse und Impuls beschreiben. Sie unterscheiden sich jedoch – vor allem aufgrund von Unterschieden in der Modellskala und der Modellgeometrie – in den Vereinfachungen und in den Formulierungen der Gleichungen.

In der Modellwelt besteht die Atmosphäre aus dem Gasgemisch „feuchte Luft" mit den Komponenten „trockene Luft" und Wasserdampf und gegebenenfalls zusätzlich aus „kontinuierlich verteilten" Hydrometeoren. Allen Bestandteilen können somit Dichten, Mischungsverhältnisse oder spezifische Massenanteile als dreidimensionale Felder zugeordnet werden. Die Zusammensetzung der trockenen Luft wird in Bezug auf thermodynamische Eigenschaften als unveränderlich angesehen, so dass sie wie eine einzige Komponente behandelt werden kann. Bezüglich der strahlungsrelevanten Eigenschaften werden allerdings auch bestimmte Spurengasbeimengungen (zum Beispiel Treibhausgase) mit zeitlich variablen Anteilen berücksichtigt. Die Konzentrationen sind zwar sehr gering, der Einfluss auf den Energiehaushalt der Atmosphäre und damit auf das Klima kann jedoch nicht vernachlässigt werden.

Das Verhalten der gasförmigen Bestandteile wird durch die Zustandsgleichungen für ideale Gase beschrieben. Bei den Hydrometeoren unterscheiden RCMs mittlerer Komplexität explizit Wolkenteilchen mit vernachlässigbarer Fallgeschwindigkeit und Niederschlagsteilchen mit vereinfacht berechneter Fallgeschwindigkeit (zum Beispiel interpretierbar als Tropfen mit Durchmessern von mehr als 50 µm). Weiter wird unterschieden zwischen flüssigen (Wolkenwasser, Regenwasser) und eisförmigen (Wolkeneis, Schnee) oder in Mischform vorliegenden Teilchen. Sogenannte Mehr-Momenten-Modelle berücksichtigen auch Teilchenzahlen oder andere Kennzahlen und können somit einfache Teilchengrößenverteilungen modellieren.

Zu den wichtigsten Größen, die den Zustand der Atmosphäre kennzeichnen, gehören die drei Geschwindigkeitskomponenten, der Druck, die Temperatur und die Dichte der Luft sowie die Partialdichten oder Mischungsverhältnisse des Wasserdampfs und der explizit berücksichtigten Hydrometeore. Einige Modelle enthalten weitere Größen wie zum Beispiel die turbulente kinetische Energiedichte zur Charakterisierung des Turbulenzzustands. Für diese Zustandsgrößen oder für einen dazu äquivalenten Satz von Variablen lassen sich – basierend auf den Erhaltungsgleichungen für Impuls, Energie und Masse – Tendenzgleichungen ableiten, die die weitere Entwicklung der Atmosphäre beschreiben. Im Gegensatz zu den meisten globalen Modellen sind in den neueren RCMs die Gleichungen in der Regel nichthydrostatisch formuliert, das heißt, Abweichungen vom hydrostatischen Gleichgewicht, bei dem sich vertikale Druckkräfte und Gewichtskräfte die Waage halten, werden berücksichtigt, und daraus resultierende Vertikalbeschleunigungen werden explizit modelliert. Dadurch ermöglichen die Modelle eine größere vertikale Dynamik und sind in dieser Hinsicht auch anwendbar für Auflösungen im Kilometer-Bereich oder feiner.

Das an den atmosphärischen Modellteil angekoppelte Boden-Schnee-Vegetationsmodell beschreibt den Wärme- und Feuchtetransport in den oberflächennahen Bodenschichten, den Auf- und Abbau einer eventuell vorhandenen Schneeschicht einschließlich der damit verbundenen Energieumsätze sowie den Einfluss einer möglichen Vegetationsdecke (zum Beispiel Aufnahme von Wasser über die Wurzeln mit nachfolgender Transpiration oder Verdunstung von Niederschlag, der zuvor durch das Blattwerk aufgefangen wurde). Die zugeordneten primären Modellvariablen sind in der Regel Temperatur und Feuchtegehalt des Bodens, Temperatur und Massengehalt (Flüssigwasseräquivalenthöhe) der Schneedecke und die Menge des von der Vegetation aufgefangenen Wassers. In den meisten bisher verwendeten Modellen werden nur eindimensionale quasivertikale Transporte im Boden zugelassen. Inzwischen gibt es aber zunehmend auch Weiterentwicklungen, welche eine horizontale Umverteilung der Wassersubstanz modellieren (siehe Kapitel 8).

2.3 Unterscheidung von skaligen und subskaligen Prozessbeschreibungen

Die Modellgleichungen müssen in jeder Gitterzelle einzeln berechnet beziehungsweise gelöst werden. Der Wert einer Variablen in einer Gitterzelle repräsentiert dabei eine Art Mittelwert über das durch die Gitterzelle erfasste Raumelement. Kleinräumige Variationen der Variablen innerhalb einer Gitterzelle können von den Modellgleichungen nicht explizit erfasst werden. Die Variablen eines Modells sind nicht einzelnen Raumpunkten zugeordnet.

In diesem Sinne kann im Modell nur ein (wenn auch großer) Teil der Impuls-, Energie- und Feuchtetransporte sowie der

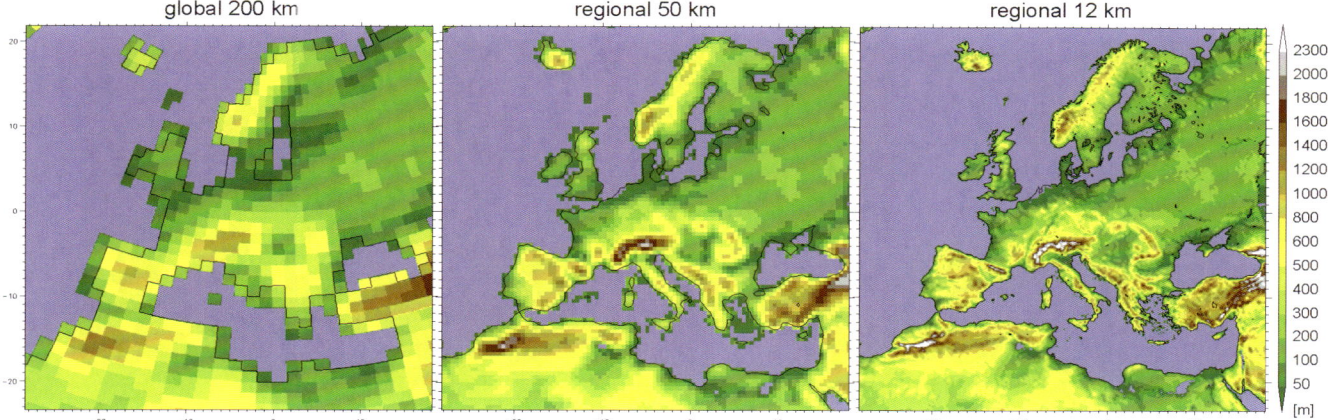

Abb. 4-3: Darstellung von Küstenform und Orographie in einem globalen Modell mit 200 km Gitterweite und in zwei regionalen Modellen mit 50 km beziehungsweise 12 km Gitterweite.

dynamischen und thermodynamischen Druckeffekte explizit aufgelöst und in den Gleichungen als rein physikalisch abgeleitete Funktion der Modellvariablen formuliert werden (skalige Prozesse). Dazu gehören auch die sogenannten physikalischen Prozesse (hier als Gegensatz zu den dynamischen Prozessen aufgefasst). Dies sind neben den Vorgängen im Boden und an der Erdoberfläche insbesondere die solare und terrestrische Strahlung und die Wolken- und Niederschlagsbildung. Da die Berechnung der Strahlungsübertragung extrem aufwändig ist, wird auch in RCMs das Strahlungsfeld grundsätzlich nur eindimensional (vertikal) gerechnet. Eine vollständige Neuberechnung erfolgt meistens nur in größeren Zeitabständen, zum Beispiel alle 30 oder 60 Minuten.

Obwohl die RCMs sehr hoch aufgelöst rechnen können, verbleiben jedoch relevante Prozesse, die sich auf Skalen unterhalb der Modellskala vollziehen und daher nicht direkt vom Modell erfasst und beschrieben werden können. Um die Effekte dieser subskaligen Prozesse auf die skaligen Modellvariablen zu quantifizieren und in den Gleichungen berücksichtigen zu können, werden statistisch-empirische Verfahren verwendet. Diese sogenannten Parametrisierungen nutzen aus Gegenwartsbeobachtungen und Simulationen abgeleitete skalenverbindende Beziehungen, wobei davon ausgegangen wird, dass die daraus folgenden Formulierungen auch für weiter zurückliegende oder mögliche zukünftige Klimazustände anwendbar sind.

Zu den subskaligen Prozessen, die auch in hoch auflösenden RCMs unverzichtbar sind, zählt die Modellierung des subskaligen (molekularen und turbulenten) Austausches von Energie, Impuls und Feuchte. Sogenannte Grenzschichtparametrisierungen bestimmen die Flüsse an der Erdoberfläche und beschreiben unter anderem die von diesen beeinflusste Entwicklung der bodennahen Luftschicht (Grenzschicht).

Problematisch kann die Behandlung von hochreichenden konvektiven Prozessen werden, die meistens mit intensiver Wolken- und Niederschlagsbildung und mit erheblichen Energie- und Feuchteumverteilungen verbunden sind. Da sie oftmals auf Skalen in der Nähe der Modellskala stattfinden, ist eine deutliche Skalentrennung und Aufteilung in skalige und subskalige Anteile kaum möglich. Dies macht eine entsprechende (Konvektions-) Parametrisierung für den nicht skalig modellierbaren Anteil schwierig. Eine Lösung kann letztlich nur darin bestehen, die Auflösung in den RCMs soweit zu erhöhen, dass ein ausreichend großer Anteil der konvektiven Prozesse explizit vom Modell erfasst werden kann. In unseren mittleren Breiten sind dazu jedoch horizontale Auflösungen in der Größenordnung von einem Kilometer erforderlich.

2.4 Spezifizierung der Modellparameter

Für eine Simulation ist Voraussetzung, dass alle Parameter, die das Modell-Klimasystem definieren, spezifiziert sind. Neben Angaben zu Modellgebiet und Gittersystem sind dies Größen, die die Eigenschaften von Atmosphäre und Boden beschreiben. Viele Parameterwerte sind intern im Modell „fest verdrahtet" definiert, andere werden extern vorgegeben und – sofern es sich um geographische Angaben handelt – aus hoch aufgelösten Datensätzen übernommen und auf das Modellgitter interpoliert. Dazu gehören im Allgemeinen die folgenden zweidimensionalen Felder:

- eine Land-See-Maske, welche eine Gitterzelle als Land- oder Wasserfläche kennzeichnet, oder – bei entsprechend angelegten Bodenmodellen – eine Angabe über den lokalen Wasserflächenanteil enthält,
- gegebenenfalls auch eine Information über die lokale Eisbedeckung,
- die Höhe der im Modell dargestellten Landoberfläche (Orographie, vergleiche Abbildung 4-3),
- der für eine Zelle angenommene Bodentyp zusammen mit tabellarischen Angaben zu den zugehörigen physikalischen Eigenschaften wie Wärme- und Feuchtekapazität sowie Wärme- und Feuchteleitfähigkeit,
- die für eine Zelle zugrunde gelegte Landnutzungsklasse (vergleiche Abbildung 4-4) wiederum zusammen mit Angaben zu den relevanten zugeordneten Eigenschaften (klimatologisch bestimmt, zum Teil monatlich variierend) wie zum Beispiel Hintergrund-Albedo (Albedo von schneefreien Flächen), Emissivität, Rauigkeit, Vegetationsanteil oder Blattflächenindex und/oder separat be-

reitgestellte Felder für detailliert abgeleitete Eigenschaften.

Hinzu kommt oftmals noch ein aus Beobachtungen aufbereitetes zeitkonstantes Temperaturfeld, welches Randwerte für die untere Bodenbegrenzung liefern kann.

2.5 Initialisierung

Zu Beginn einer regionalen Simulation müssen die Zustandsgrößen der zeitabhängigen Modellgleichungen wie Windgeschwindigkeit, Temperatur, Druck und Wasserdampfgehalt initialisiert werden. Da eine globale Simulation „nachsimuliert" werden soll, werden dazu Werte der entsprechenden Zustandsgrößen aus der zugehörigen GCM-Simulation oder der globalen Reanalyse herangezogen und auf das feinere regionale Gitter übertragen (interpoliert). Aufgrund der unterschiedlichen Modellauflösung können dabei verschiedene Probleme auftreten. So kann die detailliertere Land-See-Maske im RCM neue Inseln und Halbinseln ausweisen. Eine Initialisierung des Bodens (einschließlich der Vegetation) wird damit an Orten nötig, die im antreibenden Modell nicht als Landoberfläche dargestellt sind. In diesem Fall muss dann zum Beispiel von benachbarten Landflächen extrapoliert werden. Auch liefert die im RCM detaillierter dargestellte Landoberfläche höhere Berge und tiefere Täler, so dass eine einfache horizontale Interpolation oder Extrapolation nicht ausreicht und zusätzlich Höhenkorrekturen und Grenzschichtanpassungen erforderlich sind. Hinzu kommt, dass nach all diesen Maßnahmen die Atmosphäre wieder annähernd hydrostatisch ausbalanciert und das Windfeld weitgehend divergenzfrei sein sollte. Dies gewährleistet, dass die bei der Übertragung der Anfangswerte vom globalen auf das regionale Gitter zwangsläufig entstehenden unphysikalischen Beschleunigungen in den dynamischen Vorhersagegleichungen möglichst gering ausfallen und die Startphase der Simulation nicht nachhaltig beeinflussen.

Von der Größe des Modellgebietes und von der Art der Topographie (handelt es sich zum Beispiel um eine ausgedehnte Ebene oder um eine stark gegliederte Gebirgsregion mit austauscharmen Talkesseln) hängt ab, wie weit das Modellgedächtnis reicht, das heißt, wie lange der nur unzureichend spezifizierte Anfangszustands die weitere Entwicklung im Modell beeinflusst. Anders als bei Kurzzeitsimulationen spielt dieser Punkt bei längeren regionalen Klimasimulationen eine geringere Rolle. Um dennoch möglichen Problemen aus dem Wege zu gehen, werden die Simulationen häufig von früheren Zeitpunkten aus gestartet. Der zusätzlich simulierte Vorlaufzeitraum (meistens einige Monate bis zu einem Jahr) dient dann als „Spin up"-Phase, in der das Modell einen ausreichend angepassten, ausbalancierten Zustand erreichen soll.

2.6 Modellbegrenzung und Randbedingungen

Der Ablauf des Wettergeschehens in einem genesteten Modell wird wesentlich dadurch beeinflusst, dass die im GCM

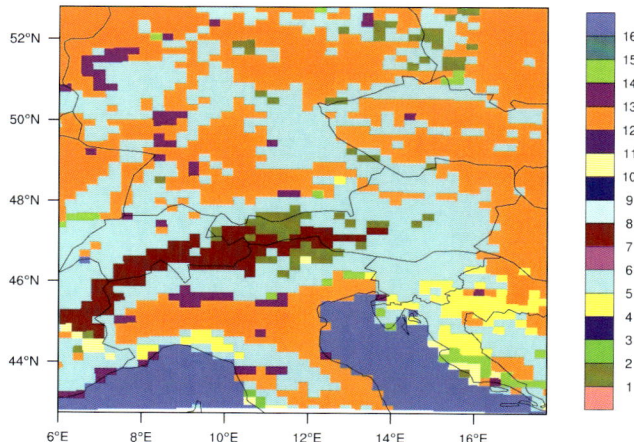

Abb. 4-4: Verteilung der Landnutzungsklassen bei einer horizontalen Auflösung von 20 km (Beispiel aus dem regionalen Modell WRF für den Bereich Süddeutschland-Alpenraum-Norditalien).

während der Simulation auf den Nestungsbereich zulaufenden Strukturen (zum Beispiel Hoch- oder Tiefdruckgebiete) vom RCM an den seitlichen Begrenzungsflächen übernommen und in einer aufbereiteten Form als Randbedingung in das Modellgleichungssystem eingegeben werden. Die dazu aus dem GCM benötigten Daten werden in der Regel im 3- oder 6-Stundenabstand übergeben und dann zeitlich interpoliert.

Mit der Übernahme der Randbedingungen ergeben sich allerdings prinzipielle Schwierigkeiten: Antreibendes und regionales Modell repräsentieren – allein aufgrund von Unterschieden in der Darstellung der Erdoberfläche und in den Approximationen und Parametrisierungen – unterschiedliche und nicht ohne weiteres kompatible Welten. Daraus resultieren dann auch Unterschiede in der Energieverteilung und im Anpassungsverhalten an ebenfalls unterschiedliche Gleichgewichtszustände. Dies kann dazu führen, dass die simulierten Wetterentwicklungen im globalen und regionalen Modell zum Teil signifikant voneinander abweichen. Im Randbereich des regionalen Modells können die unterschiedlichen Entwicklungen der beiden Modelle dann zu physikalischen Inkonsistenzen führen, die sich störend auch auf die Entwicklung im Inneren des regionalen Modellgebietes auswirken können.

Die Ursache liegt vor allem darin, dass es keine mathematische Lösung für die Zustandsgrößen im genesteten Modell gibt, die den aus dem antreibenden Modell übernommenen Randbedingungen genügt. Um dieses Problem abzumildern, kann zum Beispiel eine Randzone („Sponge") mit mehreren Gitterzellen verwendet werden, auf denen die extern vorgegebenen Daten mit den intern erzeugten Lösungen kombiniert werden (mit unterschiedlichen, von der Randentfernung abhängigen Gewichten). Ein Divergieren der Lösungen kann auch durch sogenannte Nudging-Methoden begrenzt werden. Dabei werden Informationen des antreibenden Modells nicht nur auf den Randbereich, sondern auch auf das Innere des RCMs übertragen, so dass der Zwang stärker wird, sich in Richtung des GCMs zu entwickeln. In der Regel erfolgt das Nudging skalenreduziert, das heißt, kleinerskalige subsynoptische Anteile werden zuvor (zum Beispiel spektral) herausgefiltert, so dass nur großskalige Strukturen übergeben werden. Von diesen wird angenommen, dass sie im GCM ausreichend korrekt simuliert werden.

Ist das regionale Modell nicht mit einem Ozeanmodell beziehungsweise Seenmodell gekoppelt, so bilden auch die Wasseroberflächen eine Modellbegrenzungsfläche. Die hier erforderlichen Randwerte, zum Beispiel für die Temperatur (SST), werden in der Regel ebenfalls dem antreibenden globalen Modell entnommen. Eine einfache Interpolation vom groben GCM-Gitter auf das feinere regionale Gitter ist allerdings, ähnlich wie bei der Modellinitialisierung, nicht immer möglich. Da die regionale Land-See-Maske detaillierter als die globale ist, können im Regionalmodell neue Randmeere, Meeresbuchten oder zusätzliche explizit aufgelöste Inlandseen auftreten, so dass eine Extrapolation und/oder die Anwendung zusätzlicher Informationen oder Annahmen erforderlich wird.

Neben den „Antriebsflächen" wird das Modell durch weitere mehr oder weniger willkürlich gewählte Randflächen begrenzt. Für diese müssen ebenfalls entsprechende Randbedingungen formuliert werden: Nach oben ist die Modellbegrenzung so gewählt, dass zumindest die gesamte Troposphäre und die Tropopausenregion berücksichtigt werden kann. Als Randbedingung wird unter anderem verlangt, dass im Modellinneren erzeugte Wellen den Modellbereich über den Oberrand möglichst ungehindert ohne größere Reflexionen verlassen können oder so stark gedämpft werden, dass kaum störende Effekte entstehen.

Nach unten reicht der Modellbereich über Landflächen bis zur unteren Begrenzungsfläche des Modellbodens (meistens in 2 bis 15 m Tiefe). Für den Feuchtehaushalt des Bodens wird am Unterrand in der Regel nur der nach unten gerichtete Gravitationsabfluss zugelassen. Für den Wärmehaushalt wird entweder ein Randwert für die Temperatur extern vorgegeben oder es wird davon ausgegangen, dass der vertikale Temperaturgradient und somit auch ein daraus resultierender Wärmefluss vernachlässigbar gering sind.

Die seitlichen Begrenzungen des Modellbodens spielen hingegen bei eindimensionalen Bodenmodellen keine Rolle, da Wechselwirkungen zwischen horizontal benachbarten Säulen unberücksichtigt bleiben. Werden jedoch Module einbezogen, die in irgendeiner Form auch laterale Feuchteflüsse zulassen, müssen adäquate Randbedingungen formuliert werden.

2.7 Numerische Realisierung

Die Modellgleichungen sind zum Teil partielle Differentialgleichungen, für die es im Allgemeinen keine analytisch beschreibbaren Lösungen gibt. Sie werden daher numerisch durch rein arithmetische Differenzengleichungen approximiert (Diskretisierung). Eine Modellsimulation durchführen bedeutet dann, die zeitliche Entwicklung des Modellzustands durch schrittweise Zeitintegration der approximierten Modellgleichungen zu berechnen. Je höher die räumliche Auflösung, umso kleiner muss der dabei verwendete Zeitschritt sein. Typische Werte für den Grundzeitschritt in RCMs liegen zum Beispiel bei Gitterweiten von 20 km im unteren Minutenbereich.

Mit verschiedenen Konzepten und Verfahren wurde und wird weiter versucht, die numerische Lösung der Modellgleichungen genauer und effizienter zu gestalten. Dazu zählen zum Beispiel

- die Weiterentwicklung numerischer Integrationsverfahren,
- die Erhöhung der approximativen Genauigkeit bei der Diskretisierung räumlicher Gradienten und Divergenzen (Verfahren höherer Ordnung),
- das Aufteilen der Gleichungen in Gleichungsteile, die mit individuell optimierten Zeitschritten bearbeitet werden können („Time-Splitting"),
- das Ersetzen von expliziten Zeitintegrationsmethoden durch implizite oder semi-implizite Verfahren, die prinzipiell größere Zeitschritte erlauben, und
- die Entwicklung von Programmstrukturen, die eine umfassendere Parallelisierung des Programmcodes begünstigen.

Insbesondere die Verbreitung massivparalleler Rechner hat dazu geführt, dass meistens schon bei der Konzeption neuer Modelle von vornherein moderne Rechnerarchitekturen berücksichtigt werden.

3 Welche Bedeutung hat die Modellauflösung?

Der entscheidende Beweggrund für den Einsatz von RCMs ist die Möglichkeit einer höheren Modellauflösung. Diese hat Einfluss auf

- die Darstellung der Erdoberfläche, zum Beispiel hinsichtlich Küstenform, Mindestgröße für die Berücksichtigung von Inseln oder Binnengewässern, Orographie (vergleiche dazu Abbildung 4-3), Bodentyp und Landnutzungsklasse,
- die Aufteilung der im Modell zu berücksichtigenden Prozesse in skalige und subskalige Anteile und die Notwendigkeit und Art der Parametrisierung,
- die Güte der numerischen Lösung (zum Beispiel resultierend aus der Anzahl der Stützstellen),
- die Anforderung an Genauigkeit und Umfang der das Klimasystem definierenden Parameter, insbesondere der extern bereitzustellenden geographischen Datensätze,
- die Anzahl der erforderlichen Gitterzellen, die Größe der Zeitschritte und damit auch den Rechnerressourcenbedarf
- und letztlich auf den Umfang und Detaillierungsgrad der Modellergebnisse.

Mit höherer Auflösung nimmt die Größe der Gitterzellen ab, so dass eine Zunahme der räumlichen und zeitlichen Variabilität der simulierten Zustände erwartet werden kann. Damit erhöht sich die Chance, extreme Ereignisse, die meistens kleinräumig und nur kurzzeitig auftreten, besser zu erfassen und ihre klimarelevante Häufigkeit und Intensität genauer zu beschreiben. Weiter macht es die detailliertere und naturgetreuere Darstellung der Erdoberfläche möglich, dass meteorologische Phänomene, die durch bestimmte Untergrundeigenschaften und -muster erzeugt oder modifiziert werden, besser erfasst werden. Dazu zählen zum Beispiel thermisch induzierte Windsysteme wie Berg-Tal- oder Land-See-Windsysteme und aus der Barrierewirkung der Gebirge resultierende Stau- oder Föhnlagen. Gerade diese mehr oder weniger geographisch fixierten Phänomene sind es, die zur regionalen Ausprägung des Klimas beitragen.

Durch eine höhere Auflösung werden die Höhenvariationen von Gebirgsstrukturen besser abgebildet. So nehmen die vom Modell wiedergegebenen maximalen Gebirgshöhen mit zunehmender Auflösung zu, für die Alpen zum Beispiel von unter 1500 m auf rund 3000 m bei Reduzierung der Gitterweite von 100 km auf 10 km. Dies hat unmittelbare Auswirkung auf die Schneeverteilung und die resultierenden Schneehöhen im Gebirge. Auch der Einfluss der Gebirgsstrukturen auf die Strömung wird deutlich modifiziert. So stellen sich bei hoher Auflösung der Strömung zwar prinzipiell höhere Hindernisse in den Weg, diese können jedoch auf Grund der stärkeren Höhenvariation und der besser erfassten Taleinschnitte auch leichter umströmt werden. Bei gröberen Auflösungen erscheinen Gebirgsformationen eher als „undurchdringlicher" Block.

Eine höhere Auflösung bedeutet auch, dass mehr universelle physikalische Formulierungen und weniger empirisch gewonnene Parametrisierungen in das Modell eingehen. Allerdings ergeben sich mit einer kleineren Gitterweite auch neue Probleme. Grundlegende bisher vertretbare Modellannahmen werden zunehmend verletzt. So ist bei Gitterweiten unter 10 km die hydrostatische Approximation kaum noch zu rechtfertigen. Auch wird mit zunehmender Modellauflösung die im Modell wiedergegebene Orographie steiler und komplexer. Die Erdoberfläche kann dann immer weniger als quasi horizontal angesehen werden. Einfache Grenzschichtparametrisierungen verlieren mehr und mehr ihre Gültigkeit. Ähnliches gilt für die Behandlung der Bodenschichten. Die Vernachlässigung von nichtvertikalen Flüssen bei geneigten Bodenschichten wird fragwürdiger.

Auch atmosphärische Phänomene, die bisher eindimensional innerhalb einer Gittersäule behandelt werden konnten, verlangen zunehmend eine Berücksichtigung von horizontal übergreifenden Effekten. Dies betrifft unter anderem das nur eindimensional modellierte solare und terrestrische Strahlungsfeld. Auf die Verhältnisse in der realen Welt übertragen steigt mit kleinerer horizontaler Säulenweite die Wahrscheinlichkeit, dass „schräg verlaufende Strahlen" die ursprüngliche Gittersäule verlassen und in eine Nachbarsäule mit einem signifikant anderen strahlungsrelevanten Zustand eindringen. Auch Abschattungseffekte von Gebirgsstrukturen können nicht länger vernachlässigt werden.

Weiter gilt für die Konvektionsparametrisierung, dass eine Gitterzelle groß genug sein sollte, um ein ausreichendes Ensemble von konvektiven Systemen beherbergen zu können. Dies ist bei kleiner werdenden Gitterweiten immer weniger der Fall und neben anderen Effekten der Grund, dass die Simulationsergebnisse schlechter werden können. Andererseits kann mit weiter steigender Auflösung ein zunehmender Anteil der Konvektionssysteme explizit erfasst werden, so dass ein „Abstellen" der Parametrisierung möglich wird oder sogar geboten erscheint (abhängig von Region und Jahreszeit, im Allgemeinen bei Gitterweiten von deutlich unter 10 km).

Eine höhere Auflösung kann auch dazu führen, dass die im Modell wiedergegebenen meteorologischen Situationen komplexer und vielfältiger werden. Kann dennoch für das gesamte Modellgebiet mit den gleichen Annahmen und Parametrisierungen gearbeitet werden? Und, kann die Güte und Auflösung der benötigten Ausgangsdaten mit der zunehmenden Modellauflösung Schritt halten? Möglicherweise stoßen hier die regionalen Modelle in der bisherigen Form zunehmend an ihre Grenzen.

4 Regionale Klimamodellierung im deutschsprachigen Raum

Mit regionaler Klimamodellierung beschäftigen sich in Deutschland vor allem der **D**eutsche **W**etter**d**ienst (DWD), einige Universitäten, sowie verschiedene Forschungsinstitute wie zum Beispiel das Climate Service Center Germany (GERICS) des Helmholtz-Zentrums Geesthacht, das **P**otsdam-**I**nstitut für **K**limafolgenforschung (PIK), das **A**lfred-**W**egener-**I**nstitut (AWI) und das **K**arlsruher **I**nstitut für **T**echnologie (KIT). Zu den bekanntesten, in diesen Institutionen verwendeten RCMs zählen die Modelle COSMO-CLM, MM5, WRF und REMO, auf die im Folgenden näher eingegangen wird. Weitere vor allem auch in den Nachbarländern verwendete Modelle sind zum Beispiel ALADIN (unter anderem Frankreich, Österreich), RegCM (unter anderem Italien, Österreich, Tschechien) und HIRLAM (unter anderem Skandinavien, Niederlande).

4.1 COSMO-CLM

Das Modell COSMO-CLM (COSMO Model in **Cl**imate **M**ode) ist die Klimaversion des regionalen Wettervorhersagemodells COSMO (DOMS et al. 2011). Entwickelt wurde COSMO-CLM ab 2002 aus einer Version des **L**okal-**M**odells (LM) des DWD durch das PIK in Potsdam, der GKSS (heute HZG) in Geesthacht und der BTU Cottbus mit Unterstützung des DWD (BÖHM et al. 2008). Seit 2005 gehört COSMO-CLM zu den offiziellen Community-Modellen der Deutschen Klimaforschung am DKRZ (**D**eutsches **K**limarechenzentrum). Inzwischen wird das Modell von einer Vielzahl internationaler Forschungsinstitutionen und Universitäten genutzt und weiterentwickelt (ROCKEL et al. 2008), die sich in der sogenannten CLM-

Community organisiert haben (www.clm-community.eu). Die Weiterentwicklung erfolgt in enger Abstimmung mit COSMO, dem **Co**nsortium for **S**mall-scale **Mo**delling (www.cosmo-model.org), einem Zusammenschluss nationaler Wetterdienste, anhand eines gemeinsam genutzten Modellcodes.

Bei COSMO-CLM handelt es sich um ein nicht-hydrostatisches Modell, mit dem Zeitskalen von einem Jahrzehnt bis zu mehreren Jahrhunderten mit horizontalen Auflösungen zwischen einem und fünfzig Kilometer simuliert werden. Die Grundversion des Modells besteht aus einem atmosphärischen Modellteil und einem angekoppelten Mehrschichten-Bodenmodell (TERRA), welches die Temperatur- und Feuchteentwicklung in den Bodenschichten und die energetischen und hydrologischen Austauschprozesse an der Oberfläche simuliert. Für die Berücksichtigung der spezifischen Eigenschaften urbaner Flächen steht ein entsprechendes Zusatzmodul zur Verfügung. Alternativ kann TERRA durch eine Variante des Community Land Model (www.cgd.ucar.edu/tss/clm/) des NCAR oder durch das sich noch in der Testphase befindliche Veg3D, dem Boden-Landoberflächenmodell des KIT, ersetzt werden. Für die interaktive Berücksichtigung kontinentaler Wasserflächen kann das Binnensee-Modell FLAKE (www.cgd.ucar.edu/tss/clm/) aktiviert werden. In der Standardversion des COSMO-CLM muss die Temperatur der Meeresoberflächen (SST) aus dem antreibenden Modell vorgegeben werden. Für die Simulation der europäischen Randmeere werden derzeit drei unterschiedliche regionale Ozeanmodelle (TRIMNP, NEMO, ROMS) angepasst und getestet. Entsprechende Meereismodelle befinden sich ebenfalls in der Entwicklung.

Neben der klassischen Ein-Wege-Nestung in ein antreibendes globales Klimamodell ist auch eine interaktive Kopplung mit dem globalen Atmosphärenmodell ECHAM in einer simultanen Simulation über eine Zwei-Wege-Nestung möglich. Mit der Modellvariante COSMO-ART können zudem Emission, Bildung und Transport von Aerosolen simuliert werden. Berücksichtigt werden hier auch die direkten und indirekten Klimawirkungen der Aerosolkonzentrationen auf die Strahlungsflüsse und die Wolkenbildung.

4.2 MM5 und WRF

Das regionale Modell MM5 (**F**ifth-Generation **Me**soscale **Mo**del) wurde vom National Center for Atmospheric Research (NCAR) und von der **P**enn **S**tate **U**niversity (PSU) entwickelt. Es ist mittlerweile größtenteils durch das Nachfolgemodell WRF (**W**eather **R**esearch and **F**orecasting Model) ersetzt worden, welches – beginnend in den späten 1990er Jahren - ebenfalls vom NCAR in Zusammenarbeit mit dem **N**ational **O**ceanic and **A**tmospheric **A**dministration (NOAA) und anderen US-amerikanischen Forschungseinrichtungen entwickelt wurde (SKAMAROCK und KLEMP 2008). WRF verwendet noch etliche Bausteine aus dem Vorgängermodell MM5.

Wie schon MM5 enthält auch WRF ein umfangreiches Datenassimilierungssystem. Beide Modelle haben die Fähigkeit zur Mehrfachnestung, sowohl im Ein-Wege- wie auch im interaktiven Zwei-Wege-Modus. Für die horizontale Darstellung kann zwischen der Lambert'schen Kegelprojektion, der Merkator-Projektion und der polarstereographischen Projektion gewählt werden. Auch die Verwendung von (rotierten) geographischen Koordinaten ist möglich. Für die Vertikale wird eine an dem aktuell herrschenden hydrostatischen Druck orientierte bodenfolgende Koordinate verwendet (siehe dazu Gleichung 1 in Abschnitt 2.1).

WRF existiert in einer Variante für die operationelle Wettervorhersage und einer weiteren Variante für Untersuchungen im meteorologischen (zum Beispiel Hurrikanforschung) und klimatologischen Bereich. Ebenso wie bisher MM5 wird auch WRF weltweit von einer großen Zahl von Nutzern angewendet (siehe WRF Model Users Page www2.mmm.ucar.edu/wrf/users/). Dies führt zur Entwicklung und Bereitstellung zahlreicher Zusatzmodule und Ergänzungsmodelle und zu einer vielfältigen Entwicklung von speziellen WRF-Modellversionen. Auch verfügt das Modell über eine Vielzahl von sogenannten Physik-Optionen. So kann zum Beispiel für die Wolken- und Niederschlags-Mikrophysik, für die Grenzschichtbehandlung und für die Konvektionsparametrisierung aus jeweils mehr als zehn Verfahren ausgewählt werden. Das Modell kann ebenfalls mit einem Ozeanmodell und mit unterschiedlich komplexen Boden- und Landoberflächenmodellen gekoppelt werden. Zu den von der Entwickler- und Nutzer-Community beigesteuerten Zusatzmodellen gehören zum Beispiel hydrologische Modelle, die eine horizontale Umverteilung der Feuchte und eine detailliertere Beschreibung des Abflusses ermöglichen, Module für die Behandlung von städtischen Oberflächen oder von Abschattungseffekten durch die Orographie oder Module, die den Einfluss von Waldbränden berücksichtigen können.

4.3 REMO

Das „**R**egional **Mo**del" (REMO, www.remo-rcm.de) wurde in den 90er Jahren auf der Basis des DWD-Europamodells zunächst als Kurzfristmodell erstellt und später, vor allem vom **M**ax-**P**lanck-**I**nstitut für **M**eteorologie (MPIfM) in Hamburg und dem Deutschen Klimarechenzentrum (DKRZ), als hydrostatisches Klimamodell weiterentwickelt. Es wurde unter anderem für Simulationen im Rahmen von BALTEX-Projekten für den Ostseeraum (zum Beispiel JACOB 2001) und im Auftrag des Bundesumweltamtes für die Erstellung von „Klimaszenarien für Deutschland" eingesetzt (www.umweltbundesamt.de/publikationen).

In REMO können für die physikalischen Parametrisierungen entweder DWD-Europamodell-Schemata oder aus dem globalen ECHAM4-Modell übernommene Verfahren angewendet werden. Zusätzlich kann das Modell mit verschiedenen Ozean-Meereis-Modellen und mit kontinentalen hydrologischen Ergänzungsmodellen gekoppelt werden. Es besitzt die Fähigkeit zur Mehrfachnestung.

Wie die meisten RCMs verwendet auch REMO für die Vertikale eine bodenfolgende Hybridkoordinate und für die Horizontale rotierte geographische Koordinaten, wobei die Rotation i. d. R. so gewählt wird, dass der (neue) „Äquator" mitten durch das Modellgebiet verläuft. Dadurch ergeben sich im gesamten Modellgebiet, zumindest aber im zentralen Teil, annähernd rechtwinklige Gitter mit nahezu gleichen Gitterlängen und -flächen.

5 Modellevaluierung und Modellvergleiche

Ziel der Modellevaluierung ist es, die Qualität oder Güte des regionalen Modells zu ermitteln. Dazu wird überprüft, wie genau das Modell unser gegenwärtiges Klima reproduzieren kann. Um den Einfluss von externen Faktoren wie zum Beispiel Fehlern in den Randwertvorgaben möglichst gering zu halten, verwendet man für diese Simulationen sogenannte Reanalysen, das heißt, dreidimensionale Analysen des zurückliegenden Wettergeschehens wie sie zum Beispiel vom Europäischen Zentrum für mittelfristige Wettervorhersage (EZMW) oder vom National Centers for Environmental Prediction (NCEP) operationell bereitgestellt werden. Die Reanalysen geben den Zustand der Atmosphäre und die Oberflächentemperatur der Ozeane (SST) durch die Einbeziehung einer Vielzahl von Beobachtungen in bestmöglicher Weise wieder und repräsentieren den tatsächlichen Wetter- und Witterungsverlauf der betrachteten Klimaperiode.

Evaluierungssimulationen erstrecken sich üblicherweise über einen Zeitraum von 20 bis 30 Jahren innerhalb der historischen Klimaperiode von 1950 bis heute. Aus den Simulationsergebnissen werden für ausgewählte meteorologische Parameter klimatologische Kennzahlen wie Mittelwerte, Varianzen, Häufigkeiten oder Perzentile berechnet und mit entsprechenden Referenzdaten verglichen. Bei den Referenzdaten handelt es sich um Beobachtungsdaten einer Vielzahl von Messstationen, die auf ein reguläres flächendeckendes Gitter interpoliert wurden und als monatliche, in selteneren Fällen auch als tägliche Werte verfügbar sind. Abbildung 4-5 zeigt einen im Rahmen der Euro-CORDEX Initiative durchgeführten Vergleich (KOTLARSKI et al. 2014) der simulierten Jahreswerte von Niederschlag und bodennaher Lufttemperatur der drei in Abschnitt 4 beschriebenen Regionalmodelle COSMO-CLM, WRF und REMO zusammen mit den sogenannten E-OBS-Referenzdaten (HAYLOCK et al. 2008). Die Qualität der hier behandelten Modelle kann als vergleichbar angesehen werden und variiert von Modell zu Modell je nach Region und Klimaparameter.

Neben langjährigen Klimamitteln werden insbesondere bei hoch auflösenden Simulationen auch Tagesgänge von Temperatur und Niederschlag analysiert. Hier zeigen Simulationen, die konvektive Prozesse explizit auflösen und daher auf Konvektionsparametrisierungen verzichten können, eine deutliche Verbesserung des Tagesganges des Niederschlags. Die flächendeckende Evaluierung solcher Tagesgänge ist bisher jedoch nur sehr eingeschränkt möglich, da Datensätze mit stündlicher Auflösung noch sehr limitiert und nur für Teilregionen verfügbar sind.

Nicht außer Acht gelassen werden darf, dass der Ergebnisvergleich und damit die Bewertung der Modellgüte auch von der Güte der Referenzdaten abhängt. Flächendeckende

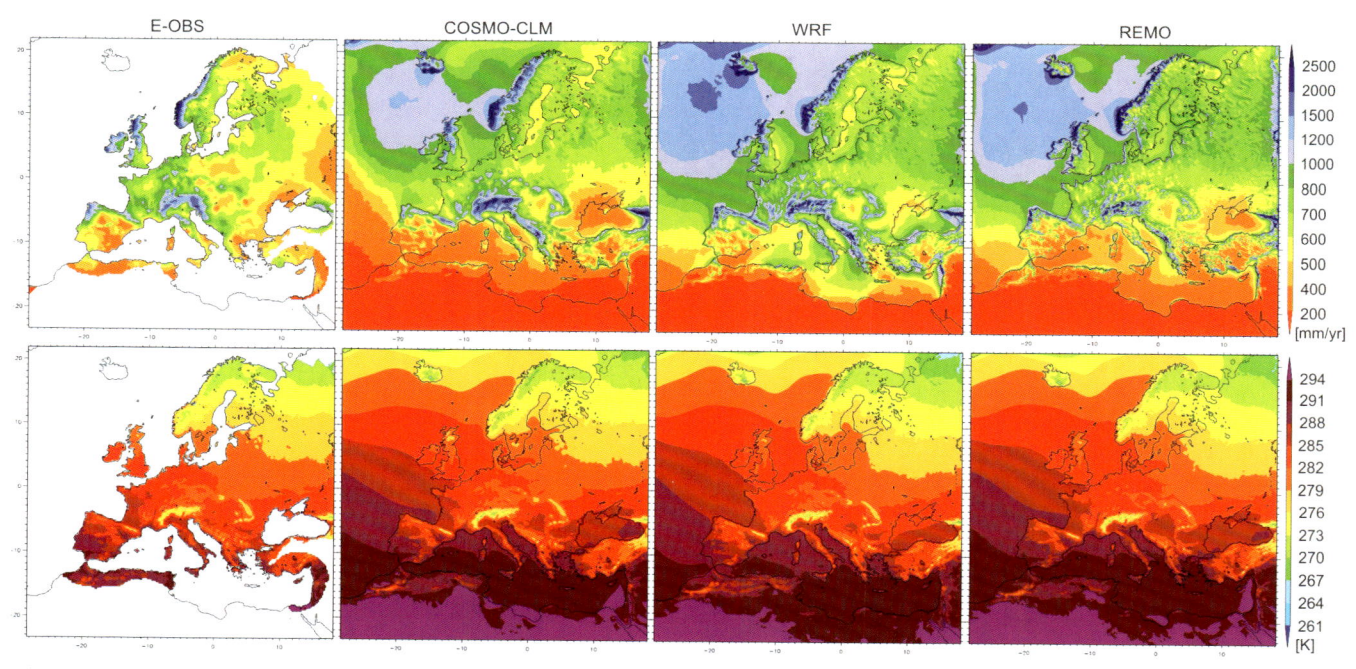

Abb. 4-5: Mittlere Jahressumme des Niederschlags in mm/Jahr (obere Reihe) und Jahresmitteltemperatur (untere Reihe) in Kelvin aus E-OBS-Referenzdaten und aus Simulationen mit den Regionalmodellen COSMO-CLM, WRF und REMO für den Zeitraum 1989 bis 2008. Die Simulationsergebnisse sind hier nur für den Bereich dargestellt, der durch Referenzdaten abgedeckt ist.

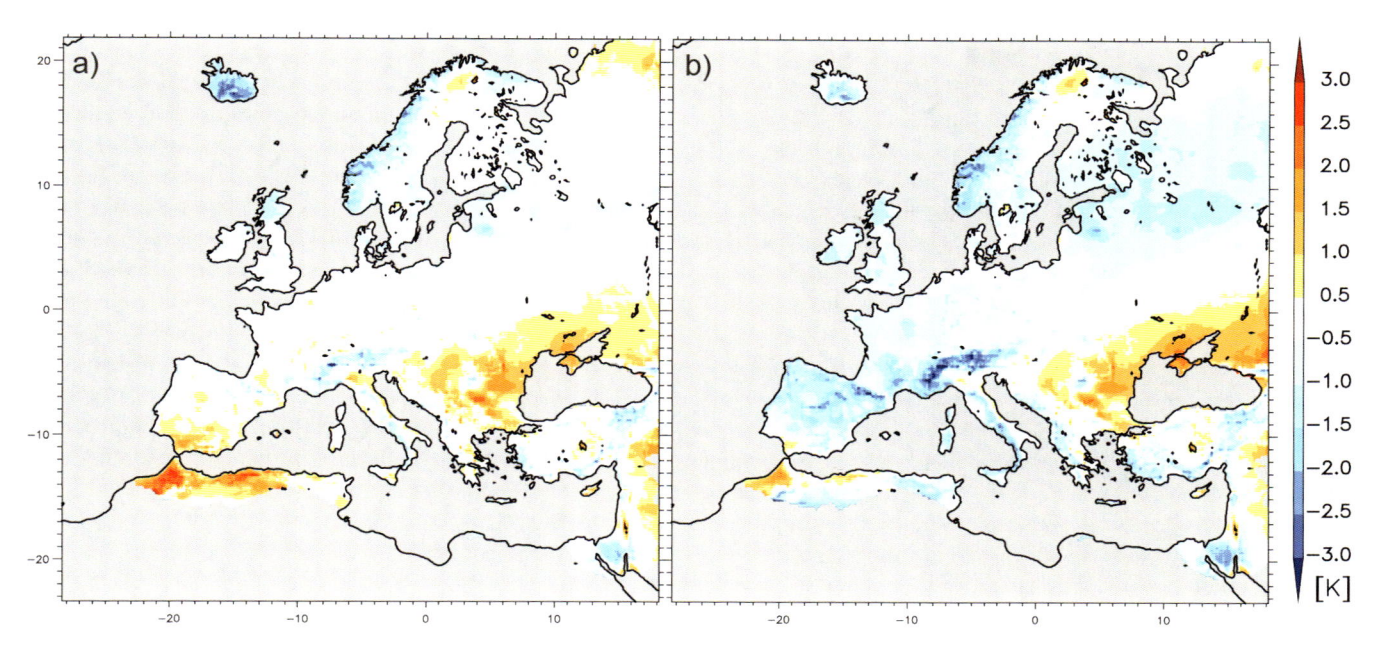

Abb. 4-6: Abweichung der mit COSMO-CLM simulierten Jahresmitteltemperatur von E-OBS-Referenzdaten in Kelvin für den Zeitraum 1981-2000: (a) Evaluierungslauf angetrieben durch ERA-Interim-Reanalysen und (b) Klimalauf angetrieben durch Ergebnisse des globalen Klimamodells MPI-ESM-LR. In den grauen Bereichen des dargestellten Modellgebietes stehen keine E-OBS-Daten zur Verfügung.

Referenzdaten mit ausreichender Genauigkeit und horizontaler Auflösung existieren nur für wenige klimatologische Standardgrößen wie Lufttemperatur, Niederschlag, Luftdruck, Luftfeuchte und Wolkenbedeckung. Doch selbst bei diesen Standardgrößen findet man in den klimatologischen und großflächigen Mittelwerten größere Abweichungen zwischen Datensätzen aus unterschiedlichen Quellen. So variiert das Klimamittel der Jahresniederschlagssumme für das Gebiet Deutschland zwischen den aktuell verfügbaren Referenzdatensätzen unterschiedlicher Auflösung und Bearbeitungsmethode um mehr als 200 mm/Jahr. Der reine Vergleich mit Referenzdaten liefert auch nur beschränkt Hinweise auf die Ursachen möglicher Modellfehler. Daher werden zunehmend prozessorientierte Evaluierungen durchgeführt, bei denen die Abweichungen zwischen Modellsimulation und Referenzdaten in Abhängigkeit von spezifischen Situationen wie zum Beispiel der Tageszeit, der Wetterlage oder von selektiven Einzelereignissen analysiert werden.

Bei der Simulation von Klimaszenarien wird das regionale Klimamodell nicht durch Reanalysen sondern durch die Ergebnisse einer globalen Klimasimulation angetrieben. Zu den Ungenauigkeiten des Regionalmodells kommen dann zwei weitere Fehlerquellen hinzu: Zum einen ist dies der Einfluss des globalen Klimamodells, dessen Ergebnisse über die seitlichen Randwerte an das regionale Modell übergeben werden, wodurch das Regionalmodell auch die in den globalen Feldern vorhandenen Fehler übernimmt. Der zweite Unsicherheitsfaktor liegt in der internen Variabilität des Klimasystems begründet. Das bedeutet, dass die im regionalen Modell simulierte zeitliche Witterungsabfolge keiner beobachtbaren Klimaperiode entspricht und die einzelnen Simulationszeitpunkte daher – im Gegensatz zur Evaluierungssimulation – keinem realen Datum zugeordnet werden können. Auch die klimatologischen Mittelwerte sind durch die natürliche zeitliche Variabilität des Klimasystems beeinflusst, so dass bei einem Vergleich mit einer speziellen Klimaperiode die Ergebnisse des Regionalmodells stärker von den Beobachtungen abweichen als bei der oben beschriebenen Evaluierungssimulation mit Reanalyse-Antriebsdaten (vergleiche dazu Abbildung 4-6).

6 Ausblick

Das Downscaling durch RCMs kann als anspruchsvolle physikalisch basierte Methode für die räumliche Interpolation von GCM-Outputs angesehen werden. Doch was möchte man erreichen? Nur neue Details hinzufügen oder auch zulassen, dass die Entwicklung in der RCM-Welt grundsätzlich anders verlaufen kann? Gilt dies auch für große Skalen? Und können Fehler der antreibenden Modelle durch Regionalisierung verringert werden oder werden sie eher verstärkt? Dazu gibt es keine eindeutigen Antworten. Eine Garantie für eine Verbesserung der Ergebnisse durch dynamisches Downscaling gibt es nicht.

Um mehr Informationen zu gewinnen, können regionale Ensemblesimulationen durchgeführt werden. Sie erlauben eine quantitative Einschätzung der Unsicherheiten auf Basis der verwendeten Modelle, Anfangs- und Randwerte oder Parametrisierungen. Eine Verringerung systematischer Fehler und damit eine gewisse Verbesserung der Ergebnisse lassen sich auch durch Anwendung von Bias-Korrekturverfahren erreichen. Weiteres Verbesserungspotential ist bei verschiedenen Parametrisierungsverfahren vorhanden. Auch kann es sinnvoll sein, Modelle zukünftig so zu konstruieren, dass sie in der Lage sind, je nach Region und Jahreszeit unterschiedliche Verfahren anzuwenden. Die Physik ist zwar universell, nicht aber ihre Parametrisierung.

Bei weiter zunehmender verfügbarer Rechenleistung werden die globalen Modelle mit immer höheren Auflösungen arbeiten können. Dennoch werden regionale Klimamodelle auch zukünftig eine wachsende Zahl von Anwendern finden, insbesondere für die Untersuchung regionalspezifischer Fragestellungen, die eine Vielzahl von Langzeit-Sensitivitätsstudien erfordern. Dazu mag auch beitragen, dass die Modelle mittlerweile zusammen mit umfangreichen Pre- und Postprocessing-Tools zur Verfügung gestellt werden. Nahezu alle Modelle geben ihre Ergebnisse auch in einem (standardisierten) NetCDF-Format aus, so dass die für dieses Format bereits vorhandenen universell angelegten Analyse- und Grafikprogramme verwendet werden können. Auch sind einige Modelle bzw. vereinfachte Modellversionen inzwischen frei verfügbar und können zusammen mit den erforderlichen Bibliotheksprogrammen und Datensätzen heruntergeladen und auf kleineren Rechnern zum Laufen gebracht werden.

Literatur

BÖHM, U., KEULER, K., ÖSTERLE, H., KÜCKEN, M., HAUFFE, D., 2008: Quality of a climate reconstruction for the CADSES regions. *Meteorol. Z.* **17**, 477-486.

DOMS, G., FÖRSTNER, J., HEISE, E., HERZOG, H.-J., MIRONOV, D., RASCHENDORFER, M., REINHARDT, T., RITTER, B., SCHRODIN, R., SCHULZ, J.-P., VOGEL, G., 2011: A Description of the Non-hydrostatic Regional COSMO Model. Part II: physical parameterization, available at http://www.cosmo-model.org/content/model/documentation/core/cosmoPhysParamtr.pdf

HAYLOCK, M. R., HOFSTRA, N., KLEIN TANK, A. M. G., KLOK, E. J., JONES, P. D., AND NEW, M., 2008: A European daily high resolution gridded data set of surface temperature and precipitation for 1950–2006. *J. Geophys. Res.* **113**, D20119, doi:10.1029/2008JD010201.

JACOB, D., 2001: A note to the simulation of the annual and inter-annual variability of the water budget over the Baltic Sea drainage basin. *Meteorol. Atmos. Phys.* **77**, 61-73.

KOTLARSKI, S., KEULER, K., CHRISTENSEN, O. B., COLETTE, A., DÉQUÉ, M., GOBIET, A., GOERGEN, K., JACOB, D., LÜTHI, D., VAN MEIJGAARD, E., NIKULIN, G., SCHÄR, C., 2014: Regional climate modeling on European scales: A joint standard evaluation of the EURO-CORDEX RCM ensemble. *Geosci. Model Dev.* **7**, 217–293.

ROCKEL, B., WILL, A., HENSE, A., eds. (2008): Special issue 'Regional climate modelling with COSMO-CLM (CCLM)'. *Meteorol. Z.* **17**.

SKAMAROCK, W. C., KLEMP, J. B., 2008: A time-split nonhydrostatic atmospheric model for weather research and forecasting applications. *J. Comp. Phys.* **227**, 3465-3485.

Ergänzende Literatur

FOLEY, A. M., 2010: Uncertainty in regional climate modelling: A review. *Progress in Physical Geography* **34**, 5, 647-670, doi: 10.1177/0309133310375654.

GIORGI, F., GUTOWSKI, W. J., 2015: Regional Dynamical Downscaling and the CORDEX Initiative. *Annual Review of Environment and Resources* **40**, 467-490, doi: 10.1146/annurev-environ-102014-021217.

PREIN, A., LANGHANS, W., FOSSER, G., FERRONE, A., BAN, N., GOERGEN, K., KELLER, M., TÖLLE, M., GUTJAHR, O., FESER, F., BRISSON, E., KOLLET, S., RUMMUKAINEN, M., 2010: State-of-the-art with regional climate models. Wiley Interdisciplinary Reviews: *Climate Change* **1**, 82-96.

SCHMIDLI, J., VAN LIPZIG, N. P., LEUNG, R., 2015: A review on regional convection-permitting climate modeling: Demonstrations, prospects, and challenges. *Reviews of Geophysics* **53**, 323-361, doi: 10.1002/2014RG000475.

Kontakt

DR. KLAUS KEULER
Brandenburgische Technische Universität (BTU)
Lehrstuhl Umweltmeteorologie
Burger Chaussee 2
03044 Cottbus
klaus.keuler@b-tu.de

DR. RICHARD KNOCHE
Kirchweg 1b
82496 Oberau
richard.knoche@t-online.de

E. BRISSON, N. LEPS, B. AHRENS

5 Konvektionserlaubende Klimamodellierung

Convection Permitting Climate Modeling

Zusammenfassung
Regionale Klimamodelle auf konvektionserlaubenden Skalen (horizontale Gitterweiten unter 4 km) sind bereits verfügbar und haben das vielversprechende Potential gezeigt, viele der durch die Konvektionsparametrisierung gröberer Modelle verursachten Unsicherheiten zu korrigieren. Zusätzlich zu der expliziten Auflösung hochreichender Konvektion beinhalten konvektionserlaubende Modelle (CPMs) komplexere Parametrisierungen und feinere Darstellungen der Oberflächenparameter und der Orographie. Schließlich gibt es Hinweise darauf, dass einige Prozesse (zum Beispiel Boden-Niederschlag-Rückkopplung) in CPM-Klimawandelsimulationen andere Signale zeigen als in Simulationen mit gröberen Modellen, was CPMs zu einem wichtigen Werkzeug für die Verbesserung der Einschätzungen von Unsicherheiten im Klimawandel macht. Dieser Mehrwert geht aber mit signifikanten Nachteilen einher (erhebliche Rechenkosten, nicht komplett ausgereifte CPM-Komponenten), welche die aktuelle Anwendbarkeit von CPMs in großen Klimasimulationsensembles begrenzen.

Summary
Regional climate models at convection permitting scales (horizontal grid-spacing less than 4 km) are becoming available and have shown a promising potential for correcting the many misrepresentations induced by deep convection parameterizations in coarser models. In addition to resolving deep convection explicitly, convection permitting models (CPMs) often feature more complex parameterizations and refined representations of surface parameters and orography. Finally, there are indications that some processes (e.g., soil-precipitation feedback) show different signals in CPM climate change simulations than in simulations with coarser models, making CPMs an important tool for improving current climate change uncertainty estimations. However, these added values come with significant drawbacks (substantial computational costs; CPM components not all yet fully mature), which limit the current applicability of CPMs to large climate simulation ensembles.

1 Einführung

Die Anforderung an die räumliche Auflösung in der regionalen Klimamodellierung wird immer größer. Die Gitterweiten der regionalen Klimamodelle erreichen heute häufig schon etwa 10 km. Mit weiter wachsenden Kapazitäten der IT-Architektur, den wachsenden Anforderungen der Klimafolgenforschung (zum Beispiel an Klimatologien von kleinräumigen Extremereignissen wie Starkregen, Starkwinden als Foci der „Grand Challenges on Extremes" des Weltklimaforschungsprogramms WCRP, http://www.wcrp-climate.org), aber auch um die Auswirkung kleinräumiger Prozesse auf gröberen Skalen besser darstellen zu können, werden die Gitterweiten weiter verfeinert. Ein wichtiger Prozess, der von bisherigen regionalen und globalen Klimamodellen nicht auf dem Rechengitter abgebildet werden kann und daher parametrisiert wird, ist die Konvektion und die damit einhergehenden konvektiven Niederschläge, Fallböen, etc.

Parametrisierungen der Konvektion basieren auf Annahmen, die bei Gitterweiten kleiner als etwa 20 km nur noch eingeschränkt gültig sind (zum Beispiel nähert sich die Gitterzeitskala den typischen Zeitskalen der Konvektion an, wodurch keine klare Skalentrennung möglich ist). MOLINARI und DUDEK (1992) schlussfolgern, dass hochreichende feuchte Konvektion ab Gitterweiten von etwa 2 bis 3 km auf dem Rechengitter erfolgreich aufgelöst wird und daher nicht parametrisiert werden muss. Bei diesen Gitterweiten werden aber weiterhin Parametrisierungen der trockenen flachen Konvektion benötigt und auch relevante Charakteristika der hochreichenden Konvektion (wie Auf- und Abwindschläuche) werden nur teilweise aufgelöst. Daher wird in der Literatur häufig von der Grauzone der Konvektionsparametrisierungen im Gitterweitenbereich von 4 bis 20 km (WEISMAN et al. 1997) gesprochen.

Nichthydrostatische atmosphärische Modelle, die hochreichende Konvektion größtenteils auf dem Rechengitter repräsentieren und daher ohne Parametrisierung der hochreichenden Konvektion verwendet werden, werden konvektionsauflösende beziehungsweise besser konvektionserlaubende Modelle genannt. Solche Modelle werden bereits seit einigen Jahren erfolgreich in der numerischen Wettervorhersage (zum Beispiel beim Deutschen Wetterdienst, BALDAUF et al. 2011) verwendet. Erste konvektionserlaubende Modellsimulationen für mehrjährige Zeiträume wurden erfolgreich durchgeführt (PREIN et al. 2015, BAN et al. 2014, KENDON et al. 2012) und zeigten Verbesserungen in der Simulation kleinräumiger Phänomene (zum Beispiel des Tagesgangs der konvektiven Aktivität). Umfangreichere Simulationen über klimarelevante Zeiträume für größere Modellgebiete (zum Beispiel die Alpen, das östliche Mittelmeer) werden in naher Zukunft gerechnet (zum Beispiel im Rahmen koordinierter Programme wie CORDEX, http://www.cordex.org).

Die konvektionserlaubenden Modelle basieren auf den Reynolds-gemittelten Modellgleichungen. Dabei wird angenommen, dass die atmosphärische Turbulenz nicht auf dem Rechengitter repräsentiert wird und vollständig parametrisiert werden muss. Bei Gitterweiten von etwa 1 km ist diese Annahme nicht mehr gerechtfertigt, da die größten turbulenten Wirbel („eddies") in der Grenzschicht bereits teilweise auf dem Gitter repräsentiert werden können. Einen relevanten Teil des Größenspektrums der eddies können sogenannte Grobstrukturmodelle („large eddy models") mit Gitterweiten von etwa 10 m bis wenige 100 m auf ihrem Gitter rechnen. Diese Modelle basieren auf gefilterten Modellgleichungen und die noch fehlende subgitterskalige Turbulenz kann mit einfacheren Ansätzen parametrisiert werden. Die konvektionserlaubenden Modelle arbeiten somit in einem Skalenbereich, der auch als Grauzone der Turbulenzparametrisierungen (ähnlich der Grauzone der Konvektionsparametrisierungen) bezeichnet wird.

Die Herausforderungen an die Turbulenz- und andere Parametrisierungen werden zusammen mit den Herausforderungen an Eingangs- und Evaluationsdaten sowie an die Recheninfrastruktur in Abschnitt 3 diskutiert. Zuvor wird in Abschnitt 2 detailliert auf die Wahl der Gitterweiten in konvektionserlaubenden Klimamodellen eingegangen. Abschnitt 4 zeigt beispielhaft den Mehrwert der konvektionserlaubenden Modellierung im Vergleich zur Modellierung mit gröberen Modellen und abschließend folgt eine kurze Zusammenfassung.

2 Gitterweiten

Wie bereits festgestellt wurde, resultiert Konvektion aus Wechselwirkungen von einer Fülle an Prozessen, die auf unterschiedlichen Skalen auftreten (Abb. 5-1). Für die dynamische Darstellung der gesamten Bandbreite dieser Prozesse wäre es notwendig, ein Gitternetz auf der Mikroskala zu verwenden. Jedoch haben sich für die meisten Prozesse, die auf der molekularen Skala auftreten (zum Beispiel Wechselwirkungen zwischen Hydrometeoren, Strahlungsprozesse), Näherungen/Formulierungen auf den in Klimaforschung und Wettervorhersage verwendeten Zeitskalen als nützlich erwiesen (zum Beispiel thermodynamische Gesetze, Umwandlungsraten).

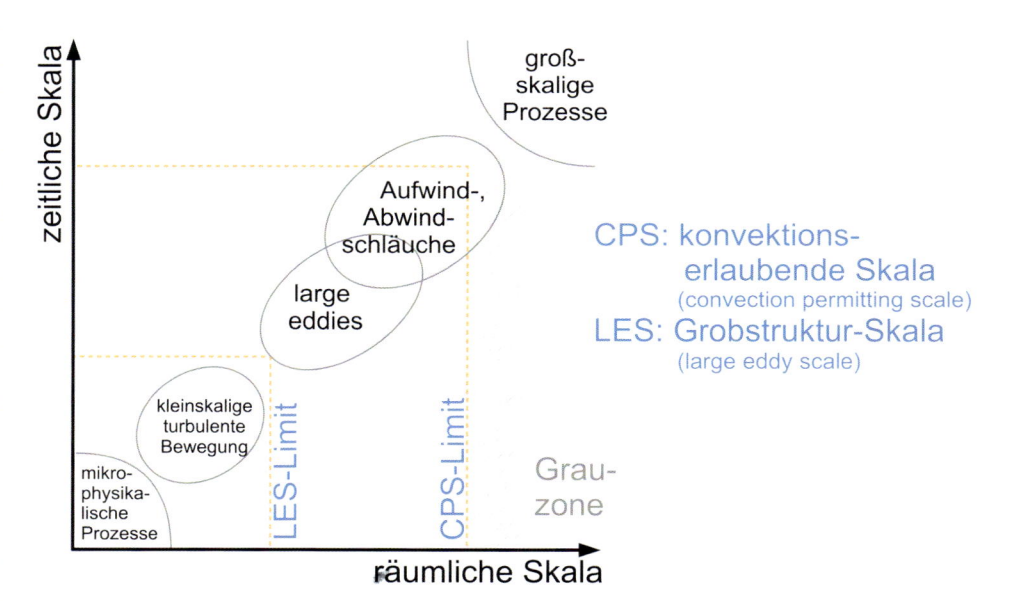

Abb. 5-1: Diagramm über die raumzeitlichen Skalen konvektiver Elemente. Mikrophysikalische Prozesse sowie kleinskalige turbulente Bewegungen befinden sich auf Skalen unter der Grenze der Auflösbarkeit von LES-Modellen. Large eddies dagegen können von diesen aufgelöst werden. Die Aufwind- und Abwindschläuche in konvektiven Wolken erreichen höhere raumzeitliche Skalen und können bis zu der Obergrenze der konvektionserlaubenden Skala explizit von CPMs dargestellt werden. Der schraffierte Bereich repräsentiert die Grauzone der Konvektionsparametrisierung, ein Bereich, der gemieden werden sollte, da hier einige vertikale Flüsse bereits aufgelöst werden. Dies verhindert eine bedenkenlose Verwendung der Konvektionsparametrisierung, reicht aber noch nicht dazu aus, sie abzuschalten. Großskalige Prozesse bewegen sich im Skalenbereich von klassischen RCMs und GCMs, hier müssen die Konvektionsparametrisierungen in jedem Fall eingeschaltet sein.

Eines der Hauptprobleme, dem die Klimaforschungsgemeinschaft gegenüber steht, ist die Repräsentation verschiedener Bewegungen, die in konvektiven Wolken auftreten. Um die kleinsten turbulenten Bewegungen, die an der Entwicklung hochreichender Konvektion beteiligt sind, darstellen zu können, wäre eine Gitterweite von 0,1 mm notwendig. Allerdings können die Flüsse, die aus diesen kleinsten turbulenten Bewegungen resultieren, als vernachlässigbar angesehen werden. Die kleinsten nicht vernachlässigbaren turbulenten Bewegungen werden oft als „large Eddies" bezeichnet. Bei einer Gitterweite von etwa 50 m werden diese „large Eddies" aufgelöst, was zu einer realistischen Darstellung der Morphologie von Wolken führt, die auch konvektive Aufwindschläuche beinhaltet (BRYAN et al. 2003). Simulationen auf solch einer Skala werden Grobstruktursimulationen („**l**arge **e**ddy **s**imulations", LES) genannt.

Die LES-Modelle berechnen zwar detaillierte Beschreibungen der Dynamik von konvektiven Wolken, deren Rechenaufwand ist aber für dekadische Simulationen zu hoch (etwa 10^7 mal so hoch wie bei klassischen RCM-Simulationen). Daher stellt sich die Frage, ob es möglich ist, Modelle mit niedrigerer Auflösung zu nutzen, ohne relevante Informationen zu verlieren. BRYAN et al. (2003) haben gezeigt, dass ihr Modell bei einer Gitterweite von 1 km in der Lage ist, die grundlegenden Strukturen konvektiver Wolken darzustellen, aber dennoch nicht die Details wie die Größe der Gewitterzellen, Wolkenhöhe, etc., aufgrund der Fehler, die durch die Parametrisierung der subgitterskaligen „Eddies" innerhalb der Wolken verursacht werden. Die Sensitivität dieser Felder auf die Modellauflösung ist nicht konvergent, sondern scheint zufällig über- oder unterschätzt zu werden. Diese Ergebnisse weisen darauf hin, dass eine Verbesserung der Darstellung von „large Eddies" durch Verfeinerung des Gitters nicht unbedingt zu einem Mehrwert führen.

Als obere Abschätzung für die realistische Darstellung der Charakteristika hochreichender Konvektion kann eine Gitterweite von 4 km angesehen werden (WEISMAN et al., 1997). Über diesem Schwellenwert führt der Mangel an realistischen kleinskaligen turbulenten Flüssen zu gelegentlicher Überschätzung des lokalen gitterskaligen vertikalen Massentransports, was in Folge zu lokal zu starkem Niederschlag führt (WEISMAN et al. 1997, siehe auch Bildunterschrift Abb. 5-3), sogenannte Gitterpunktstürme. Die Skala mit Gitterweiten kleiner etwa 4 km wird entsprechend als konvektionserlaubende Skala („**c**onvection **p**ermitting **s**cale", CPS) bezeichnet (Abb. 5-2). Notwendige Gitterweiten für eine Modellierung flacher Konvektion sind deutlich geringer und liegen in der Größenordnung der LES-Gitterweiten.

Für die konvektionserlaubende Klimamodellierung hochreichender Konvektion gibt es verschiedene Ansätze. Der einfachste und wahrscheinlich erstrebenswerteste ist die Verwendung von globalen Klimamodellen („global climate models", GCMs) auf CPS. Dieser Ansatz erlaubt die Entwicklung hochreichender Konvektion und deren nahtlose

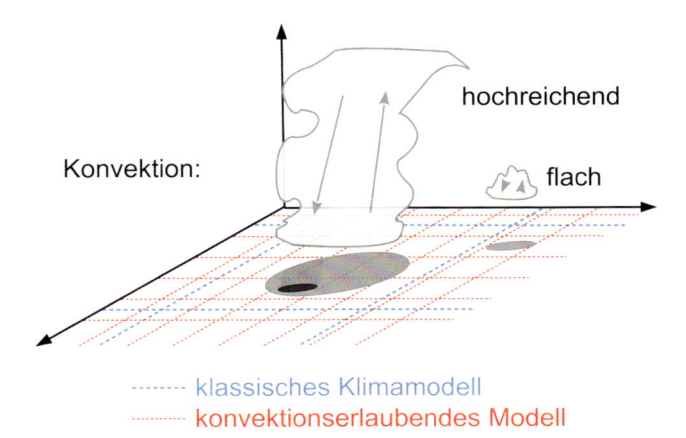

Abb. 5-2: Diagramm über die Unterscheidung der Modelle bezüglich ihrer Gitterweiten. In einem klassischen Klimamodell spielen sich konvektive Prozesse innerhalb der Gitterboxen ab, werden nicht aufgelöst und müssen parametrisiert werden. CPMs können hochreichende Konvektion explizit darstellen, flache Konvektion muss aber immer noch parametrisiert werden.

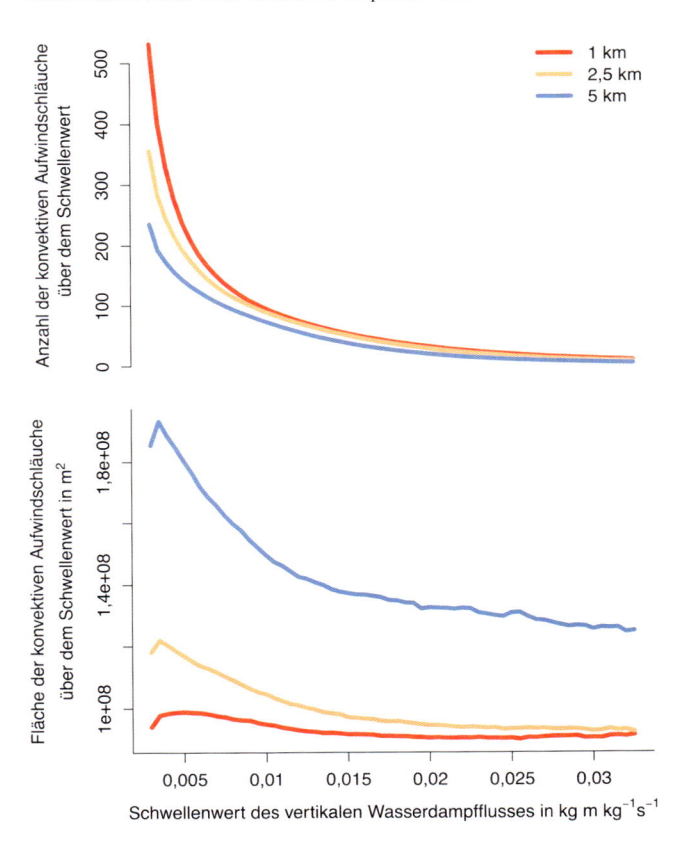

Abb. 5-3: Gemittelte tägliche Anzahl (oben) und gemittelte Fläche (unten) der konvektiven Aufwindschläuche, für die die Intensität des vertikalen, nach oben gerichteten Wasserdampfflusses die auf der x-Achse aufgetragenen Schwellenwerte überschreitet. Diese Statistik basiert auf der Auswahl von 312 konvektiven Tagen (siehe BRISSON et al. 2016b) aus dem Zeitraum von 1981 bis 2010. Diese Fälle wurden auf drei unterschiedlichen Auflösungen (Gitterweiten 1 km (rot), 2,5 km (orange) sowie 5 km (blau)) für die gleiche Region simuliert. Alle Simulationsergebnisse wurden auf das 5 km-Gitter übertragen. Zu beachten ist, dass, während der gesamte Wasserdampffluss im gesamten Gebiet und für alle Fälle in den 1 km- und 2,5 km-Simulationen recht ähnlich ist, er in der 5 km-Simulation um etwa 10 % höher liegt, was auf die grobe Gitterweite im Vergleich zum Schwellenwert von 4 km (WEISMAN et al. 1997) zurückgeführt werden könnte.

Rückkopplung zur großskaligen Dynamik. Die Darstellung großskaliger Prozesse, in denen konvektive Prozesse eine entscheidende Rolle spielen, profitiert von diesem Ansatz (MIYAMOTO et al. 2013). Allerdings sind solche Simulationen aufgrund des zu hohen Rechenaufwandes (nach RANDALL et al. (2003) schätzungsweise 10^6 mal so hoch wie bei klassischen GCM-Simulationen) auf wenige Stunden oder Tage beschränkt.

Mit den aktuellen Rechenressourcen und verwendbaren Ansätzen ist es also unvermeidbar, regionale Klimamodelle („regional climate models", RCMs) zu verwenden. Die RCMs mit einer Gitterweite gleich oder kleiner dem CPS-Limit, bekannt als konvektionserlaubende Modelle („convection permitting models", CPMs), können entweder in einer Zweiwege-Einbettung das GCM für eine spezielle Gegend ersetzen oder die Ausgabe des großen Modelles in einer Einwegeinbettung verwenden. Der erste Ansatz erlaubt, dass das CPM auf das großskalige GCM rückkoppelt, aber dazu ist es notwendig, GCM und RCM zur gleichen Zeit laufen zu lassen, was rechnerisch und technisch schwierig ist (zum Beispiel die Implementierung der Kopplung oder die unterschiedliche Auflösung). Beim zweiten Ansatz ist eine Rückkopplung zum großskaligen Modell nicht möglich. Die Implementierung ist dagegen einfacher und der Rechenaufwand geringer. Während in einem idealisierten Fall für die Zweiwege-Einbettung im Vergleich zur Einwegeinbettung HARRIS und DURRAN (2010) bessere Simulationsergebnisse fanden, wurde dies bisher nicht in Klimasimulationen bestätigt.

3 Komponenten

3.1 Parametrisierungen

3.1.1 Turbulenz und Aufwindschläuche

Wie im Abschnitt 2 beschrieben, sind konvektionserlaubende Modelle in der Lage, einen Teil der in der Atmosphäre vorhandenen turbulenten Bewegungen aufzulösen. Beispielsweise ist die Energie, die in den kleinsten Bewegungen enthalten ist, jedoch noch immer nicht aufgelöst und muss daher parametrisiert werden. Aus historischen Gründen werden die Turbulenzparametrisierungen, die in RCMs verwendet werden, im Allgemeinen auch in CPMs verwendet. Dieser Ansatz ist fragwürdig, da die Parametrisierungen der mesoskaligen Modelle im Allgemeinen annehmen, dass das vollständige turbulente Spektrum parametrisiert werden muss. Dies ist auf der CPS nicht mehr gegeben und die Auswirkungen dieser Annahme auf Klimasimulationen sind weitgehend unbekannt.

Ähnlich zur Turbulenz werden nur Teile der thermischen Aufwindschläuche in CPMs aufgelöst (Abb. 5-1). Die kleineren der Aufwindschläuche, die in hochreichender Konvektion auftreten, werden meist nicht in CPMs repräsentiert, sondern durch eine geringere Anzahl größerer Aufwindschläuche kompensiert (Abb. 5-3). Daraus entstehen gröbere Niederschlagsstrukturen, die sich auf Klimaskalen herausmitteln. Dass die kleinsten Aufwindschläuche nicht repräsentiert werden, hat jedoch Auswirkungen auf die Modellierung flacher Konvektion (Abb. 5-2). Flache Konvektion ist ein Prozess sehr ähnlich zur hochreichenden Konvektion, mit dem Unterschied, dass hier Wolken mit nur eingeschränkter vertikaler Ausdehnung auftreten, die keinen Niederschlag produzieren. Dies führt zu einer Befeuchtung und Destabilisierung der mittleren Troposphäre und bietet Bedingungen, die für die Entwicklung von hochreichender Konvektion förderlich sind. Dadurch ist die Darstellung flacher Konvektion in CPMs wichtig, um die hochreichende Konvektion realistisch darzustellen, wobei sie üblicherweise durch Parametrisierungen in die CPMs eingebunden ist.

3.1.2 Mikrophysik

Da in CPMs keine Parametrisierung für hochreichende Konvektion verwendet wird, könnte eine verbesserte Beschreibung der Prozesse, die die Wolkendynamik beeinflussen, notwendig sein. Dies trifft vor allem auf mikrophysikalische Prozesse zu. Tatsächlich sind konvektive Wolken durch komplexere mikrophysikalische Prozesse charakterisiert als Schichtwolken, da in ihnen starke Auf- und Abwinde auftreten können. Letzteres ermöglicht das Auftreten von vielfältigeren Arten und umfangreicherer Verteilung/Bandbreite von Hydrometeoren in der konvektiven Wolke.

Die meisten mesoskaligen Modelle beispielsweise benötigen keine Darstellung schwerer Hydrometeore, da die vertikalen Geschwindigkeiten in Schichtwolken zu schwach sind um das Fallen zu verhindern (1 bis 3 m/s, HOUZE 1993), und damit das Anwachsen solcher Hydrometeore unterbunden wird. In konvektiven Wolken ermöglicht das Auftreten starker Aufwinde die Entwicklung schwerer Hydrometeore, die in fester Phase große Radien erreichen können. Solche Hydrometeore, also Hagel und Graupel, beeinflussen die simulierten Niederschlagsintensitäten stark.

Die meisten aktuellen CPMs verwenden Ein-Moment-Parametrisierungen der Mikrophysik, um die Verteilung der Hydrometeore zu beschreiben (das heißt ein Parameter der Verteilung wird vorhergesagt). Fortschrittlichere Parametrisierungen wurden mit zwei Momenten entwickelt. Allerdings verbessern Zwei-Momente-Parametrisierungen die Darstellung konvektiver Wolken auf klimatologischen Skalen nicht notwendigerweise (VAN WEVERBERG et al. 2014), während sie aber die Modellkomplexität und Rechenanforderung erhöhen.

3.1.3 Strahlung

Wegen der starken Wechselwirkungen zwischen Strahlungs- und mikrophysikalischen Prozessen ist es wahrscheinlich, dass die Darstellung von Strahlungseigenschaften von einer verbesserten Darstellung der Hydrometeore profitiert. Dies wird aber nur eintreten, wenn die Strahlungsparametrisierung so hochentwickelt ist, dass es die Strahlungseigenschaften jedes Hydrometeors unabhängig berücksichtigt.

Zusätzlich wurden die meisten Strahlungsparametrisierungen für grobskalige Modelle entwickelt. Ihnen liegen daher einige Annahmen zugrunde, die auf der CPS nicht mehr gültig sein müssen. Eine der wichtigsten Annahmen ist die Voraussetzung einer planparallel geschichteten Atmosphäre in der Strahlungsübertragungsrechnung (die Strahlungsrechnung kann also in den einzelnen Säulen unabhängig voneinander durchgeführt werden). Auf einer Skala mit feinen Gitterweiten ist diese Annahme nicht mehr gültig. Nicht nur die Wolken, sondern auch eine verbessert dargestellte Topographie einer Gitterzelle kann den Strahlungshaushalt einer benachbarten Gitterzelle beeinflussen. Die Verwendung von dreidimensionalen Strahlungsschemata ist daher für CPM besser geeignet. Diese sind aber derzeit noch zu rechenintensiv und damit in Klimasimulationen nicht leistbar.

3.2 Datensätze

Zahlreiche Studien haben die Wechselwirkungen zwischen hochreichender Konvektion und den Boden-Atmosphäre-Austauschprozessen aufgezeigt. Letztere Prozesse sind stark von der Darstellung der Oberfläche im Modell abhängig. Während die Darstellung der Orographie gut dokumentiert ist, gibt es wenig Kenntnis über die Bodeneigenschaften oder -textur. Solche Informationen sind üblicherweise nur mit effektiven Gitterweiten auf Größenordnung von mehr als 10 km verfügbar, was für CPMs zu grob ist. Diese Eingabedaten auf höherer Auflösung bereitzustellen ist notwendig und bleibt eine Herausforderung.

Die Auflösung der Datensätze für die Modelleingabe ist nicht das einzige Problem. Die Evaluation der Modellausgabe benötigt ebenfalls hochaufgelöste Datensätze. Diese sollten nicht nur eine hohe räumliche, sondern auch eine hohe zeitliche Auflösung aufweisen, da, wie später noch erläutert wird (Abschnitt 4), der Mehrwert von CPM hauptsächlich auf Zeitskalen von Stunden oder kürzer liegt. Zusätzlich sollten diese Datensätze einen Zeitraum umfassen, der lange genug ist, um eine Evaluation auf klimatologischen Zeitskalen zu erlauben. Die Automatisierung meteorologischer Stationen ermöglicht eine Information auf der Größenordnung von Minuten, was, kombiniert mit Fernerkundungsprodukten (zum Beispiel aus Wetterradarbeobachtungen), qualitativ hochwertige Datensätze mit hoher raumzeitlichen Auflösung ermöglicht. Diese Datensätze sind aber in den allermeisten Regionen der Erde nicht verfügbar. Auch sind herkömmliche Evaluierungsmethoden (häufig univariate Methoden angewendet auf aggregierte Datensätze) auf den hier diskutierten Raumskalen unbefriedigend und müssen weiterentwickelt werden.

3.3 Rechenressourcen

Die Integration von CPM auf klimatologischen Zeitskalen führt zu sehr rechenintensiven Simulationen. Sie benötigt große Mengen an Prozessorzeit und produziert enorme Mengen an Daten.

Der Bedarf für die gegenüber heute üblichen RCMs (zum Beispiel Gitterweite rund 10 km) erhöhte Prozessorzeit kann durch drei Hauptfaktoren erklärt werden. Erstens muss die Anzahl der horizontalen und vertikalen Gitterpunkte erhöht werden, um eine Gitterweite von 4 km zu erreichen. Zweitens muss entsprechend der Gitterweite auch der Zeitschritt reduziert werden, um numerische Konvergenz des dynamischen Modellkernes sicherzustellen (Courant-Friedrichs-Lewy-Kriterium). Drittens, wie oben bereits erklärt, müssen bei der expliziten Auflösung von Konvektion höher entwickelte Parametrisierungen verwendet werden, welche im Allgemeinen rechenintensiver sind als einfache Parametrisierungen. Diese drei Hauptfaktoren können die Rechenkosten um etwa das 100- bis 200-fache erhöhen (bei einem CPM mit 3 km Gitterweite im Vergleich zu einem RCM mit 12 km Gitterweite). Um die Laufzeit (also die Zeit, die vom Start bis zum Abschluss einer Berechnung vergeht) zu verkürzen, werden RCMs und CPMs normalerweise auf massiv parallelen Rechner integriert. Um die Effizienz von CPMs auf solchen Rechnern zu erhöhen, können diese auf hybride oder heterogene Architektur umgestellt werden, zum Beispiel durch Nutzung von Grafikprozessoreinheiten. Diese Rechenarchitekturen sind ein vielversprechendes Werkzeug, um CPMs auf kontinentaler Skala zu integrieren (LEUTWYLER et al. 2016).

Feine Gitter implizieren auch große Mengen an Ausgabedaten. Da der Mehrwert von CPMs hauptsächlich in den kurzen Zeitskalen liegt, sind zusätzlich die Zeitintervalle zwischen den Ausgaben üblicherweise sehr kurz. PREIN et al. (2015) beschreiben beispielhaft die typische Größe für die Modellausgabe. Wenn 45 Oberflächenvariablen (zwei täglich und 43 mehrmals am Tag) plus vier dreidimensionale Variablen auf 50 Modellschichten stündlich auf einem Integrationsgebiet mit kontinentaler Skala (1600 mal 1552 Gitterzellen) gespeichert werden, ergibt sich ein Datenvolumen von etwa 1,7 TB pro Monat. Die Ausgabe einer einzelnen Simulation über 30 Jahre würde somit in einer Datenmenge von 612 TB resultieren. Ein Ensemble solcher Simulationen zu speichern, zwischen Rechenzentren zu übertragen und zu analysieren, ist derzeit nicht realistisch. Es existieren Methoden, um das Datenvolumen zu reduzieren (Kompression, Reduktion von numerischer Genauigkeit, etc.), aber existierende Studien haben sich eher für eine Reduktion des Integrationsgebietes oder eine reduzierte Anzahl von Ausgabevariablen entschieden.

4 Mehrwert

4.1 Niederschlag

Ein bedeutender Mehrwert der Nutzung von CPMs ist die Darstellung von Niederschlag, insbesondere seines Tagesganges. Die sommerliche konvektive Niederschlagsspitze am späteren Nachmittag wird in Modellen, die nicht kon-

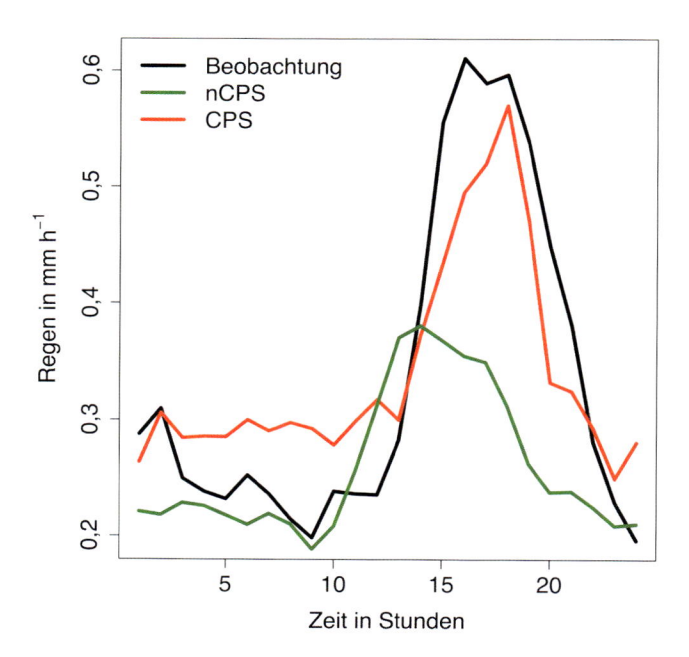

Abb. 5-4: Tagesgang des Niederschlages, abgeleitet aus einer CPS-Simulation (Gitterweite 1 km in rot), einer nCPS-Simulation (Gitterweite 25 km in grün) und aus dem Radar Datensatz des DWD-Netzwerkes (in schwarz). Diese Statistiken basieren auf einer Auswahl von 78 konvektiven Tagen (siehe BRISSON et al. 2016b) aus dem Zeitraum von 2004 bis 2010. Gezeigt ist ein räumlicher Mittelwert über dem Gebiet in Abbildung 5-5, aufgetragen gegen die lokale Tageszeit.

vektionsauflösend sind („**n**on-**c**onvection **p**ermitting **s**cale" (nCPS)) üblicherweise zu früh berechnet (Tagesgang), da die Konvektionsauslösung in Parametrisierungen stark mit den Tagesgängen an der Landoberfläche korrelieren. Verwendet man CPMs, so wird die Darstellung dieses Maximums verbessert (Abb. 5-4, KENDON et al. 2012, BAN et al. 2014).

Im Allgemeinen tritt der Mehrwert von CPMs auf kurzen Zeitskalen auf. Konvektive Niederschlagsfelder treten auf der CPS normalerweise in einem räumlich begrenzteren Bereich und mit höheren Intensitäten auf als auf der nCPS (Abb. 5-5, BRISSON et al. 2015). PREIN et al. (2013) zeigen, dass das Varianzspektrum des Niederschlages unter 50 km in CPM-Simulationen gegenüber Simulationen mit einer Gitterweite von 12 km verbessert dargestellt ist. Für größere räumliche Skalen ist üblicherweise kein Mehrwert zu finden. Der Mehrwert der CPMs in der Varianzdarstellung wird bei Betrachtung längerer Dauerstufen des Niederschlages herausgemittelt. Auf einer täglichen Zeitskala ist der Mehrwert auf Regionen mit steiler Orographie limitiert. Auf monatlichen und jährlichen Zeitskalen wurde in bisherigen Studien kein Mehrwert detektiert. Die verbesserte Beschreibung intensiven Niederschlages auf stündlichen und täglichen Zeitskalen ist ein Hauptaspekt für die Vorhersage von Sturzfluten. Dennoch sollten Klimafolgenuntersuchungen auf der Skala kleinerer Flusseinzugsgebiete, Städten etc. von Klimaprojektionen auf CPS profitieren.

4.2 Wolkenbedeckung

Hochreichende Konvektion hat als Folge die Erzeugung von Kumulonimbus (dichte, sich vertikal auftürmende Wolken). Die Parametrisierungen von hochreichender Konvektion können den Bedeckungsgrad (KOTHE et al. 2010) und den Tagesgang von Wolken nicht korrekt reproduzieren (PFEIFROTH et al. 2012). Diese Differenzen werden in einem gewissen Umfang von CPMs korrigiert. Tatsächlich wird der Tagesgang der Bewölkung verbessert (BRISSON et al. 2016a).

4.3 Temperatur

Eine Abnahme der Bewölkung führt zu einer Zunahme der solaren Einstrahlung und auch der langwelligen Ausstrahlung. Dies hat im Allgemeinen einen höheren Temperaturtagesgang zur Folge. BAN et al. (2014) stellten fest, dass der Tagesgang der Temperatur in den Alpen durch die Verwendung eines CPMs im Vergleich zu einem nCPS-Modell verbessert wird.

Zusätzlich weisen Studien zum Beispiel von HOHENEGGER et al. (2009) darauf hin, dass die verfeinerte Repräsentation der Orographie vorteilhaft für die räumliche Temperaturdarstellung ist. PREIN et al. (2013) dagegen stellten fest, dass in etwa der gleiche Mehrwert durch Verwenden einer einfachen systematischen Höhenkorrektur in einem nCPS-Modell erreicht werden kann. Dies weist auf den limitierten Mehrwert für die Darstellung von Temperatur durch konvektionserlaubende Simulationen hin.

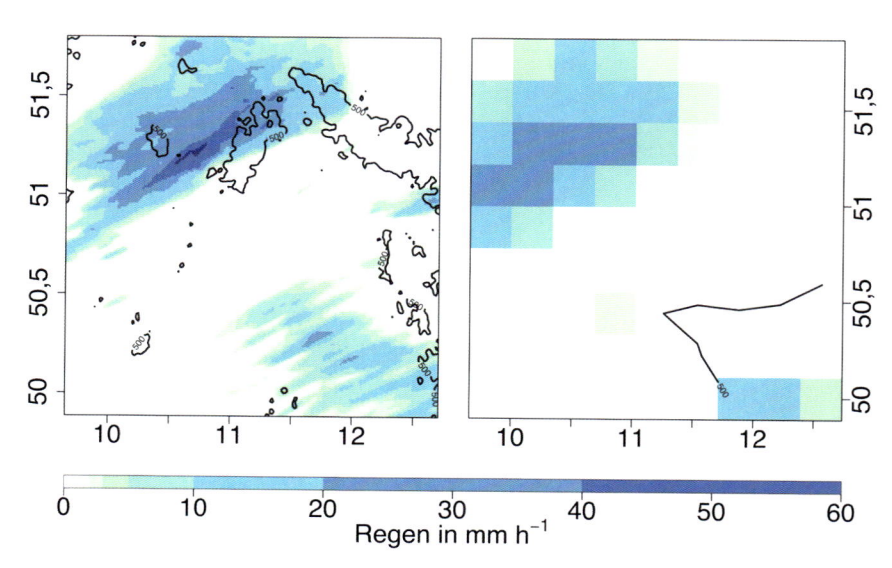

Abb. 5-5: Niederschlagssumme am 3. Juli 1982 von 11:00 bis 12:00 Uhr, simuliert auf CPS (links, Gitterweite 1 km) beziehungsweise nCPS (rechts, Gitterweite 25 km). Das Simulationsgebiet liegt über Mitteldeutschland (siehe BRISSON et al. 2016b). Die Konturlinien zeigen die 500 m-Höhenlinien, so wie sie als Eingabe in den jeweiligen Modellen verwendet werden.

4.4 Stadtklima

Die Verfeinerung eines RCM-Gitternetzes kommt der Darstellung von Stadtklima zugute. Die Integration von RCMs, für die gegebenenfalls Gitterzellen vollständig von urbanen Regionen bedeckt sind, führt zu einer verbesserten Darstellung urbaner Effekte. Für die detailliertere Beschreibung der urbanen Effekte muss die effektive Auflösung der CPMs berücksichtigt werden (die mit einer Größenordnung von etwa 4 bis 8 mal der Gitterweite korrespondiert). Eine Stadt mit einem Durchmesser von 12 km sollte also mindestens von 3 Gitterzellen in jede Richtung abgedeckt sein. TRUSILOVA et al. (2013) stellten fest, dass die Darstellung urbaner Wärmeinseln bei einer Gitterweite von etwa 3 km gegenüber der bei einer Gitterweite von etwa 12 km über großen Städten (zum Beispiel Berlin) verbessert ist. Viele urbane Parametrisierungen werden im Moment entwickelt, um neue urbane Eigenschaften in RCMs einbeziehen zu können (zum Beispiel die Stadthindernisschicht, undurchlässige Böden, etc.). Auch wenn diese Entwicklungen die Stadtklimasimulationen verbessern könnte, sind Szenarien zukünftiger Urbanisierung limitiert und müssen erweitert werden, um Landnutzungsänderungen detailliert zu erfassen.

4.5 Prozesse bei Klimaänderung

Boden-Atmosphäre-Wechselwirkung:
Die Verwendung von CPMs für Simulationen ist auch für die Darstellung von Boden-Atmosphäre-Wechselwirkungen relevant. HOHENEGGER et al. (2009) haben gezeigt, dass die Bodenfeuchte-Niederschlag-Rückkopplung in CPS/nCPS-Simulationen jeweils negativ/positiv ist. Dies hat starke Folgen für die Aussagen über Starkregenveränderungen in einem Klima mit trockeneren/feuchteren Böden. Zusätzlich können die Land-Atmosphäre-Wechselwirkungen von der Verfeinerung der Oberflächenparameter (zum Beispiel Landnutzung, Bodentypen, etc.) in CPMs profitieren, falls diese verfeinerte Oberflächeninformation verfügbar ist (siehe Abschnitt 3.2). Erhöhte Variabilität in den Oberflächenparametern modifiziert die Wärmeflüsse und kann so die Darstellung der planetaren Grenzschicht oder der Windgeschwindigkeit verbessern (HAMDI et al. 2012).

(Super-) Clausius-Clapeyron-Beziehung:
Das Wasserhaltevermögen einer Luftmasse nimmt entsprechend der Clausius-Clapeyron-Beziehung mit der Temperatur um etwa 7 % pro 1 K zu. Die entsprechende Zunahme des Wassergehalts wurde für die Atmosphäre und hier vor allem über von Wasser bedeckten Gebieten (zum Beispiel Meere, Seen, feuchte Böden) verifiziert (TRENBERTH 2011). Der Anstieg des Wasserdampfgehalts führt in etwa gleicher Amplitude zum Anstieg der Niederschlagsintensität. BERG et al. (2013) haben gezeigt, dass für den Niederschlag zwei Beziehungen existieren. Bei stratiformem Niederschlag wurde ein Anstieg der Niederschlagsintensität um etwa 7 % pro 1 K Erwärmung beobachtet, während der Anstieg für konvektiven Niederschlag mit einem Anstieg von etwa 14 % pro 1 K Erwärmung (Super-Clausius-Clapeyron-Beziehung) etwa zweimal so stark ist. Letzteres kann durch die zusätzliche Freisetzung von latenter Wärme erklärt werden, die die Feuchtekonvergenz in konvektiven Stürmen erhöht. Während Konvektionsparametrisierungen Schwierigkeiten haben, die Super-Clausius-Clapeyron-Beziehung zu erfassen, wird sie von CPMs meist gut reproduziert (BAN et al. 2014).

Zusätzlich zeigen WASKO und SHARMA (2015), dass der zeitliche Verlauf von Niederschlagsereignissen auch von der Temperatur abhängt. Bei höheren Temperaturen wird das Niederschlagsmuster weniger uniform, wobei die mehr (weniger) intensiven Niederschlagsintensitäten höher (niedriger) werden. BRISSON et al. (2016b) stellten fest, dass diese Skalierung von einem CPM gut reproduziert wird. Die diskutierten Ergebnisse zeigen, dass CPMs in der Lage sind, realistische Niederschlagsprojektionen für ein wärmeres Klima zu produzieren.

5 Fazit und Ausblick

Hochreichende Konvektion ist für viele Regionen der Welt die Hauptquelle für Niederschlag. Die Entwicklung regionaler Klimamodelle, die eine explizite Darstellung dieses Prozesses erlauben, ist daher für die Klimaforschung ein sehr relevantes Thema. Solche CPMs zeigen eine deutlich bessere Darstellung von Niederschlag, Wolken und zum Teil auch Temperatur im Vergleich zu Modellen, die eine Konvektionsparametrisierung verwenden. Zusätzlich verbessern sie die Repräsentation von weiteren Prozessen (zum Beispiel der Boden-Atmosphäre-Wechselwirkung), die eine bedeutende Rolle für die sich in einem wärmeren Klima ändernde Klimatologie hochreichender Konvektion spielen.

Indessen limitieren weiterhin schwierige Fragen die Anwendung von CPMs auf Klimaprojektionsensembles. Wichtige Entwicklungen sind insbesondere noch für verbesserte Turbulenz-, Mikrophysik- und Strahlungs-Parametrisierungen notwendig. Um solche Entwicklungen zu implementieren, ist ein detaillierteres Prozessverständnis auf der konvektionserlaubenden Skala notwendig. Zusätzlich müssen geeignete Datensätze als Eingabe und zur Modellevaluierung entwickelt werden. Schließlich müssen die Rechenressourcen in Bezug auf Prozessorzeit sowie Datenspeicherung weiterentwickelt werden.

Literatur

BALDAUF, M., SEIFERT, A., FÖRSTNER, J., MAJEWSKI, D., RASCHENDORFER, M., REINHARDT, T. 2011: Operational Convective-Scale Numerical Weather Prediction with the COSMO Model: Description and Sensitivities. *Mon. Weather Rev.* **139**, 3887–3905.

BAN, N., SCHMIDLI, J., SCHÄR, C., 2014: Evaluation of the convection-resolving regional climate modeling approach in decade-long simulations. *J. Geophys. Res.-Atmos.* **119**, 7889-7907.

BERG, P., MOSELEY, C., HAERTER, J.O., 2013: Strong increase in convective precipitation in response to higher temperatures. *Nat. Geosci.* **6**, 181-185.

BRISSON, E., BRENDEL, C., HERZOG, S., AHRENS, B., 2016b: Lagrangian evaluation of convective shower dynamics in a convection permitting model. Geophys. Res. Lett. (submitted).

BRISSON, E., DEMUZERE, M., WILLEMS, P., VAN LIPZIG, N.P.M., 2015: Assessment of natural climate variability using a weather generator. *Clim. Dynam.* **44**, 495-508.

BRISSON, E., VAN WEVERBERG, K., DEMUZERE, M., DEVIS, A., SAEED, S., STENGEL, M., 2016a: How well can a convection-permitting climate model reproduce decadal statistics of precipitation, temperature and cloud characteristics? *Clim. Dynam.* **47**, 3043-3061.

BRYAN, G.H., WYNGAARD, J.C., FRITSCH, J.M., 2003: Resolution Requirements for the Simulation of Deep Moist Convection. *Mon. Weather Rev.* **131**, 2394-2416.

HAMDI, R., DEGRAUWE, D., TERMONIA, P., 2012: Coupling the Town Energy Balance (TEB) Scheme to an Operational Limited-Area NWP Model: Evaluation for a Highly Urbanized Area in Belgium. *Weather Forecast.* **27**, 232-344.

HARRIS, L.M., DURRAN, D.R., 2010: An Idealized Comparison of One-Way and Two-Way Grid Nesting. *Mon. Weather Rev.* **138**, 2174-2187.

HOHENEGGER, C., BROCKHAUS, P., BRETHERTON, C.S., SCHÄR, C., 2009: The Soil Moisture – Precipitation Feedback in Simulations with Explicit and Parameterized Convection. *J. Climate* **22**, 5003-5020.

HOUZE, R.A., 1993: Cloud Dynamics. *International Geophysics Series, Academic Press* **53**, 573 pp.

KENDON, E.J., ROBERTS, N.M., SENIOR, C.A., ROBERTS, M.J., 2012: Realism of Rainfall in a Very High-Resolution Regional Climate Model. *J. Climate* **25**, 5791–5806.

KOTHE, S., DOBLER, A., BECK, A., AHRENS, B., (2010): The radiation budget in a regional climate model. *Clim. Dynam.* **36**, 1023-1036.

LEUTWYLER, D., FUHRER, O., LAPILLONNE, X., LÜTHI, D., SCHÄR, C., 2016: Towards European-scale convection-resolving climate simulations with GPUs: a study with COSMO 4.19 Geosci. *Model Dev.* **9**, 3393-3412.

MIURA, H., SATOH, M. NASUNO, T., NODA, A.T., OOUCHI, K., 2007: A Madden-Julian oscillation event realistically simulated by a global cloud-resolving model. *Science* **318**, 1763-1765.

MIYAMOTO, Y., KAJIKAWA, Y., YOSHIDA, R., YAMAURA, T., YASHIRO, H., TOMITA, H., 2013: Deep moist atmospheric convection in a subkilometer global simulation. *Geophys. Res. Lett.* **40**, 4922-4926

MOLINARI, J. und DUDEK, M., 1992: Parameterization of Convective Precipitation in Mesoscale Numerical Models: A Critical Review. *Mon. Weather Rev.* **120**, 326–344.

PFEIFROTH, U., HOLLMANN, R., AHRENS, B., 2012: Cloud Cover Diurnal Cycles in Satellite Data and Regional Climate Model Simulations. *Meteorol. Z.* **21**, 551-560.

PREIN, A.F., HOLLAND, G.J., RASMUSSEN, R.M., DONE, J., IKEDA, K., CLARK, M.P., LIU, C.H., 2013: Importance of Regional Climate Model Grid Spacing for the Simulation of Heavy Precipitation in the Colorado Headwaters. *J. Climate* **26**, 4848-4857.

PREIN, A.F., LANGHANS, W., FOSSER, G., FERRONE, A., BAN, N., GOERGEN, K., KELLER, M., TÖLLE, M., GUTJAHR, O., FESER, F., BRISSON, E., KOLLET, S., SCHMIDLI, J., VAN LIPZIG, N.P.M., LEUNG, R., 2015: A review on regional convection- permitting climate modeling: Demonstrations, prospects, and challenges. *Rev. Geophys.* **53**, 323–361.

RANDALL, D., KHAIROUTDINOV, M., ARAKAWA, A., GRABOWSKI, W., 2003: Breaking the Cloud Parameterization Deadlock. *Bull. Amer. Meteor. Soc.* **84**, 1547-1564.

TRENBERTH, K. (2011): Changes in precipitation with climate change. *Clim. Res.* **47**, 123-138.

TRUSILOVA, K., FRÜH, B., BRIENEN, S., WALTER, A., MASSON, V., PIGEON, G., Becker, P., 2013: Implementation of an urban parameterization scheme into the regional climate model COSMO-CLM. *J. Appl. Meteorol. Clim.* **52**, 2296-2311.

VAN WEVERBERG, K., GOUDENHOOFDT, E., BLAHAK, U., BRISSON, E., DEMUZERE, M., MARBAIX, P., VAN YPERSELE, J.-P., 2014: Comparison of one-moment and two-moment bulk microphysics for high-resolution climate simulations of intense precipitation. *Atmos. Res.* 147-148, 145-161.

WASKO, C., SHARMA, A., 2015: Steeper temporal distribution of rain intensity at higher temperatures within Australian storms. *Nat. Geosci.* **8**, 527-529.

WEISMAN, M.L., SKAMAROCK, W.C., KLEMP, J.B., 1997: The Resolution Dependence of Explicitly Modeled Convective Systems. *Mon. Weather Rev.* **125**, 527-548.

Kontakt

DR. ERWAN BRISSON
Institut für Atmosphäre und Umwelt
Goethe Universität Frankfurt am Main
Altenhöferallee 1
60438 Frankfurt am Main
brisson@iau.uni-frankfurt.de

M.Sc. NORA LEPS
Institut für Atmosphäre und Umwelt
Goethe Universität Frankfurt am Main
Altenhöferallee 1
60438 Frankfurt am Main
leps@iau.uni-frankfurt.de

PROF. DR. BODO AHRENS
Institut für Atmosphäre und Umwelt
Goethe Universität Frankfurt am Main
Altenhöferallee 1
60438 Frankfurt am Main
bodo.ahrens@iau.uni-frankfurt.de

D. LÜTHI, D. HEINZELLER

6 Leitfaden zur Nutzung dynamischer regionaler Klimamodelle

Guidelines for the usage of dynamical regional climate models

Zusammenfassung
Dieser Artikel gibt einen kurzen Überblick über die notwendigen Schritte, die mit dem Einsatz von regionalen Klimamodellen für die dynamische Regionalisierung verbunden sind. Er behandelt Aspekte zur Wahl eines regionalen Modells, die Bestimmung des Modellgebiets und des Rechengitters, die Behandlung und Aufbereitung der Antriebsdaten vom globalen Modell sowie die Initialisierung und das Ausführen des Modells. Weiter werden die für regionale Klimasimulationen notwendigen Rechen- und Speicherressourcen diskutiert sowie Hinweise zur Verwendung der Ausgabedaten von dynamischen regionalen Klimamodellen gegeben.

Summary
This article gives a short overview on the steps involved when using a regional climate model for dynamical downscaling. It covers the choice of the model, the setup of the model domains and model grids, the treatment and preparation of the driving global model data and the initialization and execution of the model itself. It also touches the required computational and storage resources for regional climate simulations and the usage of output data produced by regional climate models.

1 Einführung

Regionale Klimasimulationen sind ein bewährtes Instrument, um mittels dynamischer Regionalisierung die Daten globaler Klimasimulationen für gegebene Regionen zu verfeinern und so detailliertere Daten für die zu erwartenden Klimaänderungssignale sowie Unterlagen für die Impaktmodellierung und die Planung von Anpassungsmaßnahmen an die erwartete Klimaänderung zu liefern. Beispielsweise haben im koordinierten Experiment CORDEX (GIORGI et al. 2009) etliche Modellierungsgruppen weltweit zusammengearbeitet, um über sämtlichen Kontinenten möglichst viele der im IPCC AR5 verwendeten globalen Simulationen mit mindestens 50 km Auflösung zu regionalisieren und ein umfangreiches Multimodell-Ensemble zu erzeugen. Typischerweise wird dabei ein Validationslauf durchgeführt, der Reanalysedaten als Anfangs- und Randbedingungen verwendet, gefolgt von Simulationen, die durch Daten aus Szenarienläufen globaler Klimamodelle angetrieben werden. Für letztere wird entweder der ganze transiente Verlauf der Szenarien gerechnet oder es werden Zeitscheiben von 20 bis 30 Jahren simuliert, wobei eine im Bereich des vergangenen oder heutigen Klimas liegt und die restlichen zukünftige Perioden mit Treibhausgaskonzentrationen entsprechend dem gewählten Szenario repräsentieren.

Dieser Artikel soll einen Einblick geben, welche Schritte notwendig sind und was für eine erfolgreiche Nutzung regionaler Klimamodelle zu beachten ist. Obwohl die meisten Ausführungen generischer Natur sind, beziehen sich die konkreten Beispiele auf die Modelle COSMO-CLM (siehe ROCKEL et al. 2008) und WRF-ARW (siehe SKAMAROCK et al. 2008), die in der Wissenschaftslandschaft weit verbreitet und anerkannt sind.

2 Wahl des regionalen Klimamodells

Es gibt eine Vielzahl von verschiedenen regionalen Klimamodellen (RCMs), mit denen schon erfolgreich regionale Klimasimulationen durchgeführt wurden. Eine Liste von Modellen, die zum Beispiel für EURO-CORDEX verwendet wurden, findet sich in KOTLARSKI et al. (2014). Falls die Wahl des Modells nicht schon getroffen wurde, sollen hier einige der wichtigsten Auswahlkriterien aufgelistet werden, die abgeklärt werden sollten, bevor man sich für ein bestimmtes Modell entscheidet.

- **Funktionalität**
  Zuerst muss geklärt werden, ob im betreffenden Modell alle notwendigen Teile des Klimasystems modelliert werden, die man für die spezielle Forschungsfrage

benötigt. Da die meisten RCMs Abkömmlinge von regionalen Wettervorhersagemodellen sind, ist der atmosphärische Teil gut abgedeckt. Hingegen bieten nicht alle Modelle von Haus aus auch die Unterstützung von regionalen Ozeanmodellen, elaborierten Modellen der Landoberfläche, der Atmosphärenchemie und der Aerosolphysik.

- **Portierbarkeit**
Ein weiteres Kriterium ist die Unterstützung des Modells für die Zielplattform, auf der die Simulationen gerechnet werden soll. Falls diese nicht gegeben ist, kann eine Portierung einen beträchtlichen Arbeitsaufwand verursachen. Gängige regionale Klimamodelle wie die oben angesprochenen COSMO-CLM- und WRF-Modelle sind an vielen Rechenzentren bereits installiert und getestet und können oftmals auch direkt als Module geladen werden. Dies ist gerade für Einsteiger wichtig, für die die Installation des Modells und der notwendigen Bibliotheken ein gewisses Hindernis darstellt. Falls im Zuge der Anwendungen Modifikationen im Modellcode notwendig werden, so kann auf die Installationsprozedur des Rechenzentrums zurückgegriffen werden.
- **Support für Nutzer**
Gerade für Benutzer, die neu ins Feld der Klimamodellierung einsteigen, ist wichtig, welcher Support für das betreffende Modell vorhanden ist. Wird das Modell von einer großen User Community genutzt, ist die Chance grösser, dass selbst bei sehr spezifischen Problemen jemand aus der Community weiterhelfen kann. Sollen die Rechnungen an einem Rechenzentrum durchgeführt werden, kann der entsprechende Servicedesk oftmals wertvolle Hilfestellung geben.
- **Nichthydrostatisches Modell**
Soll die Maschenweite des Modells feiner sein als 10 km, sollte man unbedingt ein nichthydrostatisches Modell wählen.

Der Zugriff auf den Modellcode ist für viele der Modelle kostenlos, unter anderem weil die Entwicklung durch öffentliche Gelder finanziert ist. Für die Nutzung des COSMO-CLM-Modells ist eine Mitgliedschaft in der gleichnamigen Community erforderlich, welche über die Website beantragt werden kann. Das WRF-Modell kann nach erfolgter Registrierung einer Email-Adresse (für statistische Zwecke) heruntergeladen werden. Das RegCM-Modell (GIORGI et al. 2012) ist über eine Github-Seite ohne Registrierung beziehbar, während für das RCA4-Modell (SAMUELSSON 2011) ein Nutzungsvertrag mit dem schwedischen Wetterdienst SMHI erforderlich ist, welcher per Email beantragt werden muss.

Interessant ist in diesem Kontext auch, inwieweit Modellverbesserungen und -erweiterungen, welche durch die jeweiligen Benutzer entwickelt werden, in den offiziellen Modellcode integriert werden. Um ein Ausufern des Modellcodes und eine Degradierung der Performance zu verhindern, verfolgen die Kernentwickler unterschiedlich restriktive Ansätze und Prozeduren.

3 Bestimmung des Simulationsgebietes und des Modellgitters

Anders als bei globalen Klimamodellen, bei denen aus einer sehr beschränkten Anzahl aus unterschiedlichen Auflösungen gewählt werden kann, besteht bei den regionalen Klimamodellen eine große Freiheit, was die Wahl der Lage und Größe des Simulationsgebietes aber auch der Auflösung betrifft. Bei der Bestimmung der Lage und Größe des Gebietes ist darauf zu achten, dass das Gebiet, in dem später die Resultate der Simulation analysiert werden sollen, in genügend großem Abstand vom Rand des Simulationsgebietes zu liegen kommt. Das Simulationsgebiet soll auf keinen Fall zu klein sein, da sonst die Vorgaben am Rand die Resultate zu sehr bestimmen. Bei sehr großen Gebieten besteht hingegen die Gefahr, dass sich die Lösung des regionalen Modells vom antreibenden Modell entkoppelt und sich dann die allgemeine Zirkulation im Analysegebiet wesentlich vom Antrieb unterscheidet, sodass ein direkter Vergleich nicht mehr sinnvoll ist. Bei langen, transienten Simulationen auf einem großen Rechengebiet kann man mittels spektralem Nudging die großskaligen Strukturen im regionalen Modell an den globalen Antrieb koppeln (siehe von STORCH et al. 2000). Umgekehrt hat die Wahl eines zu kleinen Rechengebiets (weniger als 100 Gitterpunkte pro Richtung) zur Folge, dass das regionale Modell keinen Effekt hat und die Lösung alleine durch die Randbedingungen dominiert ist. Weiterhin ist darauf zu achten, dass die Grenzen des Simulationsgebietes nicht zu nahe an bzw. durch topographische Hindernisse verlaufen (zum Beispiel Gebirge), um numerische Artefakte und Instabilitäten im Modell zu vermeiden. Ist das Simulationsgebiet erst einmal festgelegt, richtet sich die mögliche Auflösung des Modellgitters an den zur Verfügung stehenden Rechen- und Speicherressourcen sowie dem Zeitraum der simuliert werden soll. Beispiele dazu werden später im Abschnitt über die benötigten Ressourcen ausführlicher behandelt. Auch sollte man darauf achten, dass der Skalensprung zwischen dem antreibenden Modell und dem regionalen Klimamodell nicht grösser als ein modellabhängiger Faktor wird. Während Modelle wie COSMO-CLM einen maximalen Sprung um einen Faktor von etwa 10 erlauben (DENIS et al. 2003), ist für WRF ein Faktor 3 bis 5 empfohlen (SKAMAROCK et al. 2008). Ist der notwendige Sprung zwischen globalem Antrieb und gewünschter regionaler Auflösung größer, empfiehlt es sich, eine (oder mehrere) Zwischennestung(en) einzuführen, bei der das regionale Modell auf einem etwas größeren Simulationsgebiet mit einer reduzierten Auflösung gerechnet wird. Die Resultate dieser Simulation liefern dann die Anfangs- und Randdaten für das hochaufgelöste Modell. Die dazu notwendigen zusätzlichen Computerressourcen fallen dabei kaum ins Gewicht. Bei der Festlegung des Rechengitters muss natürlich auch berücksichtigt werden, welche Projektionen der Erdkugel vom zu verwendenden Modell überhaupt unterstützt werden. Viele der in EURO-CORDEX eingesetzten Modelle verwenden ein reguläres Längen- und Breitengitter mit rotiertem Nordpol. Dabei wird das neue Koordinatengitter gegenüber dem ursprünglichen so verschoben, dass

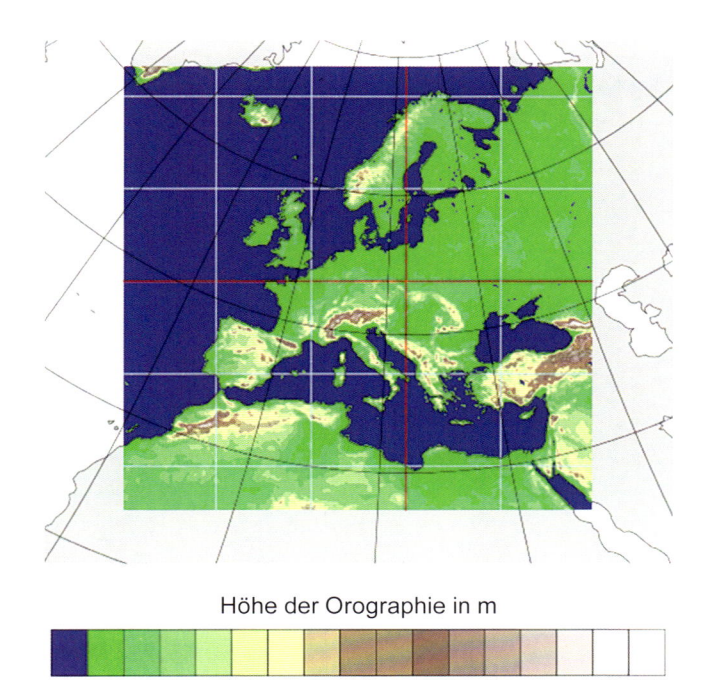

Abb. 6-1: Gitter und Orographie des EURO-CORDEX-Gebietes mit 12 km Auflösung. Die roten Linien zeigen den Äquator und Nullmeridian im rotierten Gitter, die hellblauen Linien die Längen- und Breitengrade alle 10°.

dessen Äquator und Nullmeridian ins Simulationsgebiet zu liegen kommen. Das hat den Vorteil, dass die Länge der Kanten der Gitterzellen homogener ist als beim nicht rotierten Gitter. Abbildung 6-1 zeigt die Lage und Position des Rechengebietes mit einer Auflösung von 12 km, welches für EURO-CORDEX vorgegebenen wurde. Bei diesem Gebiet liegt der Nordpol bei 162° Ost und 39,25° Nord. Der Schnittpunkt zwischen Äquator und Nullmeridian, die beide rot eingezeichnet sind, liegt also bei 18° Ost und 50,75° Nord und damit mitten im Rechengebiet. Während dieses rotierte Gitter universal eingesetzt werden kann, erlauben andere Modelle die Auswahl zwischen Mercator-Projektion (für tropische Breiten), Lambert-Projektion (für mittlere Breiten) und polarstereographische Projektion (für hohe Breiten). Ein Beispiel hierfür ist in Abbildung 6-2 gegeben, welche ein doppelt genestetes Modell auf einem lambertkonformen Gitter mit 30 km, 10 km und 3,3 km Auflösung über Australien zeigt.

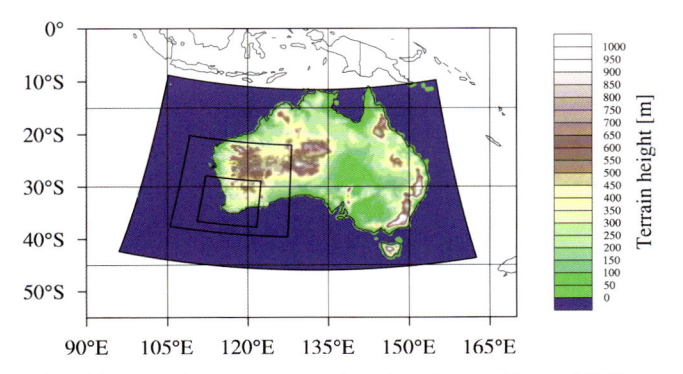

Abb. 6-2: Doppelt genestetes, lambert-konformes Gitter mit 30 km, 10 km und 3,3 km Auflösung über Südwest-Australien. Die Konturfarben beschreiben die Modelltopographie in m.

4 Bereitstellung der externen Daten

Sind das Simulationsgebiet und das entsprechende Gitternetz festgelegt, gilt es dann darauf angepasste externe Parameter zu erzeugen. Bei den externen Parametern handelt es sich um Größen, die abhängig sind von der geographischen Lage des Gitterpunkts und im Modell selber nicht bestimmt werden können, sondern von außen vorgegeben werden müssen. Beispiele sind die Höhe der Orographie am Gitterpunkt, die Land-Wasserflächen-Maske, der vorherrschende Bodentyp oder Informationen zum Bodenbewuchs. Gewonnen werden diese aus digitalen gegitterten Datensätzen, die dann auf die einzelnen Gitterboxen interpoliert oder aggregiert werden um für die ganze Box repräsentative Werte zu erhalten. Welche Werte genau benötigt werden, hängt im Wesentlichen vom Modell und den verwendeten Parametrisierungsschemata ab.

5 Antriebsdaten

Die Antriebsdaten werden dazu verwendet, einerseits den Anfangszustand der Atmosphäre im ganzen Simulationsgebiet zu bestimmen und andererseits den Zustand der Atmosphäre an den Rändern des Modellgebietes während der Simulation laufend zu aktualisieren. Als Antriebsdaten werden in der Regel entweder Reanalysedaten für sogenannte Hindcast-Simulationen oder die Ausgabe von globalen Klimasimulationen für Szenarienrechnungen verwendet. Beim Einsatz von Reanalysedaten als Antriebsdaten spricht man auch von „perfekten Randbedingungen", da sie reale Wetterabläufe aus der Vergangenheit repräsentieren. Diese Hindcast-Simulationen werden daher meist für die Modellvalidierung eingesetzt, da ihre Resultate direkt mit entsprechenden Beobachtungen verglichen werden können. Damit kann einerseits festgestellt werden, ob die genutzte Modellkonfiguration ein größeres Problem hat und andererseits erhält man damit ein Maß dafür, wie gut das Modell die verschiedenen Klimavariablen wiedergeben kann. Man bestimmt hierbei also den Bias des regionalen Modells unter der Vorgabe perfekter Randbedingungen, wenngleich zu beachten ist, dass Reanalysen durchaus von der Realität abweichen können (siehe zum Beispiel MOONEY et al. 2011, SHA und MISHRA 2014), da sie diese nach Durchlaufen der Datenassimilation und -vorprozessierung lediglich auf dem Modellgitter mit einer entsprechenden groben Auflösung von derzeit etwa 40 bis 100 km wiedergeben.

Möchte man das regionale Klimamodell mit einem Lauf einer globalen Klimasimulation antreiben, gilt es zuerst zu prüfen, ob überhaupt die notwendigen Antriebsfelder ausgegeben wurden. Das regionale Klimamodell benötigt nämlich die entsprechenden Informationen über die ganze vertikale Ausdehnung des Modellgebiets und in genügend hoher zeitlicher Auflösung. Beispielsweise haben im CMIP5-Experiment (siehe TAYLOR et al. 2012), dessen Simulationen sehr häufig als Basis für die dynamische Regionalisierung mit RCMs genutzt werden, viele der Modelle jeweils höchstens für eine Realisierung alle für den Antrieb notwendigen Größen gespeichert. Tabelle 6-1 zeigt exemplarisch, welche Felder vom HadGEM2-ES, dem globalen Klimamodell des Met Office Hadley Centers, für den Antrieb von Simulationen mit COSMO-CLM verwendet werden. Die Daten, die in diesem Fall für das HadGEM2-ES geliefert werden, müssen zuerst noch aufbereitet werden, bevor sie als Antriebsdaten für das jeweilige Modell dienen können. Beispielsweise müssen sie auf ein einheitliches Gitter gebracht, das fehlende dreidimensionale Druckfeld aus den vorhandenen Feldern rekonstruiert und auf die gleiche zeitliche Auflösung von 6 Stunden gebracht werden. Da die Daten von jedem globalen Modell wieder etwas unterschiedlich sind, ist für die Aufarbeitung der Daten eine ans Modell angepasste Software notwendig.

Globale oder regionale Antriebsdaten für die regionale Modellierung werden von verschiedenen Institutionen zur Verfügung gestellt. So bieten zum Beispiel das TIGGE-Archiv (**T**HORPEX **I**nteractive **G**rand **G**lobal **E**nsemble, tigge.ecmwf.int) des EZMW (**E**uropäisches **Z**entrum für **M**ittelfristige **W**ettervorhersagen) und das **R**esearch **D**ata **A**rchive (**R**DA, rda.ucar.edu) des **N**ational **C**enter for **A**tmospheric **R**esearch (NCAR) Zugriff auf eine Vielzahl verschiedener Reanalysedatensätze, Beobachtungen und Klimasimulationsdaten. Beide Dienste bieten über ein komfortables Webinterface die Möglichkeit, die Datensätze ganz oder teilweise, global oder für ein begrenztes Gebiet, oder auch bereits gebündelt für den Antrieb regionaler Modelle herunterzuladen. Für das Community-Modell WRF werden einige Daten bereits vorprozessiert (im sogenannten „intermediate format") bereitgestellt, insbesondere ein bias-korrigierter Datensatz des CMIP5-Modells CESM (**C**ommunity **E**arth **S**ystem **M**odel). Auf die gesamten Daten der CMIP5 globalen Erdsystemmodelle kann über das Earth System Grid Federation Portal (esgf.llnl.gov) zugegriffen werden. Für das COSMO-CLM-Modell hat die CLM-Community die aufbereiteten Antriebsdaten von einigen ausgewählten CMIP5-Modellsimulationen für den ganzen Globus im Bandarchiv des **D**eutschen **K**lima**r**echen**z**entrums (DKRZ) gespeichert.

6 Vorbereitung der Simulation

Die RCMs bieten meist verschiedene Einstellungen und Optionen an, die mittels Steuerdateien gesetzt werden können, welche dann vom Modellcode eingelesen werden. Beispiele solcher Einstellungen sind zum Beispiel die Definition des Rechengitters, des Zeitschrittes oder auch der Wahl eines bestimmten Parametrisierungsschemas, falls mehrere zur Auswahl stehen. Deshalb muss als weiterer Schritt der Vorbereitung der Simulation ein geeigneter Satz der Einstellungen und Optionen definiert werden. Hier ist insbesondere auch zu beachten, dass einige dieser Einstellungen voneinander abhängig sind und daher entsprechend angepasst werden müssen oder dass sie sich gegenseitig ausschließen. Als neuer Benutzer eines RCMs greift man am besten auf Einstellungen zurück, mit denen schon vergleichbare Simulationen erfolgreich durchgeführt wurden und passt diese dann bei Bedarf weiter an.

Vor dem Start einer Simulation sollte man sich ausführlich Gedanken dazu machen, welche Größen in welcher zeitlichen Auflösung ausgegeben werden sollen, denn fehlende Parameter lassen sich nachträglich nur noch mit einer Wiederholung der Simulation erzeugen. Hingegen ist es meist aus Speicherplatzgründen auch nicht möglich, alle möglichen Ausgabegrößen in der besten zeitlichen Auflösung auf Festplatte zu schreiben. Die Wahl hängt daher davon ab, welche Analysen und Auswertungen für die Simulation geplant sind. Will man den mittleren Tagesgang einer Größe wiedergeben können, ist eine Ausgabe des Parameters mindestens alle drei Stunden erforderlich. In CORDEX beispielsweise ist die vorgegebene Liste der Ausgabeparameter sehr umfangreich (is-enes-data.github.io/CORDEX_variables_requirement_table.pdf).

Tab. 6-1: Verwendete Antriebsfelder für HadGEM2-ES.

Feld	Zeitliche Frequenz	Gitterdimensionen
Temperatur (ta)	6 h	192 x 145 x 38
Zonaler Wind (ua)	6 h	192 x 145 x 38
Meridionaler Wind (va)	6 h	192 x 145 x 38
Spezifische Feuchte (hus)	6 h	192 x 145 x 38
Druck auf Meereshöhe (psl)	6 h	192 x 145 x 38
Orographie (orog)		192 x 145
Meeresoberflächentemperatur (tos)	Tagesmittel	360 x 216
Anteil von Meereis (sic)	Tagesmittel	360 x 216
Schneemenge (snw)	Tagesmittel	192 x 145
Oberflächentemperatur (ts)	Monatsmittel	192 x 145

Ablaufdiagramm einer Modellsimulation mit paralleler Zwischennestung

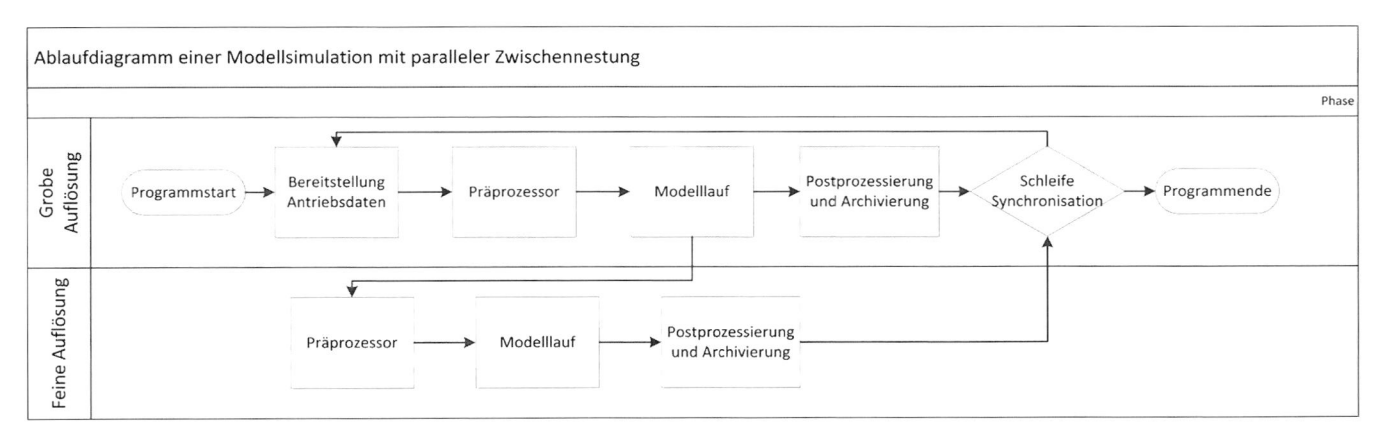

Abb. 6-3: Ablaufdiagramm einer Modellsimulation mit parallel geschalteter Zwischennestung.

7 Initialisierung der Simulation

Im Gegensatz zu einer Wetterprognose ist eine regionale Klimasimulation kein Anfangswertproblem sondern ein Randwertproblem. Das bedeutet, dass das Klima zweier Simulationen mit unterschiedlichen Anfangswerten bei genügend langer Simulationsdauer konvergieren soll, falls beide Simulationen die exakt gleichen Antriebswerte am Rand verwenden. Allerdings gibt es im System der Klimamodelle mit dem Bodenwasser einen Speicher, der eine Anpassungszeit von mehreren Jahren haben kann, falls er weit außerhalb seines klimatologischen Gleichgewichtwertes initialisiert wurde. Um dort künstliche zeitliche Trends zu verhindern, ist eine sorgfältige Initialisierung des Bodenwassers notwendig. Eine Möglichkeit dem Problem zu begegnen, ist den Startzeitpunkt der Simulation auf 3 bis 5 Jahre vor dem eigentlichen Simulationsbeginn zu setzen, damit sich das Bodenwasser über diesen Zeitraum einschwingen kann. Da dies oft mit umfangreichem Ressourcenverbrauch verbunden ist, kann man alternativ nur das zu verwendende Landoberflächenmodell mit den verfügbaren Antriebsdaten einschwingen. Falls die verfügbaren Antriebsdaten die Einschwingperiode nicht abdecken, kann man als Alternative die Simulation (oder nur das Landoberflächenmodell) mit einem nicht eingeschwungenen Boden starten und damit die ersten 3 bis 5 Jahre simulieren. Den Zustand des Bodenwasserspeichers nach diesem Einschwingvorgang überträgt man dann wieder auf die Initialfelder und startet damit die Simulation (erneut).

8 Modellkette

Da die reine Rechenzeit für längere Simulationen oft mehrere Wochen oder gar Monate dauert, ist es ratsam die ganze Simulation in mehrere einzelne Stücke aufzuteilen, die nacheinander ausgeführt werden. Diese Stückelung richtet sich natürlich nach den Gegebenheiten des Rechenzentrums, zum Beispiel was die maximale Laufzeit für einen einzelnen Job ist, wie viel temporärer Speicherplatz während der Simulation vorhanden ist, und so weiter. Wir haben die Erfahrung gemacht, dass es vorteilhaft ist, wenn wir ganze Jahre am Stück simulieren oder, falls das nicht möglich ist, zumindest ganze Monate, da dies die Strukturierung der Daten im Archiv vereinfacht. Einige der Modelle erlauben, unabhängig von der Laufzeit eines einzelnen Jobs, die Daten blockweise (wochen-, monats- oder jahresweise) fortzuschreiben.

Die Modellkette ist dann ein Script oder eine Sammlung von Scripts, welches in einer Schleife die einzelnen Stücke bearbeitet. Die Bearbeitung beinhaltet dabei mehrere Aufgaben, vom Bereitstellen der Antriebsdaten, über die Interpolation der Antriebsdaten auf das Modellgitter durch den Präprozessor zur eigentlichen Simulation und schließlich das Postprozessieren und Archivieren der Daten. Bei Verwendung einer Zwischennestung bieten sich modellabhängig verschiedene Möglichkeiten einer „Offline"- oder „Online"-Nestung. Bei Ersterer wird nach der ersten Simulation auf dem groben Gitter der Präprozessor zur Interpolation auf das feine Gitter aufgerufen und anschließend die Simulation auf dem feinen Gitter durchgeführt, wieder gefolgt von einem Postprozessierungs- und Archivierungsschritt. Die Randbedingungen werden dabei in Intervallen, die durch die Ausgabezeitschritte des gröberen Gitters festgelegt sind, spezifiziert (in der Regel 3 bis 6 Stunden). Bei einer „Online"-Nestung werden die verschiedenen Nestungen zeitgleich im gleichen Modellaufruf gerechnet und Randbedingungen entweder nur vom gröberen Gitter auf das feinere Gitter (one-way nesting) übertragen oder aber in beide Richtungen (two-way nesting). Der Nachteil dieser Methode ist, dass die Gitterauflösung und der Zeitschritt des gröberen Gitters ein Vielfaches des feinen Gitters sein muss. Der Vorteil hingegen ist, dass die Randbedingungen auf dem Zeitschritt des gröberen Gitters spezifiziert werden (in der Regel 6 Sekunden pro Kilometer Gittergröße, also typischerweise 100 bis 200 s) und dass ein Feedback vom feinen Gitter auf das grobe Gitter möglich ist. Abbildung 6-3 zeigt schematisch die Schritte die involviert sind, falls die Simulation für die Zwischennestung (offline) und die Simulation mit der hohen Auflösung parallel ausgeführt werden sollen.

9 Ressourcenbedarf regionaler Klimasimulationen

Regionale Klimasimulationen haben einen erheblichen Bedarf sowohl an Rechenressourcen als auch an Speicher-

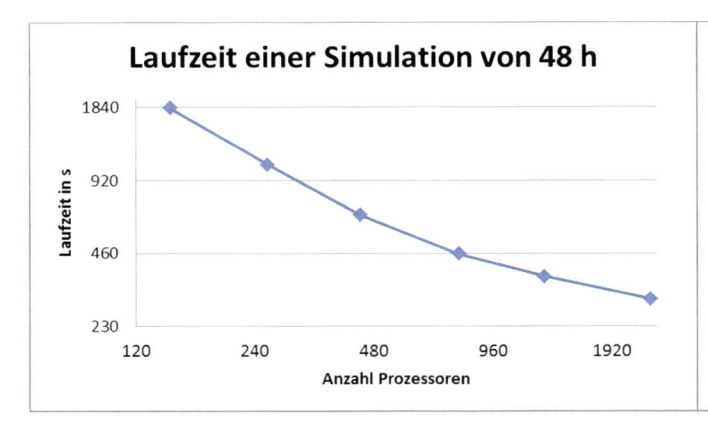

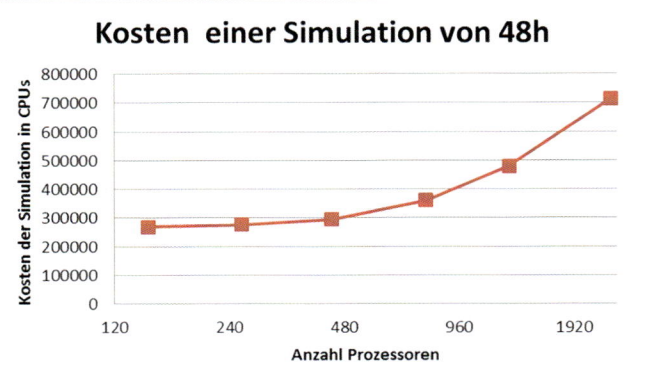

Abb. 6-4: Skalierungsverhalten von COSMO-CLM für die EURO-CORDEX-12 km-Konfiguration. Laufzeit einer 48-stündigen Simulation in Abhängigkeit der verwendeten Anzahl Prozessoren (links) und totale Kosten der entsprechenden Simulation (rechts).

platz. Letzteres liegt in der Notwendigkeit, vierdimensionale Felder (zeitlich variable dreidimensionale Druck-, Temperatur-, Windfelder, etc.) auszugeben. Zur Planung dieser Ressourcen empfiehlt es sich, zuerst mit der gewählten Modellkonfiguration Benchmark-Tests durchzuführen. Das sind kurze Simulationen, bei denen die Rechenzeit des Modells als Funktion der Anzahl benutzter Prozessoren ermittelt wird, um so das Skalierungsverhalten des Modells zu bestimmen und eine geeignete Anzahl zu verwendender Prozessoren zu bestimmen. Abbildung 6-4 zeigt das Skalierungsverhalten von COSMO-CLM für die Euro-CORDEX-Konfiguration des Modells. Zu sehen ist da, dass das Modell bis 500 CPUs praktisch perfekt skaliert, darüber die Laufzeit zwar immer noch abnimmt, die insgesamt benötigten Rechenressourcen aber zunehmen. Eine wichtige Kenngröße ist dabei der Beschleunigungsfaktor, das heißt das Verhältnis zwischen simuliertem Zeitraum dividiert durch die Laufzeit des Modells. Soll eine 100-jährige Simulation in 3 Monaten beendet sein, wird also ein Beschleunigungsfaktor von mindestens 400 benötigt. In unserem Fall würde man da dann eine Konfiguration mit 800 CPUs wählen.

Die benötigten Ressourcen hängen im Wesentlichen von der Anzahl der Gitterpunkte des Rechengitters und der Auflösung ab. Eine Verdoppelung der horizontalen Auflösung bei gleichem Modellgebiet erfordert etwa achtmal mehr Rechenressourcen und den vierfachen Speicherplatz, falls man die Anzahl vertikaler Schichten, die ausgegebenen Felder und die Ausgabefrequenz beibehält. Abb. 6-2 zeigt die gesamten benötigten Rechenressourcen und den Speicherbedarf für 100 simulierte Jahre der EURO-CORDEX-Konfiguration des COSMO-CLM bei 12 und 50 km Auflösung. Die gelisteten Rechenzeiten beziehen sich auf ein CRAY XT5-System am Nationalen Zentrum für Hochleistungsrechner der Schweiz (CSCS). Die absoluten Zahlen der Rechenzeit sind wohl weniger von Belang als ihre relative Größe, denn die sind stark abhängig vom verwendeten System.

Bei einer Erhöhung der Auflösung, die einhergeht mit einer Verringerung des Zeitschrittes, verringert sich wegen des Skalierungsverhaltens des Modells auch der Beschleunigungsfaktor, falls man nicht überproportional viele Prozessoren einsetzen kann und will. Das setzt den heutigen Modellen auf den aktuellen Computerarchitekturen Grenzen, mit welchen Auflösungen Klimasimulationen gerechnet werden können. Beispielsweise reduziert sich der Beschleunigungsfaktor für das COSMO-CLM bei Auflösungen von 2 km auf einen Wert von 80, womit dann mit einer Simulationsdauer von 4 Monaten nur noch Dekaden statt ganze Jahrhunderte simuliert werden können. Umgekehrt jedoch können bei feineren Gittern mit einer größeren Anzahl an Gitterpunkten mehr Prozessoren eingesetzt werden bevor der durch die Parallelisierung bedingte Overhead ein Skalieren verhindert.

Während über viele Jahre die Zeitintegration im Modell, also das Lösen der Gleichungen und physikalischen Parametrisierungen der limitierende Faktor war, ist heute oftmals das Herausschreiben der Ausgabevariablen das Problem. Dies liegt zum einen an den großen Datenmengen, aber auch an der enormen Leistungsfähigkeit moderner Prozessoren und Parallelisierungshardware und -software.

Basierend auf diesen Erkenntnissen wurden in den vergangenen Jahren verschiedene Wege beschritten, um die notwendigen Rechenzeiten zu verringern und die Lese- und Schreibvorgänge zu optimieren. So verwenden einige Modelle, die auf expliziten Lösern basieren und daher durch die Courant-Friedrichs-Levy (CFL)-Bedingung in ihrer zeitlichen Schrittweite begrenzt sind, adaptive Zeitschritte

Tab. 6-2: Ressourcenbedarf von COSMO-CLM für 100 Simulationsjahre für EURO-CORDEX-Konfigurationen.

Simulation	Anzahl Gitterpunkte	CPU Ressourcen in CPUh	Speicherplatz in TiB
EURO-CORDEX 12 km	450 x 438 x 40	1'800'000	40
EURO-CORDEX 50 km	132 x 129 x 40	42'000	5

anstelle von fest vorgegebenen Schritten. Dies kann oftmals zu einer Beschleunigung um einen Faktor 1,5 führen, erfordert aber einen vorsichtigen Umgang, um Instabilitäten zu vermeiden und die Reproduzierbarkeit von Ergebnissen zu erhalten. Mit Hinblick auf die Schreib- und Leseperformance bieten viele Modelle die Möglichkeit bei Verwendung entsprechender Bibliotheken parallele Datenzugriffe durchzuführen (zum Beispiel paralleles netCDF3 oder paralleles netCDF4 mittels HDF5). Die Verwendung von komprimierten Ausgabeformaten (netCDF4 oder Grib2) ist gerade für atmosphärische Felder oder chemische Spezies effektiv und reduziert den notwendigen Speicherplatz um bis zu 50%. Gerade auf Systemen mit leistungsfähigen Prozessoren bietet es sich an, die Ausgabedaten direkt komprimiert abzulegen. Weitere Möglichkeiten der Reduktion der auszugebenden Daten ist eine Interpolation von vertikalen Modell-Level auf druckbasierte Level und/oder die Berechnung abgeleiteter Größen während der Modellintegration und dementsprechend ein Unterdrücken der Ausgabe der dadurch nicht mehr benötigten Parameter/Level.

10 Verwendung der Ausgabedaten von regionalen Klimamodellen

Wie aus dem vorhergehenden Abschnitt zu entnehmen ist, produzieren regionale Klimasimulationen, die mit hoher Auflösung gerechnet werden, immense Mengen an rohen Ausgabedaten. Da das einerseits die ganze Handhabung der Daten erschwert und andererseits auch den Arbeitsaufwand zur Verarbeitung der Daten entsprechend erhöht, werden im Nachgang der Simulation in der sogenannten Postprozessierung die Datenmenge reduziert, indem statistische Größen wie Tages-, Monats-, Saison- und Jahresmittelwerte berechnet und gespeichert werden (sofern dies nicht bereits während der Integration geschieht, siehe oben). Es sind dann vor allem diese in der Menge reduzierten Daten, welche den Anwendern von Klimasimulationen zur Verfügung gestellt werden.

Wird die Simulation an einem externen Rechenzentrum durchgeführt, so empfiehlt es sich bereits vorab eine Strategie der Datenverwaltung und -archivierung zu entwickeln. Der zugewiesene Speicherplatz ist in der Regel wesentlich geringer als die Gesamtmenge der produzierten Daten, was eine Integration der Postprozessierung und Archivierung in die Modellkette impliziert. An Rechenzentren stehen hierfür häufig dedizierte Knoten zur Verfügung. Für die Analyse (und gegebenenfalls Archivierung, falls diese nicht am Rechenzentrum erfolgt) müssen die so produzierten Daten vom Rechenzentrum heruntergeladen werden. Hierfür ist eine Abschätzung des Gesamtvolumens und der notwendigen Bandbreite im Voraus vorzunehmen, um Datenverlust durch regelmäßiges, automatisches Löschen an den Rechenzentren zu vermeiden.

Bei der Verwendung von Daten aus Szenarienläufen ist ferner zu beachten, dass sowohl die zum Antrieb benutzten globalen Klimamodelle als auch die regionalen Klimamodelle nicht ganz zu vernachlässigende systematische Fehler aufweisen. Für die Weiterverwendung der Daten zum Beispiel in einem Impaktmodell sollte daher zuerst eine Korrektur dieser systematischen Fehler vorgenommen werden. Das kann etwa geschehen, indem man statt der Ausgabeparameter direkt nur die Klimaänderungssignale der Simulation verwendet oder statistische Methoden zur Korrektur der systematischen Fehler einsetzt.

Weiter ist zu beachten, dass mit einem einzelnen Lauf aus der dynamischen Regionalisierung nicht abgeschätzt werden kann, wie robust die gefundenen Klimaänderungssignale sind. Hier lohnt es sich unter Umständen seine Modellkonfiguration so anzupassen, dass parallel zur eigenen Simulation auch solche aus koordinierten Experimenten wie zum Beispiel Euro-CORDEX verwendet werden können, so dass ein ganzes Ensemble zur Analyse herangezogen werden kann.

11 Rechnungen an einem externen Rechenzentrum

Während kleinere Experimente oft auf hauseigenen Ressourcen durchgeführt werden können, müssen größere Experimente auf externe Rechenzentren ausgelagert werden. In diesem Fall empfiehlt es sich bei dem entsprechenden Servicedesk nachzufragen, ob das gewählte Modell dort bereits eingesetzt wird und ob dort gegebenenfalls die benötigten Antriebsdaten schon abgelegt sind. Die in diesem Kapitel beschriebenen Modelle COSMO-CLM und WRF finden an vielen Rechenzentren Anwendung, so zum Beispiel am Deutschen Klimarechenzentrum (DKRZ), am **F**orschungs**z**entrum **J**ülich (FZJ), am **L**eibniz-**R**echenzentrum der Bayerischen Akademie der Wissenschaften in Garching (LRZ), am **S**teinbruch **C**entre for **C**omputing des KIT in Karlsruhe (SCC), am High Performance Computing Center Stuttgart (HLRS) und am Nationalen Zentrum für Hochleistungsrechner der Schweiz (CSCS).

Die Wahl eines geeigneten Rechenzentrums und/oder Antragsverfahren hängt von mehreren Faktoren ab:
- **Größe des Simulationsexperiments**:
  Wie viele Knoten werden gleichzeitig und für wie lange benötigt? Welches Datenvolumen wird pro Job beziehungsweise pro Tag Echtzeit produziert?
  Die Gesamtzahl der zur Verfügung stehenden Knoten unterscheidet sich zwar signifikant zwischen den einzelnen Rechenzentren, ist für die in der Praxis benötigten Ressourcen jedoch meist von untergeordneter Bedeutung (Ausnahme: Ensemblesimulationen mit einer Vielzahl von parallelen Läufen). Wichtiger sind hier die Unterschiede in der Politik der Rechenzentren: Während sogenannte „General Purpose"-Systeme (zum Beispiel FZJ JURECA) und dedizierte Klimarechner (zum Beispiel DKRZ Mistral) kürzeren Jobs mit wenigen Knoten eine hohe Priorität zuteilen, werden auf anderen Systemen gezielt massiv parallele Jobs mit langer Laufzeit bevorzugt (zum Beispiel FZJ JUQUEEN). Die maximale Dauer einzelner Jobs liegt in der Regel zwischen 8 und 48 Stunden.

- **Antragsverfahren und Antragszeitpunkt:**
Abhängig von Gesamtumfang der Simulation und Rechenzentrum kommen verschiedene Antragsverfahren in Frage, welche sich in Umfang der einzureichenden Unterlagen deutlich unterscheiden.

Für kleinere Experimente bis etwa 5 Millionen CPUh kann man oftmals direkt an den Rechenzentren Anträge auf Rechenzeit einreichen. Dies kann ganzjährig möglich sein (zum Beispiel LRZ SuperMUC, SCC ForHLR1) oder zu festgelegten Terminen in halbjährlichem Turnus (zum Beispiel FZJ JURECA, DKRZ Mistral). Meist bestehen diese Anträge aus einer kurzen Vorhabenbeschreibung, Skalierungsplots, Abschätzungen der benötigten Ressourcen und eine Strategie der Datenverwaltung und –archivierung. Bei der Begutachtung wird großer Wert auf die Realisierung der Modellkette gelegt, insbesondere auf das Postprozessieren der Daten, für welches Rechenzeit mit beantragt werden muss. Typischerweise ist auch eine Abschätzung des zu transferierenden Datenvolumens vom/zum Rechenzentrum gesamt und pro Monat erforderlich. Im Anschluss an das Projekt beziehungsweise nach einer festgelegten Zeitdauer ist ein Abschluss- oder Fortschrittsbericht und gegebenenfalls ein Verlängerungsantrag einzureichen.

Für größere Experimente sind rechenzentrenübergreifende Antragsverfahren bei entsprechenden Konsortien vorgesehen. In Europa sind diese das **G**auss **C**entre for **S**upercomputing (GCS, www.gauss-centre.eu) und das **Pa**rtnership **F**or **A**dvanced **C**omputing in **E**urope (PRACE, www.prace-ri.eu), welche in verschiedenen Antragskategorien bis zu 1 Milliarden CPUh pro Call vergeben.

Zur Vorbereitung der Simulationen und der Abschätzung der benötigten Ressourcen gibt es meist die Möglichkeit auf den Rechenzentren einen Testzugang zu beantragen und dort erste Experimente durchzuführen.

Literatur

DENIS, B., LAPRISE R., CAYA, D., 2003: Sensitivity of a Regional Climate Model to the spatial resolution and temporal updating frequency of the lateral boundary conditions. *Clim. Dyn.* **20**, 107-126.

GIORGI, F., JONES, C., ASRAR, G.R., 2006: Addressing climate information needs at the regional level: the CORDEX framework. *Bulletin of the World Meteorological Organization* **58**, 175-183.

GIORGI, F., COPPOLA, E., SOLMON, F., MARIOTTI, L., SYLLA, M. B., BI, X., ... BRANKOVIC, 2012: RegCM4: Model description and preliminary tests over multiple CORDEX domains. *Climate Research* **52**, 1, 7-29, doi:10.3354/cr01018.

KOTLARSKI, S., KEULER, K., CHRISTENSEN, O. B., COLETTE, A., DÉQUÉ, M., GOBIET, A., GOERGEN, K., JACOB, D., LÜTHI, D., VAN MEIJGAARD, E., NIKULIN, G., SCHÄR, C., TEICHMANN, C., VAUTARD, R., WARRACH-SAGI, K., WULFMEYER, V., 2014: Regional climate modeling on European scales: a joint standard evaluation of the EURO-CORDEX RCM ensemble. *Geosci. Model Dev.* **7**, 1297-1333, doi:10.5194/gmd-7-1297-2014.

MOONEY, P. A., MULLIGAN, F. J., FEALY, R., 2011: Comparison of ERA-40, ERA-Interim and NCEP/NCAR reanalysis data with observed surface air temperatures over Ireland. *International Journal of Climatology* **31**, 4, 545-557, doi:10.1002/joc.2098.

SHAH, R., MISHRA, V., 2014: Evaluation of the Reanalysis Products for the Monsoon Season Droughts in India. *Journal of Hydrometeorology* **15**, 4, 1575-1591, doi:10.1175/JHM-D-13-0103.1.

ROCKEL, B., WILL, A., HENSE, A., 2008: Editorial: Special Issue. Regional Climate Modelling with COSMO-CLM (CCLM). *Meteorologische Zeitschrift* **17**, 347-348.

SAMUELSSON, P., JONES, C.G., WILLÉN, U., ULLERSTIG, A., GOLLVIK, S., HANSSON, U., WYSER, K., 2011: The Rossby Centre Regional Climate model RCA3: Model description and performance. Tellus, Series A: *Dynamic Meteorology and Oceanography* **63**, 1, 4-23, doi:10.1111/j.1600-0870.2010.00478.x.

SKAMAROCK, W.C., KLEMP, J.B., DUDHIA, J., GILL, D.O., BARKER, D.M., DUDA, M.G., HUANG, X.-Y., WANG, W., POWERS, J.G., 2008: A Description of the Advanced Research WRF Version 3. *Technical Report NCAR/TN* **475**+STR, doi:10.5065/D6DZ069T

VON STORCH, H., LANGENBERG, H., FESER, F., 2000: A Spectral Nudging Technique for Dynamical Downscaling Purposes. *Monthly Weather Review* **128**, 3664-3673, doi:10.1175/1520-0493.

TAYLOR, K.E., STOUFFER, R.J., MEEHL, G.A., 2012: An Overview of CMIP5 and the experiment design. *Bull. Amer. Meteor. Soc.* **93**, 485-498, doi:10.1175/BAMS-D-11-00094.1.

Kontakt

DR. DANIEL LÜTHI
Institut für Atmosphäre und Klima
ETH Zürich
Universitätsstr. 16
CH-8092 Zürich
daniel.luethi@env.ethz.ch

DR. DOMINIKUS HEINZELLER *)
Karlsruher Institut für Technologie (KIT)
Institut für Meteorologie und Klimaforschung (IMK)
Kreuzeckbahnstr. 19
82467 Garmisch-Partenkirchen
heinzeller@kit.edu

*) und Universität Augsburg (Institut für Geographie)

C. KOTTMEIER, H. FELDMANN

7 Regionale dekadische Klimavorhersagen und nahtlose Vorhersagen

Regional Decadal Climate Predictions and Seamless Prediction

Zusammenfassung
Der Artikel gibt eine Übersicht über die Prozesse, die eine gewisse Vorhersagbarkeit des Klimas auf der saisonalen bis zur dekadischen Zeitskala erlauben. Die Forschungsbemühungen dazu sind in den letzten zehn Jahren besonders intensiviert worden, in Deutschland vor allem durch das BMBF-geförderte Verbundvorhaben MIKLIP (Mittelfristige Klimaprognose, MAROTZKE et al. 2016). Es wird anhand der Ergebnisse dargelegt, wie mit anspruchsvollen Nachweismethoden auch für Europa bestimmte Merkmale des zukünftigen Klimas von Globalmodellen vorhergesagt werden können. Die Ergebnisse sind für thermische Größen erfolgversprechender als für hydrometeorologische Größen und variieren regional und mit der Vorhersagezeit. Mit Regionalmodellen ergibt sich über die räumliche Verfeinerung hinaus auch eine verbesserte Darstellung der Extreme in den Häufigkeitsverteilungen.

Summary
This article gives an overview on climate processes, which enable achieving a certain climate predictability on seasonal to decadal time scales. The related research efforts have been intensified in the last ten years, in Germany in particular within the BMBF-funded research programme MIKLIP (Decadal Climate Prediction, MAROTZKE et al. 2016). Based on the results it is shown, how advanced statistical methods allow us to skilfully predict certain features of the future climate in Europe with global models. The results are more promising for thermal variables than for hydro-meteorological quantities, differ by region and with lead time. By regionalization, beyond higher spatial resolution, an improved representation of extremes in the probability density functions is achieved.

1 Was sind dekadische Klimavorhersagen und „nahtlose" Vorhersagen?

In der Wettervorhersage galt lange eine theoretisch begründete Begrenztheit des Vorhersagezeitraums von etwa 15 Tagen als Paradigma. Nach etwa 15 Tagen ist der Zustand nicht mehr durch den Anfangszustand des Wetters determiniert. Um die zufallsartig (stochastisch) unterschiedlichen Entwicklungspfade der Atmosphäre aufgrund von unvermeidbaren Anfangsfehlern und beispielsweise enthaltenen Unschärfen physikalischer Parametrisierungen zu berücksichtigen, wurden die Ensemblevorhersagen entworfen. Diese sollen dem stochastischen Charakter der Entwicklung Rechnung tragen. Ensemblevorhersagen werden heute in globalen wie auch regionalen Modellen genutzt, um die variierende Vorhersagbarkeit und die mögliche Schwankungsbreite aus einem gegebenen Zustand heraus bewerten zu können.

Bei der oben beschriebenen Schranke der Vorhersagbarkeit blieb aber zunächst unberücksichtigt, dass atmosphärische Vorgänge auch längerfristigen wiederkehrenden Schwankungen (als 15 Tage) unterliegen. Dabei wirken Randbedingungen auf Zeitskalen von Monaten bis zu Jahren und Jahrzehnten auf Wettervorgänge ein. Ein triviales Beispiel ist die Vorhersagbarkeit von saisonalen Temperaturvariationen aufgrund des Jahresgangs. Auf längeren Zeitskalen ist die Vorhersagbarkeit durch Systemkomponenten gegeben, die langsamer variieren und damit ein längeres Gedächtnis haben, als zum Beispiel Gewässer, der Boden, die Kryosphäre, aber auch die Schwankungen der solaren Strahlung, die Randbedingungen für die Atmosphäre darstellen.

Generell ist also der Vorhersagehorizont numerischer Modelle sowohl durch die Anfangsbedingungen wie auch durch die Randbedingungen für die späteren Prozessabläufe bestimmt. Die aus Modellen der allgemeinen atmosphärischen Zirkulation entwickelten Klimamodelle sind ein Beispiel für eine durch vorgegebene Randbedingungen bestimmte zukünftige Entwicklung. Die berechneten Klimaprojektionen unterscheiden sich je nach definierten Emissions- und Konzentrationsszenarien, sind aber idealerweise nicht mehr von den Bedingungen zur Anfangszeit der Simulation abhängig. Klimamodelle beschreiben somit mögliche Zukunftsrealisierungen des Klimas (Projektionen), die widerspruchsfrei mit den Randbedingungen (solare Strahlung, Zustand der Erdoberfläche und Zusammensetzung der Luft) und den physikalischen Erhaltungssätzen sind. Anders als Modelle für die Wettervorhersage müssen sie auch die angrenzenden Sphären, den Ozean, die Eisgebiete, und Landoberflächen mit unterschiedlichen Böden und Vegetation mitbehandeln sowie auch die Wechselwirkungen zwischen diesen Komponenten berücksichtigen. Da auch die biogeochemischen Zyklen (vor allem Stickstoff und Kohlenstoff) mit behandelt werden müssen, spricht man deshalb von Erdsystemmodellen.

1.1 „Seamless Prediction"

Eine Besonderheit des Klimasystems ist, dass es auf allen Zeitskalen jeweils dominante Prozesse gibt, und dass diese über die Skalen hinweg wechselwirken (Abbildung 7-1). Die dominanten Prozesse bestimmen mit ihrer charakteristischen Periodendauer die Reichweite der aus ihnen abgeleiteten Vorhersagbarkeit. Als Faustregel kann gelten, dass die Obergrenze der deterministischen Vorhersagbarkeit bei etwa einem Lebenszyklus des dominanten atmosphärischen Phänomens liegt (HURREL et al. 2009). Das bedeutet für Konvektion einen Bereich von Stunden, bei Tiefdruckgebieten einige Tage, bei Rossbywellen etwa zwei Wochen, bei ENSO (**El N**ino/**S**outhern **O**scillation) eine Jahreszeit bis zu wenigen Jahren. Zusätzliches Vorhersagepotential wird auch durch langsamere Komponenten des Gesamtsystems ermöglicht. So können variable Oberflächentemperaturen infolge langfristiger ozeanischer Umwälzungen die Entstehung und statistische Häufigkeit von Tiefdruckgebieten beeinflussen. Andererseits bewirkten Zyklonen in ihrer statistischen Verteilung effektive Energietransporte, die beispielsweise langsame Änderungen von Wassertemperaturen oder Schmelzvorgänge in den Polargebieten verursachen.

Aufgrund der Skalenwechselwirkungen sind die Prozesse miteinander verknüpft und müssten für eine erfolgreiche Vorhersage im Modell beschrieben werden. Deshalb wurde in den letzten Jahren das Konzept der nahtlosen Vorhersage („Seamless Prediction") (PALMER et al. 2008) entwickelt. Es umfasst Vorhersagen mit einem weitgehend vereinheitlichten Modellsystem für alle Zeitskalen von der Wettervorhersage bis zum Klimawandel. Entsprechende Entwicklungsarbeiten wurden aufgenommen, beispielsweise mit dem UK Unified Model oder dem ICON-Modell für globale Wettervorhersagen mit dem Potenzial für Klimaprojektionen. Allerdings ist dies eine Langzeitaufgabe, sodass für die verschiedenen Zeitskalen zwar ähnliche Modellsysteme, aber mit sehr unterschiedlicher Konfiguration verwendet werden.

Der Begriff dekadische Vorhersagen bezieht sich in der Regel auf Prognosen einer Zeitskala von 1 bis 10 Jahren. Das Potential für Vorhersagen („skillful predictions"), mit besserer Güte als klimatologische Mittelwerte oder Persistenz, wird sowohl durch die trägen Komponenten (Ozean, Inlandeis, Boden) als auch durch gekoppelte dekadische Schwankungsmuster in der Atmosphäre und im Ozean erwartet. Hierzu zählen zum Beispiel die AMO (**A**tlantic **M**ultidecadal **O**scillation) und die NAO (**N**ord**a**tlantische **O**szillation).

Für noch längere Zeiträume gelten die Emissionen von klima-wirksamen Gasen und Landnutzungsänderungen als entscheidend für die Klimaentwicklung.

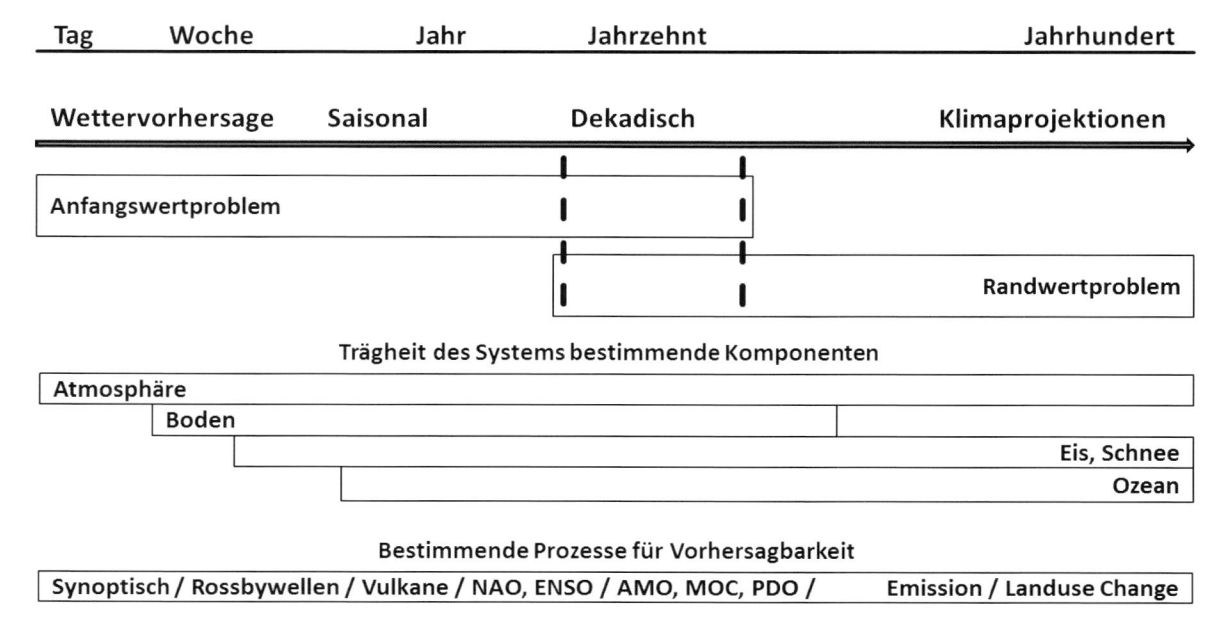

Abb. 7-1: Spanne der Zeitskalen von Vorhersagen und Projektionen, sowie die bestimmenden Prozesse.

2 Wodurch entsteht ein Vorhersagepotential?

2.1 Variation von Strömungen in den Ozeanen

Studien zu dekadischen Schwankungen in verschiedenen Klimaregionen zeigen, dass in den großen Ozeanregionen unterschiedliche Schwankungsmuster auftreten, die auch miteinander gekoppelt sind. Obwohl die Vorgänge im Bereich des pazifischen Ozeans das globale Geschehen (ENSO, PDO – **P**acific **D**ecadal **O**scillation, IPO – **I**nterdecadal **P**acific **O**scillation) zu dominieren scheinen, wird im Folgenden vor allem der Atlantik behandelt, da dieser für das Klima in Europa wichtig ist.

Die AMO (Abbildung 7-2) ist mit Änderungen in Europa, vor allem dem nord- und dem westeuropäischen Sommerklima verknüpft. Viele gekoppelte Ozean-Atmosphären-Modelle zeigen in Klimastudien eine multidekadische Variabilität der Zirkulation, die als AMOC (**A**tlantic **M**eridional **O**verturning **C**irculation) bezeichnet wird. Sie besteht aus einem ausgeprägten nordwärtigen, oberflächennahen Ozeanstrom mit Transport von warmem, salzhaltigem Wasser und einem südwärtigen Rückstrom im tiefen Atlantik (Abbildung 7-3). Man nimmt heute an, dass Fluktuationen Atlantischer Oberflächentemperaturen, die vermutlich wenigstens zum Teil mit der AMOC-Variation verbunden sind, eine wichtige Rolle bei den globalen Klimaschwankungen mit Auswirkungen auf Europa spielen. Beobachtungen seit der instrumentellen Periode, aber auch Klima-Proxydaten zeigen, dass die Oberflächentemperaturen im Atlantik mit Periodendauern von 50 bis 70 Jahren schwanken.

Für die Vorhersage des europäischen Klimas ist wichtig, wie die ozeanische Variabilität des Nordatlantiks mit der ozeanisch-atmosphärisch gekoppelten NAO in Verbindung steht. Die NAO ist ein Schwankungsmuster, das mit einer Änderung der Stärke der Westwindzone einhergeht, und das Wetter (Zeitraum bis zu Wochen) und die Witterungsabschnitte (Tage bis Wochen) in Europa vor allem im Winter prägt. Der NAO-Index, gibt die unter der NAO sich verändernde Stärke der Westwinddrift an, die das Wetter in Europa beeinflusst (besonders im Winter). Er basiert heute üblicherweise auf der Differenz der standardisierten Luftdruckanomalien zwischen Ponta Delgada (Azoren)

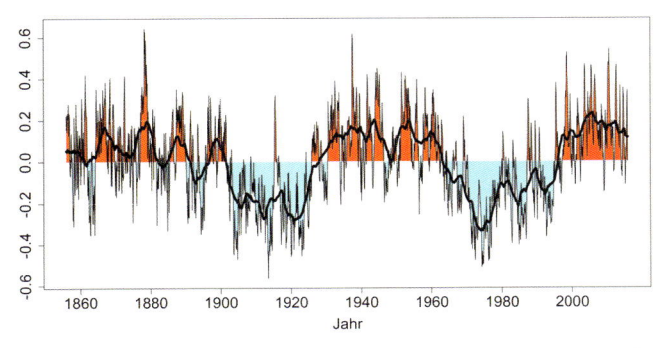

Abb. 7-2: Variation des AMO-Indexes von 1856 bis 2015 (trendbereinigter Index der Meeresoberflächentemperatur im Nordatlantik, fünfjähriges gleitendes Mittel, Datenquelle: NOAA).

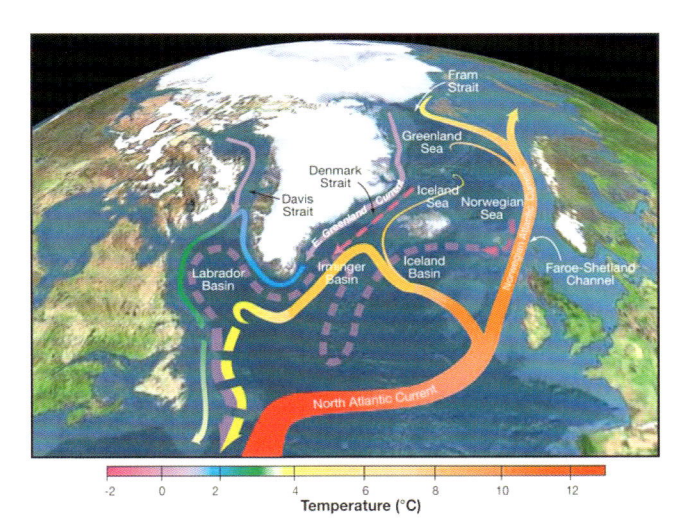

Abb. 7-3: Schema der Meeresströmungen im Nordatlantik und der Arktis, die einen Teil der AMOC bilden. Durchgezogene Linien stellen Oberflächenströmungen dar, gestrichelte Linien Tiefenströmungen. Die Farben kennzeichnen die ungefähre Temperatur. (Quelle: R. Curry, Woods Hole Oceanographic Institution/Science/USGCRP, http://www.eoearth.org/files/172401_172500/172499/ocp07_fig-6.jpg)

und Reykjavík (Island); es sind beziehungsweise waren aber auch andere Referenzstationen gebräuchlich (Promet Jahrgang 34, Heft 3/4, 2008).

Bei einem positiven NAO-Index sind sowohl Azorenhoch als auch Islandtief gut ausgebildet. Dies führt in den meisten Fällen zu einer starken Westwinddrift, die milde und feuchte Luft nach Europa führt. In Extremfällen bringt diese sogar zahlreiche Stürme mit sich. So resultierten die Winterstürme und Orkane 1999 aus solch einer Großwetterlage.

Bei einem negativen NAO-Index sind die Aktionszentren (Islandtief und Azorenhoch) nur schwach ausgeprägt, somit auch die Westwinddrift. So führen häufige Kaltlufteinbrüche aus Nordosten in Mitteleuropa immer wieder zu entsprechend kalten Wintern. Die abgeschwächte Westwinddrift verlagert sich südwärts und führt im Mittelmeerraum zu feuchterem Wetter.

Hat das Azorenhoch den Platz des Islandtiefs eingenommen, und umgekehrt, so ist der NAO-Index stark negativ. Kontinentale Luft ausgehend vom asiatischen Hoch (Sibirienhoch) kann in diesem Fall bis weit nach Mitteleuropa vordringen und bringt dieser Region „sibirische Kälte". Der NAO-Index unterliegt kurzfristigen Schwankungen im Bereich von 2 bis 8 Jahren. Dem sind noch periodische Schwankungen mit einem Rhythmus von 12 bis 15 Jahren (dekadische Oszillation) und etwa 70 Jahren überlagert (verknüpft mit der AMO). LATIF et al. (2006) zeigten, dass die AMO dem NAO-Index durch AMOC-Variationen mit etwa 15 bis 20 Jahren Verzögerung folgt. Während der negativen Phase der AMO ist die nordatlantische SST deutlich mit dem NAO-Index korreliert. Während der positiven AMO-Phase ist die Korrelation nur schwach.

2.2 Vulkanausbrüche

Große Vulkanausbrüche der Vergangenheit (El Chichón, Pinatubo) führten zu einer direkten Beeinflussung der Strahlungsbilanz, beeinflussen aber auch zahlreiche chemische Reaktionen, die die Konzentration verschiedener Spurengase in der Atmosphäre steuern. Der Rückstreuung solarer Strahlung durch Sulfat-Aerosol kommt dabei eine entscheidende Bedeutung zu. Diese entstehen etwa innerhalb eines Monats nach einem Ausbruch durch die Oxidation von in die Atmosphäre gelangten Schwefelgasen. Da sie mehrere Jahre in der Atmosphäre verbleiben können, entfalten sie aufgrund der Rückstreuung des Sonnenlichts eine abkühlende Wirkung. Dies geschieht zunächst in der Stratosphäre. Die dort geänderte Zirkulation beeinflusst dann jedoch auch die Troposphäre. Vulkanaerosol kühlt effektiv die untere Troposphäre für einige Jahre, abhängig von der Stärke und der Höhe des Ausbruchs. Die Klimawirkung ist damit aber kürzer als die von Treibhausgasen. Für die dekadische Klimaprognose sind sie somit relevant, da ein neuer Ausbruch eine vorhersagbare Wirkung über mehrere Jahre entfaltet.

Es wird davon ausgegangen, dass vulkanisches Aerosol Muster natürlicher Klimavariabilität wie die El Niño – Southern Oscillation (ENSO) oder die Nordatlantische Oszillation (NAO) beeinflussen können. Dabei kann es zur Auslösung, Verstärkung oder räumlichen Veränderung dieser Muster kommen. Beispielsweise beeinflusst ein Ausbruch den Temperaturunterschied zwischen Norden und Süden und kann damit eine positive Phase der Arktischen Oszillation anstoßen, die den borealen Breiten eine Erwärmung beschert, obwohl die direkte Wirkung des Aerosols eine Abkühlung bedeuten würde. Das räumliche Muster der Wirkung von Vulkanausbrüchen zu prognostizieren ist aber noch nicht in zuverlässiger Weise möglich, da zudem die Menge, Art und Verteilung der Aerosolpartikel dabei bekannt sein müsste.

2.3 Weitere träge Komponenten des Klimasystems

Die Variationsmuster im Ozean und in der Atmosphäre über dem Nordatlantik, vor allem die NAO, sind mit Auswirkungen auf andere träge Komponenten im Klimasystem verbunden, beispielsweise dem Boden und seinem Wassergehalt, der kontinentalen Schneeausdehnung, der arktischen Meereisausdehnung sowie den Temperaturen der europäischen Randmeere (zum Beispiel Mittelmeer, Nord- und Ostsee). Da diese Komponenten jeweils eigene Trägheitseigenschaften haben, ist eine Rückkoppelung sehr wahrscheinlich.

Von KHODAYAR et al. (2015) wurde beispielsweise eine Modellsensitivitätsstudie mit dem regionalen Klimamodell COSMO-CLM durchgeführt, bei dem zu Beginn einer Dekade die Bodenfeuchte in ganz Europa in allen Tiefen um 50 % reduziert wurde (Abbildung 7-4). Es zeigt sich, dass die simulierte Bodenfeuchte über mehrere Jahre hinweg noch eine Abweichung vom Referenzlauf behält, in den

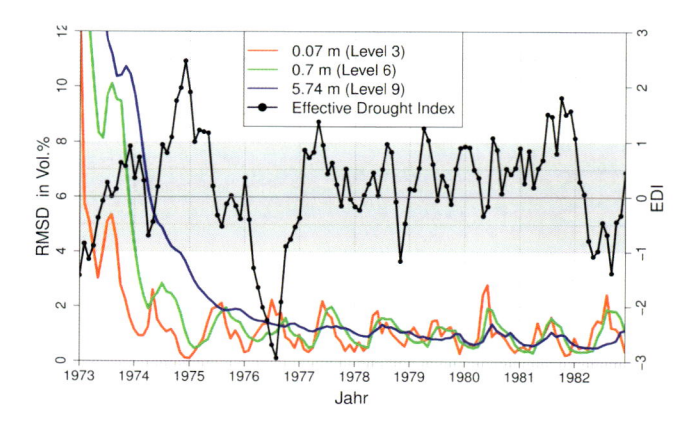

Abb. 7-4: Abweichung (RMS) der Monatsmittelwerte des volumetrischen Bodenwassergehalts in % in Mitteleuropa zwischen einem Experiment mit um 50 % reduzierter Bodenfeuchte zu Beginn der Simulationen und einem ungestörten Referenzexperiment. Rote Linie: in 7 cm Tiefe; grün: 70 cm Tiefe; blau: in 5,74 m Tiefe. Schwarze Linie: Dürre-Index EDI (**E**ffective **D**rought **I**ndex). Der graue Bereich kennzeichnet normale Bedingungen des EDI, Abweichungen nach unten bedeuten Trockenphasen, Abweichungen nach oben feuchte Phasen.

Tiefen 0,07 m und 0,7 m mit einem deutlichen Jahresgang. Der Boden kann somit den Niederschlag und die Erwärmung durch die Atmosphäre speichern und sie später durch Wärmeleitung und Verdunstung wieder an die Atmosphäre rückkoppeln. Es ist derzeit noch unklar, wie weit in die Zukunft ein Vorhersagepotential dieser Prozesse reicht.

3 Erzeugung dekadischer Vorhersagen in MiKlip

Die Nutzung des geschilderten Potentials für Prognosen erfolgt erst in den letzten Jahren. So fanden die ersten Experimente zur dekadischen Vorhersage vor weniger als 10 Jahren statt (vergleiche MEEHL et al. 2010). Im „**C**oupled **M**odel **I**ntercomparison **P**roject (CMIP5)" gehörten dekadische Experimente zum ersten Mal zum Simulationsplan. Damit standen in größerem Umfang Ensembles verschiedener Modelle für dekadische Experimente für den Zeitraum ab 1960 zur Verfügung (BELLUCI et al. 2015, DOBLAS-REYES et al. 2013, KIM et al. 2012). Diese sogenannten Hindcasts, also Vorhersagen für bereits zurückliegende Zeiträume, bilden die entscheidende Basis für die Abschätzung einer Vorhersagegüte der Prognosen, da sie mit Beobachtungen verglichen werden können. Für globale dekadische Prognosen werden gekoppelte Erdsystemmodelle verwendet. Auch in der saisonalen Prognose werden in der Regel gekoppelte Modelle verwendet. Dies ist bei Vorhersagen auf kürzeren Zeitskalen im Allgemeinen nicht der Fall.

Das deutsche Forschungs-Programm MiKlip entwickelt ein Vorhersagesystem für dekadische Prognosen. Als globales Erdsystemmodell wird dabei das MPI-ESM (MÜLLER et al. 2012) verwendet. Weitere Komponenten von MiKlip befassen sich mit der Initialisierung, mit relevanten Prozessen, der Regionalisierung und der Evaluierung der Prognosen.

Der grundlegende Unterschied zwischen dekadischen Prognosen und Klimaprojektionen ist, dass für die Prognosen aus Beobachtungen abgeleitete Startwerte bereitgestellt werden müssen. Dazu sind Experimente notwendig, in denen die vorhandenen Beobachtungen aus Ozean und Atmosphäre im Modell zu einem konsistenten Anfangszustand für die Prognosen assimiliert werden.

Klimavorhersagen auf der Skala von Monaten bis Jahren können von Natur aus nicht für deterministische Aussagen verwendet werden. Daher werden in diesem Bereich Ensembles eingesetzt, bei denen die Startbedingungen mehrerer gleichartiger Simulationen systematisch gestört werden, um die Spannbreite möglicher Entwicklungen abdecken zu können. Es wurden verschiedene Verfahren entwickelt, um die optimalen Störungen für die Ensembleerzeugung zu bestimmen. Bei den dekadischen Prognosen in MiKlip hat sich bisher noch keines der aufwendigen Verfahren der einfachen, in CMIP5 verwendeten, Methodik als überlegen gezeigt, bei dem der atmosphärische Teil des Modells mit einem um einen Tag versetzen Startzustand initialisiert wird. Auf diese Weise wird in MiKlip jährlich (zum 1. Januar) ein Ensemble von zehnjährigen Prognosen gestartet (MÜLLER et al. 2012). Alle MiKlip-Hindcast-Generationen, wie auch die meisten anderen dekadischen Prognosesysteme zeigen ein erhöhtes Vorhersagepotential für die Meeresoberflächentemperatur im Nordatlantik (Abbildung 7-5) im Zusammenhang mit der Variation der AMO. Diese Vorhersagbarkeit wirkt sich bis über Europa aus.

Im Projekt MiKlip wurden erstmalig auch zwei Verfahren zur Regionalisierung dekadischer Prognosen systematisch angewandt. Beim **d**ynamischen **D**ownscaling (DD) (MIERUCH et al. 2014) globaler Klimaprognosen wird dieselbe grundsätzliche Methodik angewendet wie etwa bei Klimaprojektionen. Das Regionalmodell übernimmt die Start- und Randwerte vom globalen Modell. Die Randwerte werden dann im regelmäßigem Abstand (in der Regel alle 6 Stunden) aktualisiert. Innerhalb des regionalen Modellgebiets kann sich dann eine meteorologische Dynamik entwickeln, die sich an die besser aufgelösten geographischen Strukturen anpasst. Dies soll einen Mehrwert durch realistischere regionale Strukturen gegenüber dem Globalmodell erzeugen, was wichtig für nachgeschaltete Wirkungsmodelle ist. Die regionalen Ensembles für Europa wurden in MiKlip mit einer Gitterweite von 25/50 km mit den regionalen Klimamodellen (RCMs) COSMO-CLM und REMO erzeugt.

Ein großer Teil des vorhersagbaren Signals wird dabei vom Globalmodell bestimmt. Die Initialisierung des Bodens im regionalen Ensemble erfolgt über eine mit Reanalysen angetriebenen Simulation, in der das Bodenmodell sich auf die beobachteten Bedingungen eingestellt hat. Alternativ wurde auch schon ein Verfahren getestet, bei dem Beobachtungsdaten für den Boden direkt in das Modell assimiliert werden. Allerdings liegen gerade über den tiefen Boden, der ein längeres Klimagedächtnis hat als die Oberfläche, zu wenig Messdaten vor. Als vielversprechend hat sich auch die Kopplung eines regionalen Ozeanmodells als weitere Komponente des Klimasystems in das regionale Vorhersagesystem herausgestellt (SEIN et al. 2015).

Eine alternative Methode zur Regionalisierung von Klimaprognosen ist das sogenannte statistisch-dynamische Downscaling (SDD) (REYERS et al. 2015). Im Gegensatz zum dynamischen Downscaling (DD) muss dieses Verfahren im Vorfeld an jede geplante Anwendung und Zielregion individuell angepasst werden. Die Anwendung selbst ist dann allerdings weniger aufwändig. Beim SDD wird zuerst anhand von Reanalysen eine Klassifikation der für die Anwendung relevanten Wetterlagen durchgeführt, für die mit dem RCM COSMO-CLM verschiedene charakteristische Episoden simuliert werden. Für die Prognosen werden dann die Häufigkeiten dieser Klassen aus der globalen Vorhersage ermittelt und daraus die Verteilungsfunktion der jeweiligen Zielgröße bestimmt. Die Zahl der zu simulierenden Tage liegt dadurch deutlich niedriger als beim DD. Dadurch ist die SDD-Methodik beim Rechenaufwand günstiger.

4 Herausforderungen beim Nachweis der Vorhersagegüte

Um die Güte von Modellvorhersagen zu bestimmen, müssen diese anhand von Beobachtungsdaten bewertet werden. Hierzu werden die Hindcasts verwendet. Diese sollten ein weites Spektrum von Zuständen der Atmosphäre und des Ozeans abdecken, um die Qualität der Prognosen unter allen relevanten Bedingungen bestimmen zu können. Geht man davon aus, dass flächendeckende Beobachtungsdaten für eine belastbare Verifikation ab der zweiten Hälfte des 20. Jahrhunderts vorliegen, ergäbe das mehr als 10 000 mögliche Testfälle für tägliche Vorhersagen. Dies bildet eine ausreichend breite statistische Basis. Bei der dekadischen Vorhersage liegt die Zahl der möglichen Testfälle, bei jährlichen Startwerten, nur in der Größenordnung von etwa 50. Dies schränkt die Möglichkeiten für eine robuste Verifizierung der Hindcasts ein. Hinzu kommt, dass die Zeitskalen von Prozessen, die eine Vorhersagbarkeit ermöglichen, wie etwa die AMO, teilweise länger sind als der mögliche Verifikationszeitraum. Hinzu kommt noch die

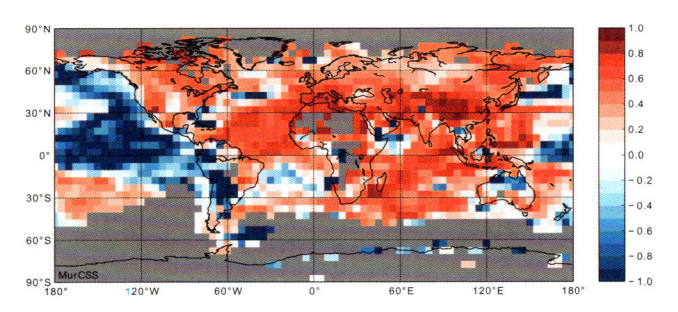

Abb. 7-5: Jahresmitteltemperatur-Gütemaß MSESS (**M**ean **S**quare **E**rror **S**kill **S**core) des globalen dekadischen MiKli-Hindcast-Ensembles mit MPI-ESM-LR über den Zeitraum 1962–2013, Vorhersagehorizont Jahr 2–5. Referenz: Klimatologie, Beobachtungen HadCRUT4 (Median, rote Farben bedeuten einen positiven Skill.).

Überlagerung des Trends durch die Treibhausgasemissionen. Auch diese tragen zu einer gewissen Vorhersagbarkeit des Klimas, besonders über lange Zeitskalen (> 10 Jahre) bei, während die interne Variabilität aufgrund von internen Schwankungen und Wechselwirkungen im Klimasystem höchstens über einige Jahre eine Vorhersagbarkeit zeigt. Um die Vorhersagbarkeit nur aus dem Klimatrend ausnutzen zu können, würden also teilweise die Klimaprojektionen genügen.

Klimaprognosen liefern generell nur Aussagen im statistischen Sinn. Es wird nicht das Wetter oder die Witterung für einen spezifischen Tag oder eine Jahreszeit in einem spezifischen Jahr vorhergesagt, sondern Tendenzen und Anomalien über mehrere Jahre. GODDARD et al. (2013) empfehlen in ihrer Arbeit, sich bei der Verifikation und Analyse dekadischer Prognosen auf Mittelwerte über einheitliche Vorhersage-Horizonte zu beziehen. Sie schlagen die Mittelwerte über das erste Jahr, die Jahre 2-5 und 6-9, sowie die Jahre 2-9 vor. Analysen bestätigen, dass die Vorhersagegüte („Skill") und die Signifikanz der Aussagen auf solchen Zeitskalen am höchsten ist. Die Prognosen sind dadurch auf mehrjährige Anomalien des Klimas ausgerichtet, wie sie etwa durch Variationen der Ozeanströmungen verursacht werden. Generell scheinen temperaturbezogene Größen ein höheres Vorhersagepotential zu haben als niederschlagsbezogene Größen, da im Vergleich dort die Variabilität deutlich höher ist. Wertvolle Informationen können sich auch aus der Häufung oder der Dauer von Klimaanomalien ergeben – zum Beispiel in der Häufigkeit von Stürmen oder der Dauer und Intensität von Trockenperioden.

Bei der Verifikation werden die bei Prognosen üblichen Aspekte überprüft. Da ist zum Beispiel die Genauigkeit („Accuracy"), die die generelle Übereinstimmung mit den Beobachtungen charakterisiert. Typische Maße sind der „Bias" oder die Korrelation. Ein gebräuchliches Maß in der dekadischen Prognose ist der „Mean Square Skill Score (MSESS)" der die mittlere quadratische Abweichung des Ensemble Mittelwerts von den Beobachtungen misst und mit einer Referenz vergleicht (vergleiche Abbildung 7-5 und 7-7). Der Wertebereich des MSESS liegt zwischen 1 bei perfekter Übereinstimmung und negativen Werten bei fehlender Übereinstimmung.

Als weiterer wichtiger Aspekt der Verifikation von Prognosen wird die Verlässlichkeit („Reliability") betrachtet, als Maß für die Ensemble-Eigenschaften. Hier geht es darum, ob die Unsicherheit der Prognosen durch das Ensemble richtig wiedergegeben wird und die Häufigkeitsverteilung der Klimagrößen von den Prognosen realistisch wieder gegeben werden kann.

4.1 Mehrwert regionaler Prognosen

Zur Beschreibung des Mehrwerts dekadischer Prognosen vergleicht man diese mit Referenzprognosen. Im einfachsten Fall ist dies die langjährige Klimatologie. Auch der Mehrwert gegenüber der Persistenz wird betrachtet. Eine weitere gebräuchliche Referenz ist ein Ensemble aus uninitialisierten (nicht mit zeitbezogenen Anfangsbedingungen gestarteten) Klimaprojektionen, da diese die externen Klimaantriebe, wie Treibhausgase, Vulkane oder solare Variationen berücksichtigen, allerdings keine Informationen über den aktuellen Zustand des Klimasystems liefern. Hiermit kann dann ermittelt werden, in wieweit der Anfangszustand die interne Variabilität des Klimas bestimmt.

Abbildung 7-6 zeigt für die initialisierten Hindcasts wie für ein gleich großes Ensemble mit uninitialisierten Projektionen im Vergleich mit Beobachtungen, die Entwicklung der Anomalien der Jahresmitteltemperatur im Mittelmeerraum (Gebiet MD in Abbildung 7-7). Beide in MiKlip erstellten Ensembles basieren auf derselben Modellkette mit einem globalen Antrieb des Modells MPI-ESM-LR mit einer Auflösung von 1,875° (etwa 200 km) und dynamischem Downscaling mit dem RCM COSMO-CLM bei identischer Konfiguration. Die Unterschiede beruhen also alleine auf der Initialisierung. Die Beobachtungen zeigen in der ersten Hälfte des Zeitraums negative Anomalien und in der zweiten Hälfte meist positive Anomalien. Diese Entwicklung verläuft aber nicht gleichmäßig. So kam es in den 70er Jahren zu einer kühleren Phase und dann in den 80er und 90er Jahren zu zwei Perioden mit starkem Anstieg. Das uninitialisierte Ensemble von Klimasimulationen gibt den generellen Anstieg wieder, ist aber bei den kürzeren Schwankungen oft außer Phase, besonders vor 1980. Die Wirkung der externen Antriebe wird wiedergegeben, allerdings sind die internen Schwankungen, wenn man vom Einfluss größerer Vulkanausbrüche (Pinatubo 1991, El Chichón 1983) absieht, in einer zufälligen Phase. Die Hindcasts geben dagegen auch die dekadischen Schwankungen, besonders in den letzten Jahrzehnten, genauer wieder.

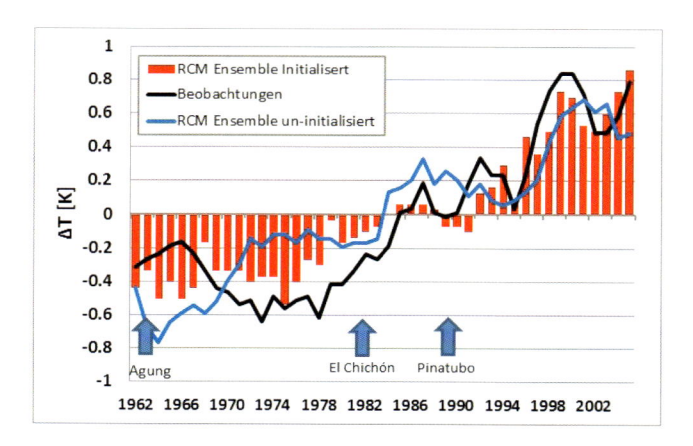

Abb. 7-6: Entwicklung der Jahresmitteltemperatur im Mittelmeerraum 1962 - 2008, vierjährige gleitende Mittelwerte der Temperaturanomalien. Schwarz: Beobachtungen (E-Obs); blau: Ensemble von Klimaprojektionen mit COSMO-CLM und uninitialisiertem Antrieb; rote Balken RCM-Ensemble von Klimavorhersagen mit initialisiertem Antrieb, Mittel über Vorhersagejahre 2-5 (Hindcasts, sonst vierjährige gleitende Mittel). Die Pfeile zeigen den Zeitraum großer Vulkanausbrüche (Agung 1963, El Chichón 1983, Pinatubo 1991).

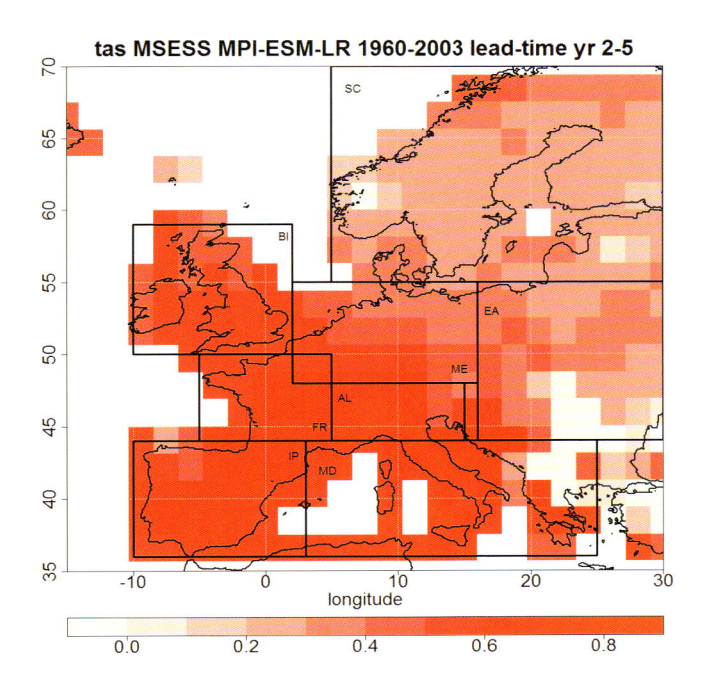

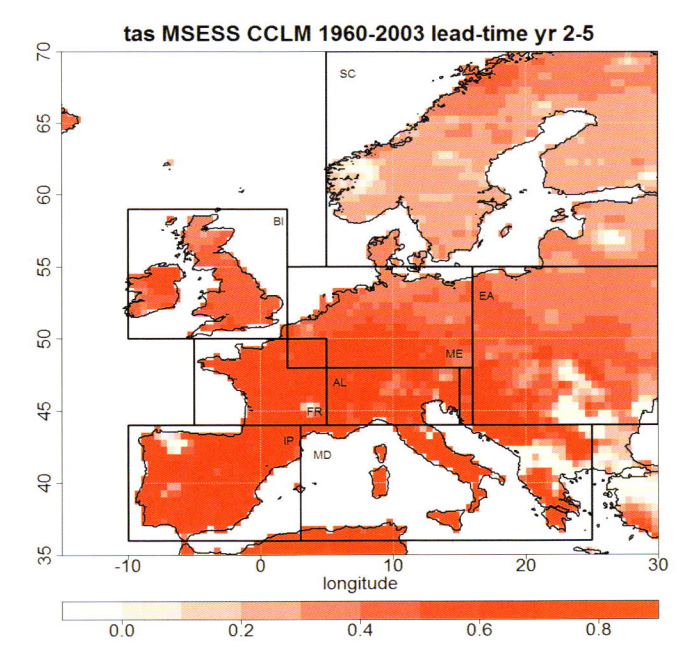

Abb. 7-7: Jahresmitteltemperatur-Vorhersagegüte dekadischer Hindcast-Ensembles für Europa (MSESS) über den Zeitraum 1961–2003, Vorhersagehorizont Jahr 2–5. Links MPI-ESM-LR, rechts regionales Downscaling mit COSMO-CLM. Referenz: Klimatologie, Beobachtungen E-Obs.

Bei der Regionalisierung ist ein Mehrwert der hoch aufgelösten Vorhersagen gegenüber den globalen Prognosen Gegenstand der Forschung. Ein Mehrwert ist dort zu erwarten, wo die Klimavariabilität durch regionale Faktoren beeinflusst wird, etwa durch Gebirge, die heterogene Beschaffenheit der Landschaft und die Land-See-Verteilung. Ein großer Anteil der Vorhersagequalität der Regionalisierung wird aber vom globalen Modell bestimmt. Liefert das globale Ensemble keine belastbaren Prognosen für eine Region, kann ein Downscaling grundlegende Abweichungen, etwa bei der Verteilung von Wetterlagen, nicht kompensieren. Die höhere Auflösung der RCMs stellt oft schon einen Vorteil dar, da für nachgelagerte Anwendungsmodelle die Auflösung von Globalmodellen in der Größenordnung von derzeit 100 km – 300 km als Antrieb zu grob ist. So konnte in MiKlip gezeigt werden (REYERS et al. 2015), dass es mit Hilfe des statistisch-dynamischen Downscaling möglich ist, das Windenergiepotential in Mitteleuropa für einige Jahre in die Zukunft mit einer gewissen Güte vorherzusagen. Diese Anwendung dekadischer Prognosen wäre ohne eine Regionalisierung nicht in der Form möglich.

Abbildung 7-7 zeigt ein Beispiel für die Vorhersagegüte von Global- und Regionalensemble bei unterschiedlicher Auflösung. Im gezeigten Hindcast-Ensemble des Globalmodells nimmt der Skill von Südwesten nach Nordosten ab. Im Westen zeigt das regionale Ensemble einen erhöhten Skill, während in Teilen Mittel- und Osteuropas ein gewisser Mehrwert des Globalmodells gegenüber dem regionalen Ensemble erzielt wird.

MIERUCH et al. (2014) stellen als weiteren wesentlichen Aspekt des Mehrwerts einer Regionalisierung heraus, dass das regionale Ensemble für viele Klimagrößen die Häufigkeitsverteilung im Vergleich zu Beobachtungen realistischer darstellt, also eine verbesserte Verlässlichkeit erzielt. So kann mit RCMs die Verteilung von Niederschlagsintensitäten besonders von konvektiven Sommerniederschlägen deutlich besser wiedergegeben werden, als mit globalen Klimamodellen (Abbildung 7-8). Sie eignen sich daher besser für die Analyse von Extremniederschlägen.

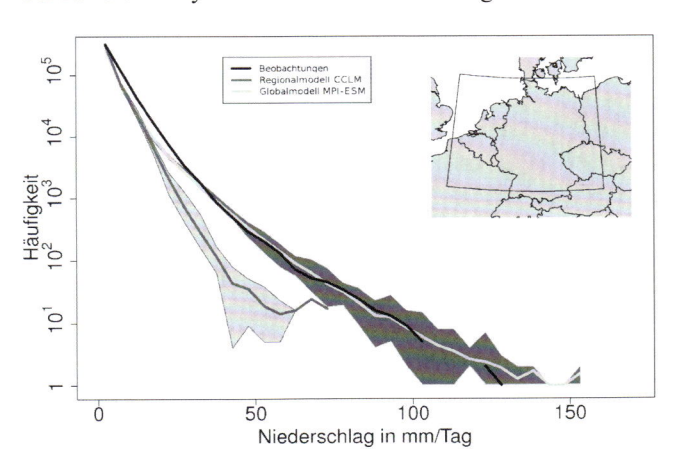

Abb. 7-8: Häufigkeitsverteilung des täglichen Niederschlags in Mitteleuropa. Schwarz: Beobachtungen (E-Obs), hellgraue Linie und dunkelgrauer Bereich: Ensemble-Mittelwert und -Spannbreite des regionalen Hindcast-Ensembles mit COSMO-CLM; mittelgraue Linie mit hellgrauem Bereich: Ensemble-Mittelwert und -Spannbreite des globalen Hindcast-Ensembles mit MPI-ESM-LR.

5 Ausblick

Die dekadischen Prognoseverfahren haben, als junges Forschungsgebiet, noch einen großen Entwicklungsbedarf. Ein zentraler Aspekt der Forschung ist dabei das bessere Verständnis der Prozesse, die zu einer Vorhersagbarkeit auf dieser Zeitskala führen. Es besteht die Aussicht, die Vorhersagegüte der globalen Hindcasts durch eine Erhöhung der horizontalen und vertikalen Auflösung zu verbessern. Damit sollen die relevanten Telekonnektionen, aber auch Blocking-Frequenzen und die QBO besser repräsentiert werden. Ein Potenzial für Fortschritte besteht auch bei der Initialisierung und Ensembleerzeugung. Hier werden Verfahren, die etwa aus der Wettervorhersage oder saisonalen Prognosen bekannt sind, auf ihre Eignung für dekadische Prognosen getestet. Genügend große Ensembles, die viele Startjahre abdecken, werden gebraucht, um robuste Aussagen über die Vorhersagequalität erzielen zu können und um die Effekte natürlicher interner Klimavariabilität von den Klimatrends durch die gestiegenen Treibhausgaskonzentrationen trennen zu können. Für die Verifikation, wie für die Initialisierung, sind qualitativ hochwertige homogene Beobachtungsdaten entscheidend. Bei der Regionalisierung ist ein verstärkter Übergang zu gekoppelten regionalen Klimasystemmodellen vielversprechend, bei denen, analog zu den globalen Erdsystemmodellen, die Randmeere, die Vegetation und andere Komponenten interaktiv mit behandelt werden.

Literatur

BELLUCCI, A., HAARSMA, R., GUALDI, S., ATHANASIADIS, P.J., CAIAN, M., CASSOU, C., FERNANDEZ, E., GERME, A., JUNGCLAUS, J., KRÖGER, J., MATEI, D., MÜLLER, W., POHLMANN, H., SALAS Y MELIA, D., SANCHEZ, E., SMITH, D., TERRAY, L., WYSER, K., YANG, S., 2015: An assessment of a multi-model ensemble of decadal climate predictions. *Clim. Dyn.* **44**, 9-10, 2787-2806.

DOBLAS-REYES, F.J., ANDREU-BURILLO, I., CHIKAMOTO, Y., GARCIA-SERRANO, J., GUEMAS, V., KIMOTO, M., MOCHIZUKI, T., RODRIGUES, L.R.L., VAN OLDENBORGH, G.J., 2013: Initialized near-term regional climate change prediction. *Nature Comm.* **4**, DOI: 10.1038/ncomms2704.

GODDARD, L., and Coauthors, 2013: A verification framework for interannual-to-decadal predictions experiments. *Climate Dynamics* **40**, 1-2, 245-272.

HURREL, J., MEEHL, G.A., BADER, D., DELWORTH, T.L., KIRTMAN, B., WIELICKI, B., 2009: A unified modeling approach to climate system prediction. *Bull. Amer. Meteor. Soc.*, 2009-12-01, 1819–2831, doi: 10.1175/2009BAMS2752.1.

KHODAYAR, S., SEHLINGER, A., FELDMANN, H., 2015: Sensitivity of soil moisture initialization for decadal predictions under different regional climatic conditions in Europe. *Int. J. Climatol.* **35**, 1899-1915.

KIM, H.-M., WEBSTER, P.J, CURRY, J.A., 2012: Evaluation of short-term climate change prediction in multi-model CMIP5 decadal hindcasts. *Geophys. Res. Lett.* **39**, L10701, doi:10.1029/2012GL051644.

LATIF, M., COLLINS, M., POHLMANN, H., KEENLYSIDE, N.S., 2006: A review of predictability studies of the Atlantic sector climate on decadal time scales. *J. Climate* **19**, 5971-5987.

MAROTZKE, J., MÜLLER, W.A., VAMBORG, F., BECKER, P., CUBASCH, U., FELDMANN, H., KASPAR, F., KOTTMEIER, CH., MARINI, C., POLKOVA, I., PRÖMMEL, K., RUST, H., STAMMER, D., ULBRICH, U., KADOW, CH., KÖHL, A., KRÖGER, J., KRUSCHKE, T., PINTO, J.G., POHLMANN, H., REYERS, M., SCHRÖDER, M., SIENZ, F., TIMMRECK, C., ZIESE, M., 2016: MiKlip – a National Research Project on Decadal Climate Prediction. *Bull. Amer. Meteor. Soc.* **97**, 12, 2379 – 2394, doi: 10.1175/BAMS-D-15-00184.1.

MEEHL, G.A., and Coauthors, 2009: Decadal Prediction. *Bull. Amer. Meteor. Soc.* **90**, 1467–1485.

MIERUCH, S., FELDMANN, H., SCHÄDLER, G., LENZ, C.-J., KOTHE, S., KOTTMEIER, C., 2014: The regional MiKlip decadal forecast ensemble for Europe: the added value of downscaling. *Geosci. Model Dev.* **7**, 2983-2999, doi:10.5194/gmd-7-2983-2014.

MÜLLER, W. A., BAEHR, J., HAAK, H., JUNGCLAUS, J.H., KRÖGER, J., MATEI, D., NOTZ, D., POHLMANN, H., VON STORCH, J.-S., MAROTZKE, J., 2012: Forecast skill of multi-year seasonal means in the decadal prediction system of the Max Planck Institute for Meteorology. *Geophys. Res. Lett.* **39**, L22707, doi:10.1029/2012GL053326.

PALMER, T. N., DOBLAS-REYES, F.J., WEISHEIMER, A., RODWELL, M.J., 2008: Toward Seamless Prediction: Calibration of Climate Change Projections Using Seasonal Forecasts. *Bull. Amer. Meteor. Soc.* **89**, 459–470.

PROMET/DWD (2008): Die Nordatlantische Oszillation (NAO). *Promet* 34, 3/4.

REYERS, M., PINTO, J. G., MOEMKEN, J., 2015: Statistical–dynamical downscaling for wind energy potentials: evaluation and applications to decadal hindcasts and climate change projections. *Int. J. Climatol.* **35**: 229–244. doi: 10.1002/joc.3975.

SEIN, D.V., MIKOLAJEWICZ, U., GRÖGER, M., FAST, I., CABOS, W., PINTO, J.G., HAGEMANN, S., SEMMLER, T., IZQUIERDO, A., JACOB, D., 2015: Regionally coupled atmosphere-ocean- sea ice-marine biogeochemistry model ROM: 1. Description and validation. *Journal of Advances in Modeling Earth Systems*, doi:10.1002/2014MS000357.

Kontakt

PROF. DR. CHRISTOPH KOTTMEIER
Karlsruher Institut für Technologie (KIT)
Institut für Meteorologie und Klimaforschung
Wolfgang-Gaede-Str. 1
76131 Karlsruhe
christoph.kottmeier@kit.edu

DIPL.-GEOPH. HENDRIK FELDMANN
Institut für Meteorologie und Klimaforschung
Karlsruhe Institute of Technology (KIT)
Hermann-von-Helmholtz-Platz 1
76344 Eggenstein-Leopoldshafen
hendrik.feldmann@kit.edu

B. ROCKEL, J. BRAUCH, O. GUTJAHR, N. AKHTAR, H. T. M. HO-HAGEMANN

8 Gekoppelte Modellsysteme: Atmosphäre und Ozean

Coupled atmosphere-ocean model systems

Zusammenfassung
Regionale gekoppelte Atmosphäre-Ozeansysteme tragen durch ihren wechselseitigen Austausch von Informationen zu einer konsistenten Betrachtung des regionalen Klimasystems bei. Es wird in diesem Kapitel auf die verschiedenen Arten der Kopplung von regionalen Atmosphäre- und Ozeanmodellen eingegangen. Anhand von vier sehr unterschiedlichen regionalen Meeren (Mittelmeer, Nordsee, Ostsee und Arktisches Meer) wird beschrieben, welche speziellen Anforderungen diese Meere an ein gekoppeltes Atmosphäre-Ozean-Modellsystem haben. Dies wird ergänzt durch Beispiele aus der wissenschaftlichen Praxis.

Summary
Regional coupled atmosphere-ocean systems contribute through their mutual exchange of information to a consistent view on the regional climate system. In this chapter different types of coupling of regional atmosphere- and ocean models are described. Based on four rather different maritime seas (Mediterranean, North Sea, Baltic Sea and Arctic Ocean) the specific requirements of these seas to coupled atmosphere-ocean model systems are described. This is complemented by examples taken from scientific practice.

1 Einleitung

Regionale Klimamodelle benötigen an ihren Rändern Informationen über den atmosphärischen Zustand außerhalb des Modellgebietes. Diese Information erhalten sie entweder von globalen Klimamodellen oder Reanalysen. Im Gebietsinneren sollen sich regionale Klimamodelle aber möglichst „frei", das heißt ohne Beeinflussung durch das globale Klimamodell entwickeln. Ausnahme ist hier das sogenannte „spectral nudging" (WALDRON et al. 1996). Hier wird der großräumige Zustand der Atmosphäre im Regionalmodell aufgeprägt. Auch ohne Nudging ist die freie Entwicklung der Regionalmodelle nur eingeschränkt möglich, da die untere Randbedingung über dem Meer (die Meeresoberflächentemperatur) im Inneren des Modellgebietes aus den Ergebnissen des globalen Modells übernommen wird. Bei Modellgebieten, die zum Beispiel Gesamteuropa einschließen, ist etwa ein Drittel der Oberfläche mit Ozean bedeckt. Die Lösung dieses Problems ist die Verwendung eines regionalen Ozeanmodells, das die physikalischen Vorgänge im Ozean parallel zur Rechnung des Atmosphäremodells simuliert. Während der Simulation tauschen beide Modelle gegenseitig Informationen an der Meeresoberfläche aus, was als Zwei-Wege-Kopplung bezeichnet wird.

Atmosphäre und Ozean sind dabei durch Energie- und Wasserflüsse verknüpft. Die Energie der Sonnenstrahlung, welche nach Modifikation in der Atmosphäre die Ozeanoberfläche erreicht, wird dort zum größten Teil absorbiert und trägt dadurch zur Erwärmung der Meeresoberfläche bei. Durch Emission terrestrischer Strahlung gibt der Ozean Wärme an die Atmosphäre ab und erhält Energie durch die terrestrische Gegenstrahlung der Atmosphäre. Durch Niederschlag wird dem Ozean auf direktem und indirektem Wege Süßwasser zugeführt. Der indirekte Weg führt nach dem Niederschlag über Land und dem Transport des Wassers durch Flüsse ins Meer. Durch Verdunstung gibt der Ozean Feuchtigkeit an die Atmosphäre ab.

Eine weitere gegenseitige Beeinflussung von Atmosphäre und Ozean entsteht durch den Wind an der Meeresoberfläche. Der Ozean erhält einen Impulseintrag durch den oberflächigen Windstress, der im Ozean zur Vermischung beiträgt. Die Vermischung durch den Windstress wird in Ozeanmodellen meist parametrisiert. Ozeanwellen können jedoch auch durch ein spezielles Wellenmodell beschrieben werden, welches diese Parametrisierung optimiert oder im Idealfall ersetzt. Der Einfluss des Wellenmodells auf die Atmosphäre durch Änderung der Oberflächenrauhigkeit und damit auf die Turbulenz in der Atmosphäre wird allerdings nur sehr selten berücksichtigt. Zur besseren Darstellung dieses Impulsaustauschs ist es also nötig, ein zusätzliches Wellenmodell zwischen Ozean- und Atmosphäremodell zu koppeln.

In Gegenden, in denen der Ozean gefrieren kann, ist es notwendig ein Meereismodell in das Atmosphäre-Ozean-Modellsystem einzubinden. Das Meereis ändert die Oberflächenalbedo und -rauigkeit, was Auswirkungen auf den Strahlungshaushalt und die turbulenten Flüsse des Atmosphäremodells hat. Neben den thermischen Eigenschaften wird auch die Drift des Eises berücksichtigt. Im Ozean ist das Meereis für die realistische Darstellung der Salzgehaltsverteilung und des Energiehaushalts wichtig.

Eingangs wurde erwähnt, dass die Simulationen mit regionalen Klimamodellen der Atmosphäre fast ausschließlich mit Meeresoberflächentemperaturen durchgeführt werden, die ein globales Modell vorgibt. Obwohl es in Europa bereits vor mehr als zehn Jahren Untersuchungen mit gekoppelten regionalen Atmosphäre-Ozeanmodellen gab (zum Beispiel HAGEDORN et al. 2000), werden diese Modelle erst in den letzten Jahren vermehrt angewendet. Ein wesentlicher Grund hierfür ist der große Rechenzeitbedarf dieser gekoppelten Modelle.

Im Kapitel „Kopplung" wird näher darauf eingegangen, wie die Kopplung zwischen regionalen Atmosphären- und Ozeanmodellen erfolgt. Danach werden anhand von Beispielen für drei verschiedene Ozeanregionen Ergebnisse aus Untersuchungen mit gekoppelten Modellen präsentiert.

Zunächst soll aber kurz auf zentrale Aspekte regionaler Ozeanmodelle eingegangen werden.

2 Regionale Ozeanmodelle

Bei Studien, die mit regionalen Ozeanmodellen arbeiten, braucht der Ozean einen Anfangszustand, das heißt die Temperatur und Salzgehaltsverteilung des Startzeitpunktes muss so realistisch wie möglich vorgeschrieben sein. Daneben sind Randbedingungen notwendig, zum Beispiel laterale Strömungsbedingungen mit Temperatur und Salzgehaltinformation oder laterale Süßwassereinträge durch Flüsse. An der Oberfläche müssen die Wärme-, Süßwasser- und Impulsflüsse zur Atmosphäre bekannt sein. Diese können aus einem Atmosphäremodell, einem Reanalysedatensatz oder direkt gemessenen Variablen kommen. In der Ozeanmodellierung werden die Flüsse nach der Parameterkopplung meist direkt im Ozeanmodell berechnet, wobei unterschiedliche Parametrisierungen genutzt werden.

In der Zwei-Wege-Kopplung werden die verschiedenen Flüsse aus der Atmosphäre nach dem unten beschriebenen Flusskopplungsverfahren an den Ozean übergeben. Im Gegenzug wird dem Atmosphäremodell eine Oberflächentemperatur zur Verfügung gestellt. Wird Meereis simuliert, besteht diese Temperatur aus einer Kombination aus Meeresoberflächentemperatur und Meereisoberflächentemperatur, gewichtet mit dem Meereisbedeckungsgrad. Die Meereisbedeckung verändert auch die Albedo, welche in Atmosphärenmodellen bei der Berechnung der Strahlung und der turbulenten Flüsse eine Rolle spielt. Ein weiterer Parameter, der regionalen Ozeanmodellen übergeben werden kann, ist der Luftdruck an der Meeresoberfläche (SLP) oder die Meeresoberflächenhöhe (SSH). Dadurch kann ein bestimmter mittlerer Transport durch Passagen, wie zum Beispiel die Straße von Gibraltar oder der Skagerak gewährleistet werden.

Das Atmosphäremodell umfasst meist ein weit größeres Gebiet (zum Beispiel ganz Europa von Afrika bis Grönland) als das Ozeanmodell und schließt damit auch andere Meere ein. Für diese wird die Meeres- beziehungsweise Meereisoberflächentemperatur zum Beispiel globalen Reanalysen oder Satellitendaten entnommen oder aus globalen Ozeanmodellen vorgeschrieben, ganz so wie bei einem ungekoppelten Atmosphäremodell.

Eis auf der Meeresoberfläche wird mittels eines Meereismodells berücksichtigt. In einige Ozeanmodelle ist solch ein Modell schon integriert. Für andere Ozeanmodelle wird ein separates Meereismodell genutzt, wobei ähnlich der Kommunikation zwischen Atmosphäre und Ozean meistens ein Koppler eingesetzt wird. Meereismodelle müssen neben den physikalischen Prozessen der Eisbildung und -schmelze eine Reihe von zusätzlichen Prozessen berücksichtigen, wie zum Beispiel Schnee und Wasserpfützen auf dem Eis, Polynyas (offene Wasserstellen im Eis) und das Brechen und Verdriften von Eis. Die Initialisierung von Eismodellen erfolgt meist anhand von Satellitendaten.

3 Kopplung

3.1 Realisierung der Kopplung

Bei der einfachsten Kopplungsmethode werden einer einzelnen Modellkomponente die Variablen aus einer zuvor berechneten anderen Komponente zur Verfügung gestellt. Dieser Vorgang wird „offline" Kopplung genannt. Empfängt eine Modellkomponente während einer Simulation Variablen einer anderen gleichzeitig simulierten Komponente, wird von einer Ein-Wege-Kopplung gesprochen. Bei der Zwei-Wege-Kopplung senden und empfangen die Modellkomponenten unterschiedliche Variablen zu bestimmten Kopplungszeiten.

Werden Atmosphären- und Ozeanmodell im Sinne einer Zwei-Wege Kopplung verbunden, gibt es technisch gesehen zwei Wege, um dieses zu realisieren. Als erstes gibt es die direkte Kopplung. Dabei sind die beiden Modelle, die gekoppelt werden sollen, meistens auf dem gleichen Modellgitter. Dann tauschen die beiden Modelle durch direkte Aufrufe im Hauptprogramm (subroutine calls) ihre Variablen aus. Es gibt nur ein auszuführendes Programm, in welchem beide Modelle direkt integriert sind. Das hat einerseits den Nachteil, dass die Veränderung, zum Beispiel Verfeinerung, des Modellgitters eines Modells erschwert ist. Andererseits ist es auch sehr aufwändig, neuere, verbesserte Versionen eines dieser Modelle zu benutzen, weil dann das ganze Programm angepasst werden muss. Von Vorteil ist jedoch, dass diese Modelle einfacher auf die Computerarchitektur zu optimieren sind, weil das Programm und die Steuerung der Prozessoren im Allgemeinen gut bekannt sind.

Eine andere Methode ist die Benutzung eines externen Kopplungsprogramms. Hier übernimmt das Kopplungsprogramm die Interpolation von einem Modellgitter auf das andere (räumlich) und auch die zeitliche Interpolation, falls die Modelle mit unterschiedlichen Zeitschritten arbeiten. Als Beispiel für externe Kopplungsprogramme seien hier einige erwähnt, wie zum Beispiel der MESSy Koppler (JÖCKEL et al. 2005), das Erdsystemmodellierungsnetzwerk (ESMF, HILL et al. 2004), YAC (yet another coupler, HANKE et al. 2016), OpenPalm (PIACENTINI et al. 2011) und OASIS-MCT (VALCKE 2013). Bei der letztgenannten Kopplungsmethode muss in den Modellen jeweils eine Schnittstelle zum Kopplungsprogramm programmiert werden. Das kann aufwändiger sein als die direkte Kopplung, ist jedoch für mögliche Änderungen in den Modellen flexibler. Auch können die Interpolationsmethode der Gitter oder die Bedingungen des Variablenaustauschs einfach gewechselt werden, oder das gekoppelte System parallel oder seriell berechnet werden.

3.2 Fluss- oder Parameterkopplung

An der Meeresoberfläche tauschen Atmosphäre und Ozean neben Windstress, Wärme (durch Strahlungsflüsse und turbulente Ströme) und Süßwasser (durch Niederschlag und Verdunstung) aus. In gekoppelten Atmosphäre-Ozean-Modellen erhält das Atmosphärenmodell normalerweise Informationen über die Meeresoberflächentemperatur von dem Ozeanmodell, während es ebenfalls Informationen an das Ozeanmodell übergibt. Diese Informationen umfassen zum Beispiel den Luftdruck an der Meeresoberfläche, die oberflächennahe Lufttemperatur, die Luftfeuchtigkeit, den Wind, den Wolkenbedeckungsgrad, den Niederschlag, die eingehende Strahlung an der Oberfläche und die fühlbaren und latenten Wärmeflüsse. Anstatt fühlbare und latente Wärmeflüsse direkt vom Atmosphärenmodell zu übernehmen, können diese auch im Ozeanmodell mit einfachen empirischen Formeln berechnet werden und in die oberflächennahe Temperatur, Luftfeuchtigkeit und Windgeschwindigkeit des Atmosphärenmodells eingehen. Wenn die Wärmeflüsse im Ozeanmodell berechnet werden, spricht man von einer Parameterkopplung. Wenn die Flüsse direkt aus dem Atmosphärenmodell übernommen werden, wird das Verfahren Flusskopplung genannt. Grundsätzlich kann der kurz- und langwellige Strahlungshaushalt an der Meeresoberfläche im Ozeanmodell basierend auf den vom Atmosphärenmodell gegebenen Größen (Wolkenbedeckungsgrad und relative Luftfeuchtigkeit) empirisch berechnet werden, so wie es bei einem nicht gekoppelten Ozeanmodell der Fall ist. In einem gekoppelten System werden meistens die in der Atmosphäre berechneten Strahlungsflüsse im Ozeanmodell genutzt. Eine Ausnahme bildet die von der Meeresoberfläche emittierte langwellige Strahlung, die mittels der im Ozeanmodell berechneten Meeresoberflächentemperatur bestimmt wird.

Die Auswirkungen von Fluss- oder Parameterkopplung variieren zwischen den gekoppelten Systemen. Die Auswirkungen können sich außerdem von Jahreszeit zu Jahreszeit und von Region zu Region unterscheiden. Daher ist es nicht eindeutig möglich, eine beste Kopplungsmethode für alle gekoppelten Systemmodelle zu bestimmen. Es müssen dazu jeweils Tests durchgeführt werden, um zu bestimmen, welches Kopplungsverfahren für den speziellen Fall am besten geeignet ist.

4 Gekoppelte Atmosphäre-Ozean-Modelle

Es gibt mittlerweile eine große Anzahl von gekoppelten regionalen Atmosphäre-Ozean-Modellsystemen für Klimasimulationen. In der Tabelle 8-1 sind exemplarisch einige an europäischen Institutionen angewendete aufgelistet. Diese Aufstellung erhebt keinen Anspruch auf Vollständigkeit.

4.1 Mittelmeer

Die Mittelmeerregion zeichnet sich durch ein fast vollständig umschlossenes Meeresgebiet aus, das von dichtbesiedelten Küstenlinien und naheliegenden Bergen umgeben ist, in denen viele Flüsse entspringen. Dadurch kommt es zu vielen Austauschprozessen zwischen Atmosphäre, Hydrosphäre und Ozean.

Charakteristisch für das Mittelmeerklima sind milde, feuchte Winter und heiße, trockene Sommer. Damit einhergehend sind starke Kontraste im Jahresgang von Niederschlag und Temperatur. So kann es zu späten Wintereinbrüchen mit Schneefall kommen, andererseits sind Hitzeperioden im Sommer von über 40 °C und lange Dürren keine Seltenheit. Der Regen im Winter kann sintflutartige Ausmaße annehmen, was Überschwemmungen und verstärkte Erosion zur Folge haben kann. Doch nicht nur die Kontraste im Jahresgang sind groß, auch die Schwankungen von Jahr zu Jahr sind erheblich. Das Aufeinanderfolgen mehrerer nasser oder trockener Jahre kann katastrophal für die Landwirtschaft sein.

Durch die starke Variabilität verbunden mit der dichten Besiedlung ist der Mittelmeerraum sehr verwundbar für Klimaveränderungen.

Als Quelle von Wärme und Feuchtigkeit hat das Mittelmeer Auswirkungen auf das regionale Küstenklima, aber auch

Tab. 8-1: Beispiele für gekoppelte regionale Klima-Atmosphäre-Ozean-Modellsysteme in Europa.

Gekoppeltes System Atmosphäre/Ozean	Institut	Regionalmeer
PROTHEUS	ENEA	Mittelmeer
REMO / MPI-OM	MPI-M	Mittelmeer, Nord- und Ostsee, Arktis, Afrika
RCSM	CNRM	Mittelmeer
LMDZ / NEMO-MED	LMD	Mittelmeer
EBU / POM	Univ. Belgrad	Mittelmeer
MORCEMED (WRF / NEMO-MED)	IPSL	Mittelmeer
PROMES / MOSLEF	UCLM/UPM	Mittelmeer
LMDZ / ROMS-MED	INSTM	Mittelmeer
COSMO-CLM / NEMO-MED	GUF / DWD / CMCC	Mittelmeer
REMO / MITgcm	UAH	Mittelmeer
WRF / ROMS	IC3	Mittelmeer
COSMO-CLM / NEMO-Nordic	GUF / DWD / HZG	Nord- und Ostsee
RCA / NEMO-Nordic	SMHI	Nord- und Ostsee
COSTRICE	HZG	Nord- und Ostsee
REMO / HAMSOM	IfM Hamburg	Nord- und Ostsee
HIRHAM / NAOSIM	AWI Potsdam	Arktis
RCA/RCO	SMHI	Arktis

auf Zentraleuropa (MÄNDLA et al. 2015). Durch den Eintrag von salzreichem Wasser in tiefere Schichten des Nordatlantiks trägt das Mittelmeer zur globalen thermohalinen Zirkulation bei (TREGUIER et al. 2012).

In einer Veröffentlichung von GIORGI (2006) wurden zukünftige globale Veränderungen des Niederschlags und der Temperatur mit Hilfe von Klimamodellprojektionen untersucht. Hierbei wurden das Mittelmeer und Nordosteuropa als „Hot-Spots" eingestuft, das heißt Regionen, die besonders sensitiv auf Klimaänderungen reagieren. Die Klimaprojektionen für den Mittelmeerraum sagen eine Abnahme des Niederschlags während der Trockenzeit im Sommer voraus. Deshalb ist es von großer Bedeutung das Zusammenspiel zwischen großräumiger Klimaveränderung und dem Mittelmeersystem auf kurzen und längeren Zeitskalen besser zu verstehen. Dabei spielen sowohl die komplexen Vorgänge zwischen Ozean und Atmosphäre, als auch die lokalen topographischen Besonderheiten wie enge Meeresstraßen (zum Beispiel Gibraltar und Bosporus) oder küstennahe Gebirge eine große Rolle.

Das Mittelmeer ist eines der Gebiete weltweit, in denen Zyklonen generiert werden (WERNLI und SCHWIERZ 2006).

Ein Zyklonentyp mit Ähnlichkeiten zu tropischen Zyklonen, der im Mittelmeer häufiger vorkommt, wird „Medicane" genannt (aus den Wörtern "mediterranean" und "hurricane" abgeleitet). Diese Medicanes haben einen Durchmesser von weniger als 300 km und zählen somit zu den mittleren Zyklonen. Das Innere des Medicanes ist wolkenlos, die Temperaturen sind höher als in der Umgebung, und der Meeresoberflächenluftdruck ist sehr niedrig. Im Außenbereich der Medicanes treten starke zyklonale Winde und starke Niederschläge auf (BUSINGER und REED 1989).

Im Allgemeinen ist die Intensität der Medicanes schwächer als die ihrer tropischen Verwandten (MOSCATELLO et al. 2008), in Einzelfällen wurden jedoch Windgeschwindigkeiten von 33 m/s erreicht.

Ungewöhnlich kalte Luft in der oberen Troposphäre, verbunden mit starken Wärmeflüssen zwischen Ozean und Atmosphäre sind Auslösefaktoren für Medicanes (CAVICCHIA et al. 2014). Zusätzlich muss die Wasseroberflächentemperatur (SST) höher als 15°C sein (TOUS und ROMERO 2012).

Als Mittel der Untersuchung von Medicanes eignen sich besonders gekoppelte regionale Ozean-Atmosphäremodelle, die sich während der Simulation gegenseitig beeinflussen und somit Austauschprozesse und mögliche Rückkopplungsschleifen darstellen können.

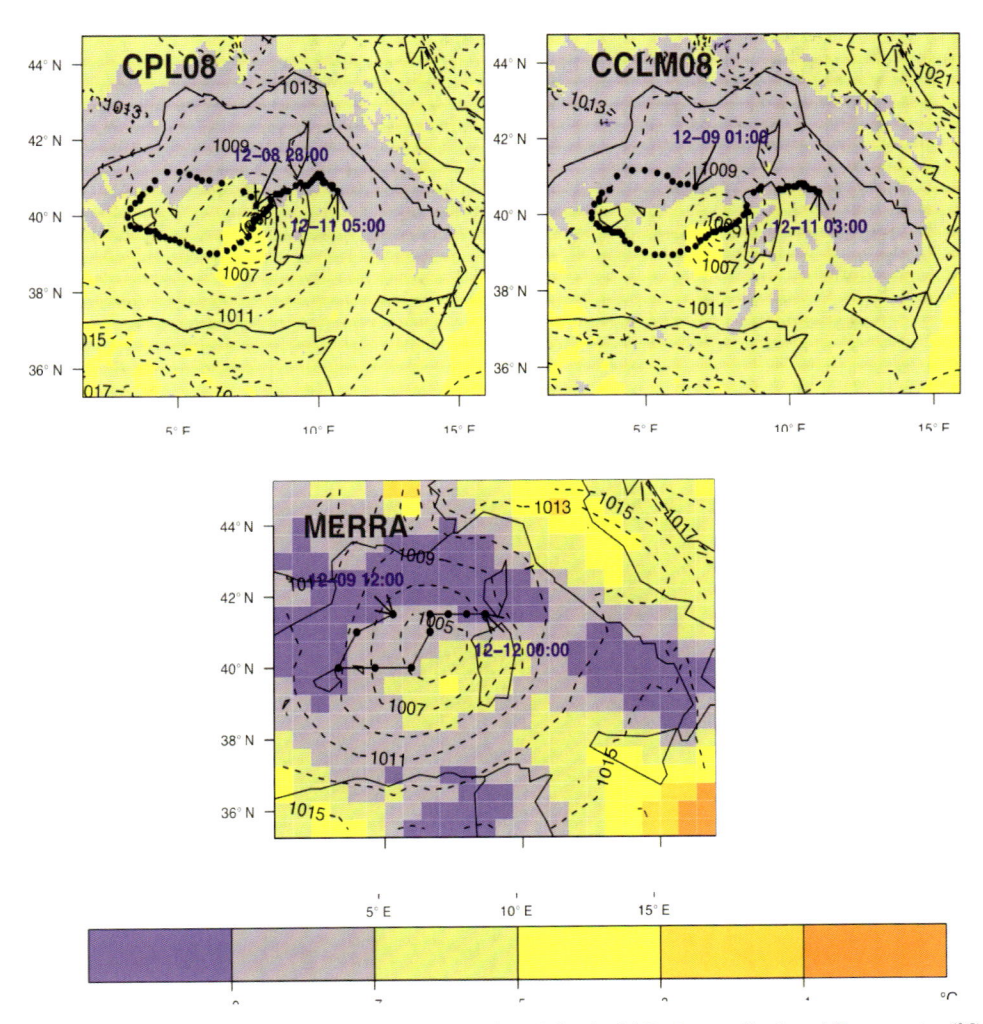

Abb. 8-1: Oben: Mittlerer Meeresoberflächenluftdruck (hPa; gestrichelte Linien in 2 hPa Intervallen) und Temperatur (°C; Farbkonturen) in 700 hPa in der gekoppelten (links) und ungekoppelten Atmosphäresimulation (rechts) mit 0,08° Gitterabstand; unten: MERRA-Reanalyse am 10.12.1996 um 18 UTC. Die schwarzen Punkte kennzeichnen den Verlauf des Medicanes.

Beispiel: Medicanes

In einer Studie von AKHTAR et al. (2014) wurde das regionale Klimamodell COSMO-CLM mit einem eindimensionalen Ozeanmodell des Mittelmeers (1-D NEMO-MED12) mit dem Koppler OASIS3-MCT gekoppelt, um die Robustheit von Medicanes in numerischen Modellen zu untersuchen. Dabei übermittelt das Atmosphäremodell alle drei Stunden Wärme, Süßwasser und Impulsflüsse an das Ozeanmodell, welches im Gegenzug die Oberflächentemperatur zurückmeldet.

Der Gitterabstand des Atmosphäremodells wurde variiert (0,44; 0,22 und 0,08°, dies entspricht etwa 50, 25 und 9 km). Beispielhaft ist in Abb. 8-1 gezeigt, wie mit einem sehr feinen Gitterabstand ein spezieller Medicane im gekoppelten (CPL) und ungekoppelten Modell (CCLM) simuliert wurde. Satellitenbeobachtungen zufolge entwickelte sich der Medicane am Mittag des 8. Dezember 1996 im westlichen Mittelmeer und war für 48 Stunden verfolgbar. In CPL08 wurde dieser Medicane für 54 Stunden simuliert, in CCLM08 für 50 Stunden und in der MERRA-Reanalyse war er 60 Stunden erkennbar. Obwohl die beiden Simulationen den gleichen niedrigen Meeresoberflächenluftdruck aufzeigen, bleibt der Medicane in der gekoppelten Simulation länger erhalten.

In Abb. 8-2 sind die zugehörigen Windgeschwindigkeiten dargestellt. In der gekoppelten hochaufgelösten Simulation (CPL08) werden höhere Windgeschwindigkeiten als in der ungekoppelten Simulation (CCLM08) erreicht, was besser mit aus Satellitendaten abgeleiteten Werten übereinstimmt. In allen Simulationen mit größerem Gitterabstand (0,44° und 0,22°), wird die Intensität des Medicanes stark unterschätzt (AKHTAR et al. 2014).

Die Ergebnisse zeigen, dass zur Simulation von Medicanes kleinere Gitterabstände als 10 km benötigt werden. Zudem verbessert die Kopplung mit einem eindimensionalen Ozeanmodell den Verlauf, die Windgeschwindigkeiten und die Temperatur im Inneren von Medicanes.

4.2 Nord- und Ostsee

Die Nord- und Ostseeregion liegt im Einflussbereich der nordhemisphärischen Westwindzone und ist im Westen

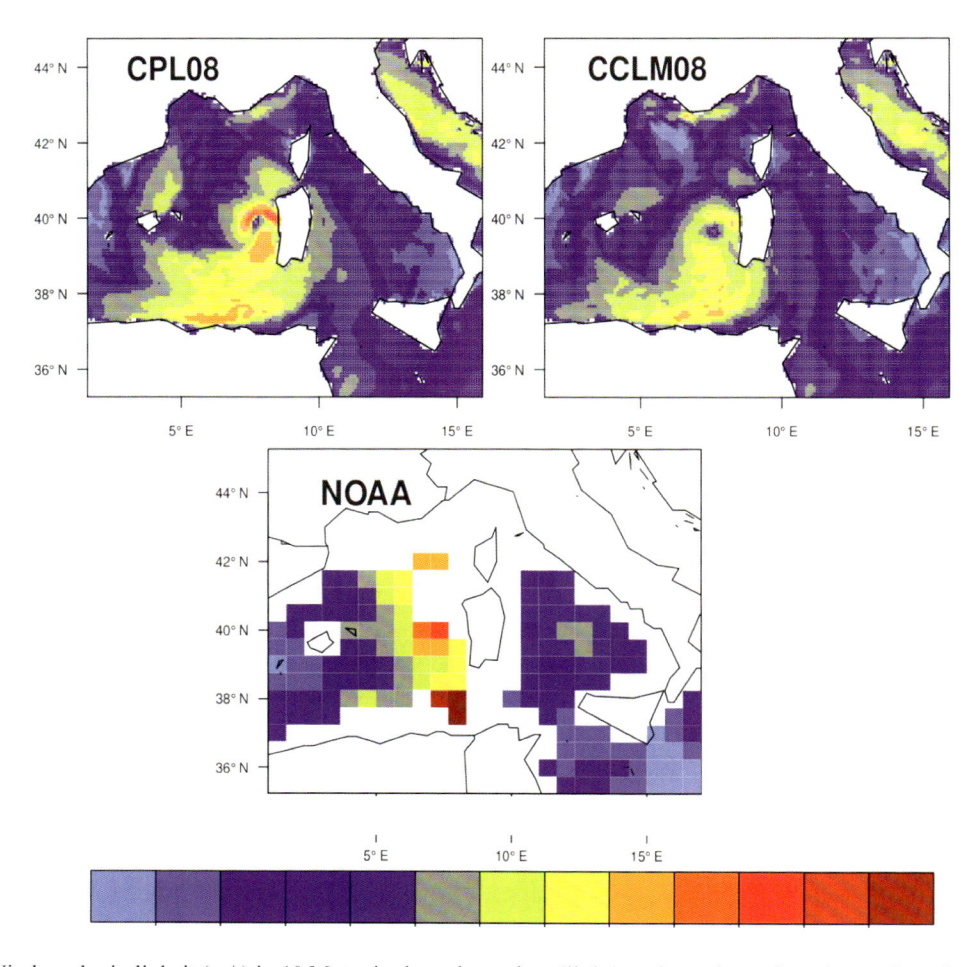

Abb. 8-2: Oben: Windgeschwindigkeit (m/s) in 10 Meter in der gekoppelten (links) und ungekoppelten Atmosphäresimulation (rechts) mit 0,08° Gitterabstand; unten: NOAA „Blended Sea Winds" (Windgeschwindigkeiten zusammengestellt aus Messungen von mehreren Satelliten) am 10.12.1996 um 18 UTC, ebenfalls in m/s.

durch maritimes Klima gekennzeichnet. Östlich von Dänemark wird das Klima kontinentaler. Für ein Atmosphäremodell macht seine Anwendung über Nord- oder Ostsee konzeptionell keinen wesentlichen Unterschied. Ganz anders stellt sich dies für ein regionales Ozeanmodell dar, da Nord- und Ostsee sehr unterschiedliche Meere sind. Die Nordsee ist ein stark von der Tide beeinflusstes Randmeer des Nordatlantiks, ein sogenanntes Schelfmeer. Durch ihre relativ geringe Tiefe und den Gezeiteneinfluss ist die Nordsee meist gut durchmischt. Über die norwegischen Fjorde, die Flüsse und die Ostsee wird Süßwasser in die Nordsee eingetragen, so dass der Salzgehalt der Nordsee etwas geringer ist als im Nordatlantik, aber noch immer über 35 ‰. Der hohe Salzgehalt, die gute Vermischung und der Einfluss des Golfstroms verhindern die Eisbildung auf der Nordsee. Die Ostsee hingegen ist ein Binnenmeer. Der Wasseraustausch mit der Nordsee erfolgt über den Skagerrak. Hierbei strömt Süßwasser an der Oberfläche aus der Ostsee und weiter nach Norden an der Küste Norwegens entlang. In der Tiefe gelangt Salzwasser aus der Nordsee in die Ostsee, allerdings nur unter bestimmten Bedingungen. Im Mittel ist der Salzgehalt der Ostsee unter 20 ‰. Ganz im Osten ist die Ostsee ein Brackwassermeer mit sehr geringem Salzgehalt. Durch diese Umstände ist der vertikale Austausch in der Ostsee gering. Da die Ostsee im Winter in Teilen zufriert, ist die Verwendung eines Eismodells in der Modellierung unerlässlich. Eine Tide ist auch in der Ostsee vorhanden, allerdings ist diese im Vergleich zur Nordsee vernachlässigbar.

Beispiel: Das Hochwasser in Mitteleuropa vom August 2002

Das gekoppelte System COSTRICE wurde am Helmholtz-Zentrum Geesthacht, Deutschland entwickelt (HAGEMANN et al. 2004, HO-HAGEMANN et al. 2013), um das regionale Klima für die Nordsee- und Ostseebereiche zu simulieren. COSTRICE besteht aus drei Komponenten, dem Atmosphäremodell COSMO-CLM (CCLM), dem Ozeanmodell TRIMNP (CASULLI und CATTANI 1994) und dem Meereismodell CICE Version 5.0 (HUNKE et al. 2015). Diese drei Komponenten werden über den Koppler OASIS3-MCT gekoppelt.

Mittels Zwei-Wege-Kopplung wird zwischen Atmosphäre und Ozean ein stündlicher Informationsaustausch durchgeführt. Hierbei werden die verschiedenen Flüsse aus der Atmosphäre nach dem oben beschriebenen Flusskopplungsverfahren an den Ozean übergeben. Im Gegenzug wird dem Atmosphäremodell eine Oberflächentempera-

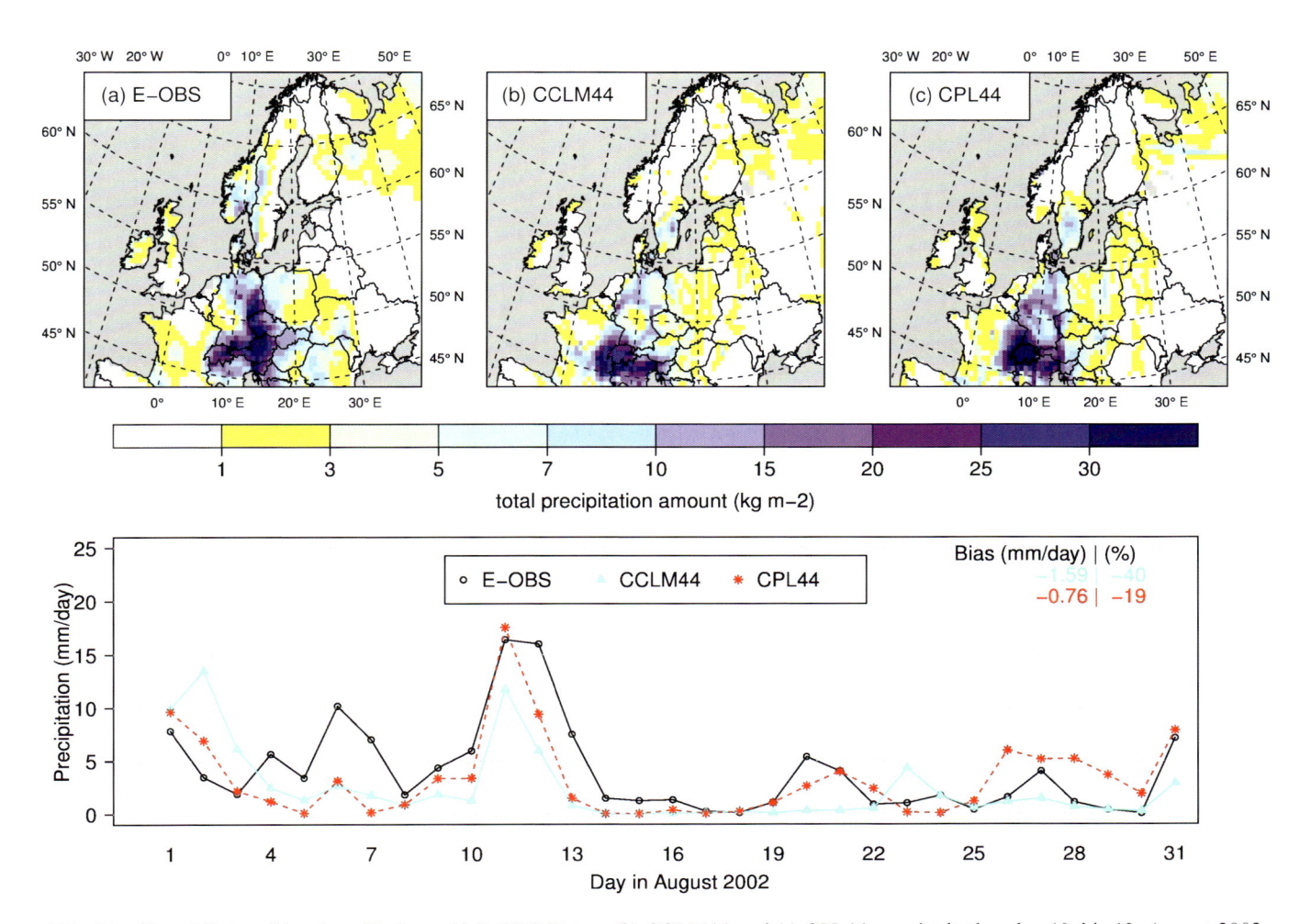

Abb. 8-3: Oben: Niederschlag (mm/Tag) aus (a) E-OBS-Daten, (b) CCLM44 und (c) CPL44, gemittelt über den 10. bis 12. August 2002. Unten: Niederschlag (mm/Tag), gemittelt über Zentraleuropa für August 2002, E-OBS-Daten (schwarze durchgezogene Linie und Kreise), CCLM44 (hellblaue durchgezogene Linie und Dreiecke) und CPL44 (rot gepunktete Linie und Sterne).

tur zur Verfügung gestellt, die eine Kombination aus der Meeresoberflächentemperatur aus dem Ozeanmodell und der Meereisoberflächentemperatur aus dem Meereismodell ist, gewichtet mit dem Meereisbedeckungsgrad. Im Winter wird eine Gitterbox des Meereismodells in einen eisbedeckten und einen eisfreien Teil unterteilt. Das Wasser gefriert, wenn die Oberflächentemperatur unter einen bestimmten Schwellenwert sinkt. Dieser Schwellenwert ist abhängig vom Salzgehalt. Er beträgt in der Nordsee etwa -1,7 °C, während er in der Ostsee bei Temperaturen über -1 °C liegt.

Um die Auswirkungen eines gekoppelten Atmosphäre-Ozean-Eis-Modells auf Klimasimulationen zu untersuchen, werden Berechnungen eines gekoppelten Modellsystems (CPL44) mit dem eines ungekoppelten (CCLM44) für den Zeitraum 1979 bis 2009 verglichen. Die Auflösung des CCLM ist 0,44° (50 km). Als Beispiel sehen wir uns hier Ergebnisse des Niederschlages im Vergleich zu Beobachtungsdaten (E-OBS, HAYLOCK et al. 2008) für ein Extremereignis im August 2002 an. Eine Vb-Wetterlage führte in diesem Monat in Mitteleuropa zu Starkniederschlägen (FRITZSCHNER 2002), die wiederum schwere Überflutungen in den Einzugsgebieten von Donau und Elbe nach sich zogen.

Im oberen Teil der Abb. 8-3 ist die gemittelte Niederschlagsmenge für den Zeitraum 10. bis 12. August 2002 (dem Höhepunkt des Extremereignisses) aus Beobachtungsdaten und Modellsimulationen dargestellt. Der untere Teil zeigt die Zeitreihe der täglichen Niederschlagsmenge für August 2002 als Mittel über Land für Mitteleuropa. Allgemein simulieren beide Modellrechnungen weniger Niederschlag in den Einzugsgebieten von Donau und Elbe als die Beobachtungsdaten (Abb. 8-3a) aufweisen, da das Gebiet mit dem stärksten Niederschlag nach Westen verschoben ist. Im Vergleich zeigt das Experiment CPL44 (Abb. 8-3c) eine geringere Abweichung von den Beobachtungen als CCLM44 (Abb. 8-3b). Diese Verbesserung wird noch deutlicher im Vergleich der Zeitreihen der täglichen Niederschlagsmenge. Das Maximum der starken Regenfälle am 11. August 2002 wird von CPL44 gut reproduziert, obwohl der Niederschlag im Vergleich zu den Beobachtungen generell unterschätzt wird. Die mittlere Abweichung von CPL44 (-19 %) für den ganzen Monat zeigt eine Verbesserung im Vergleich zu der Unterschätzung von 40 % von CCLM44. Dies ist jedoch nur ein Beispiel für ein besseres Verhalten des gekoppelten Systems. Für eine solide Abschätzung des Einflusses der Kopplung wird in Zukunft noch eine größere Anzahl von Extremereignissen untersucht werden.

4.3 Arktis

Die Polarregionen sind Schlüsselregionen für das Klima der Erde, da hier eine projizierte Temperaturzunahme schneller vonstattengeht als in allen anderen Gebieten der Erde. Dies wird in der Literatur Polare Verstärkung oder „Arctic Amplification" genannt und resultiert aus der Eis-Albedo-Rückkopplung (BINDOFF et al. 2015). Dadurch reagieren die Polarregion besonders sensitiv auf klimatische Veränderungen. Das Climate Model Intercomparison Project in der fünften Phase (CMIP5), das als Grundlage für den vierten IPCC-Bericht diente, zeigt einen beschleunigten Klimawandel und projiziert eine mögliche eisfreie Arktis in der zweiten Hälfte des 21. Jahrhunderts (KOENIGK et al. 2015). Ein Rückgang der Meereisausdehnung und des -volumens wurde bereits beobachtet, mit Rekordminima in den Jahren 2007 und 2012 (DEVASTHALE et al. 2013). Dieser Rückgang der Eisausdehnung und des Eisvolumens hat sich in den letzten vier Dekaden drastisch beschleunigt und ist mit hoher Wahrscheinlichkeit anthropogen verursacht (VAUGHAN et al. 2013).

Aufgrund der komplexen Prozesse und Interaktionen zwischen Ozean, Meereis und Atmosphäre sind die Polarregionen eine große Herausforderung für die Klimamodellierung. Die immer noch geringe Verfügbarkeit von Beobachtungsdaten erschwert die Entwicklung und Anwendung von Klimamodellen in den Polarregionen im Vergleich zu anderen Regionen. Die Qualität und das Vorhandensein von Messdaten beeinflusst jedoch maßgeblich die Güte der Modellergebnisse. In ungekoppelten atmosphärischen regionalen Klimamodellen (RCMs) werden zum Beispiel Satellitendaten dazu verwendet die Ausdehnung des Meereises vorzugeben. Bei RCMs, die an ein Meereis-Ozean-Modell gekoppelt sind, dienen sie vor allem der Validierung.

Abweichungen im Druckfeld und damit verbundenen Abweichungen im oberflächennahen Windfeld des RCMs führen zu Fehlern in der Meereisdrift (BERG et al. 2013) in Ozeanmodellen. Die Technik des „spectral nudgings" (WALDRON et al. 1996), das heißt der Angleichung der großskaligen atmosphärischen Zirkulation im Modellinnern an den Modellantrieb, nimmt deshalb einen besonderen Stellenwert bei RCMs in Polargebieten ein (BERG et al. 2013), vor allem wenn der Antrieb durch Reanalysen erfolgt.

Beispiel: Simulation der Meereisbedeckung

Die deutlichste Auswirkung des Klimawandels in der Arktis ist der Rückgang der Meereisbedeckung und der -dicke seit 1979 (SERREZE et al. 2007). Der Grund für den Rückgang wird in einer Kombination von starken natürlichen Schwankungen im System Atmosphäre-Eis-Ozean und einem verstärken Strahlungsantrieb aufgrund von erhöhten Treibhausgasen in der Atmosphäre gesehen (SERREZE et al. 2007). Der Rückgang der Eisbedeckung selbst wird durch eine Kombination aus thermodynamischen (Lufttemperatur, Strahlung, ozeanischer Wärmetransport) und dynamischen (Winde, Ozeanströmung, Eisdrift) Rückkopplungsprozessen gesteuert (DORN et al. 2012). Ein solcher Prozess stellt die Eis-Albedo Rückkopplung dar. Aufgrund der hohen Albedo von Schnee und Eis, wird nur eine geringe Menge der einfallenden Strahlung absorbiert. Durch Abschmelzen des Meereises freiwerdende Ozeanflächen absorbieren hingegen deutlich mehr einfallende Strahlung, wodurch das Abschmelzen des Meereises in einem sich positiv verstärkenden Prozess beschleunigt wird. Diese komplexen Prozesse in gekoppelten Atmosphäre-Eis-Ozean-Modellen zu reproduzieren gestaltet sich schwierig. Die Modelle weichen vor allem bei der Simulation der sommerlichen Minima und des negativen Trends in der Eisbedeckung von den Beobachtungen ab (HOLLAND et al. 2010), da sie die Eisausdehnung überschätzen und somit der Trend wesentlich schwächer als der beobachtete ist.

Ein grundlegendes Problem den Rückgang des Meereises in der Arktis mit gekoppelten Modellen zu simulieren besteht darin, dass so genannte „Stand-alone"-Modelle für die Subsysteme Ozean, Atmosphäre und Meereis zusammengeschaltet werden Dabei kann es sein, dass diverse Rückkopplungseffekte, wie zum Beispiel das Eis-Albedo-Feedback, zwischen den Modellkomponenten aufgrund der Kopplungstechnik vernachlässigt oder unzureichend berücksichtigt werden (DORN et al. 2012), die aber entscheidend sind, da das Meereis sehr sensitiv auf Änderungen im atmosphärischen und ozeanischen Antrieb reagiert (HUNKE 2010). Ein zweiter Grund ist die zufällige, interne Variabilität, die durch die Modellinitialisierung der Ozean- und Meereiszustände entsteht (DÖSCHER et al. 2010). Somit

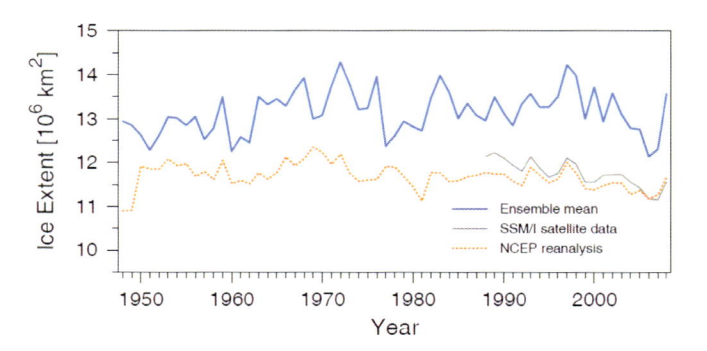

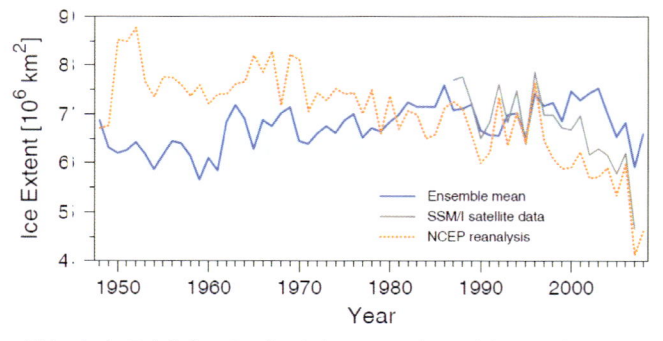

Abb. 8-4: Zeitlicher Verlauf der Meereisausdehnung im März (obere Abbildung) und September (untere Abbildung) von 1948 bis 2008 für den Ensemble-Mittelwert von 7 Simulationen des gekoppelten Models HIRAM und NAOSIM. Die blaue Schattierung markiert 2 Standardabweichungen des Ensembles. Quelle: DORN et al. 2012.

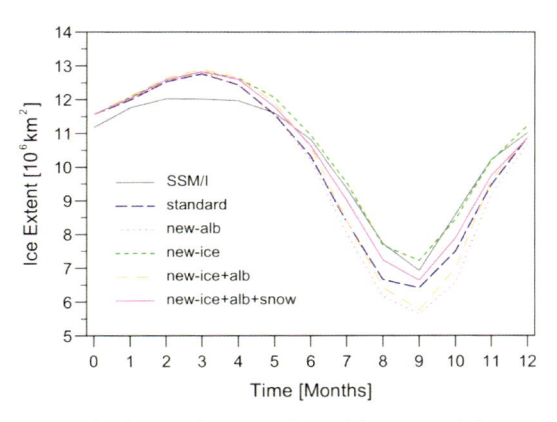

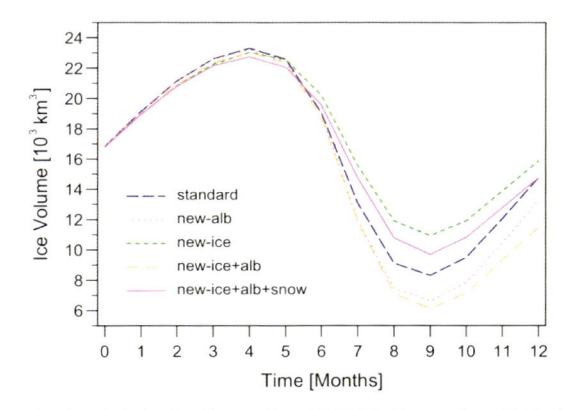

Abb. 8-5: Monatsmittelwerte der Meereisausdehnung und des -volumens in der Arktis für Dezember 1997 bis Dezember 1998 des gekoppelten Modells HIRHAM und NAOSIM im Rahmen einer Sensitivitätsstudie mit unterschiedlichen Parametrisierungen für Eiswachstum (new-ice), Albedo von Meereis (new-alb), Schneebedeckung (snow) und Kombinationen. Quelle: DORN et al. 2009.

kann die Reaktion des arktischen Meereises zwischen den Modellen stark voneinander abweichen (DORN et al. 2012).

DORN et al. (2012) untersuchten mit Hilfe eines Ensembles die Einschränkung eines gekoppelten Regionalmodells (HIRHAM und NAOSIM, Antrieb durch NCEP/NCAR-Reanalysen) auf den Rückgang des Arktischen Meereises. Dabei verwendeten sie unterschiedliche Initialfelder für den Ozean und das Meereis (insgesamt 7 Simulationen). Abb. 8-4 zeigt den zeitlichen Verlauf der Meereisbedeckung (ice extent) von 1948 bis 2008 im März (Winterbedingungen) und September (Sommerbedingungen). Im Winter simulieren alle Modelle systematisch eine zu hohe Eisausdehnung aufgrund einer Überschätzung der Meereisbedeckung in der Labradorsee. Außerdem ist die interanuelle Variabilität deutlich höher als beobachtet und wird durch eine zu variable Position der Eiskante aufgrund der großskaligen Zirkulation in NCEP erklärt. Im Sommer zeigen die Modelle, im Gegensatz zu den Beobachtungen (SSM/I-Satellitendaten), keinen negativen Trend in der Meereisausdehnung.

Eine weitere Studie (DORN et al. 2009) zeigt, dass das sommerliche arktische Meereis sehr sensitiv auf die Parametrisierung der Schneebedeckung und Eisalbedo reagiert, sowie auf die Parametrisierung des Eiswachstums. In ihrer Sensitivitätsstudie haben DORN et al. (2009) diverse Parametrisierungen für das gekoppelte Modell HIRHAM und NAOSIM getestet. Abb. 8-5 zeigt den zeitlichen Verlauf der Meereisausdehnung und des Meereisvolumens für Dezember 1997 bis Dezember 1998. Das Ergebnis ist, dass die unterschiedlichen Parametrisierungen im Winter kaum Einfluss auf das Meereis haben, im Sommer aber vor allem die Schneebedeckung und Eisalbedo die Meereisbedeckung und das -volumen beeinflussen. Die Schneebedeckung beeinflusst dabei maßgeblich den Beginn der Schmelzperiode und beschleunigt, in Rückkopplung mit einem veränderten Eisalbedo-Schema, den sommerlichen Eisrückgang.

Somit zeigen DORN et al. (2009), dass die Simulation des sommerlichen Eisrückgangs beträchtlich verbessert werden kann, sofern realistischere Parametrisierungen für die Interaktionen zwischen Atmosphäre, Eis und Ozean benutzt werden.

5 Ausblick

Wie am Beispiel der Medicanes zu sehen ist, gibt es regionale Phänomene, die mit einem gekoppelten Atmosphäre-Ozeanmodell deutlich besser simuliert werden können. Die Studie zur Meereisbedeckung hat gezeigt, dass in einzelnen Aspekten der Klimamodellierung noch großer Forschungsbedarf besteht. Regionale, gekoppelte Atmosphäre-Ozean-Eis-Systeme sind in der Lage, lokale Prozesse wie zum Beispiel die Meereisdynamik genauer zu untersuchen. Dies ist einerseits zum Verständnis der lokalen Prozesse unabdingbar, kann aber auch in der Folge eine Verbesserung der globalen Klimamodelle bewirken. Gekoppelte Modellsysteme können einen positiven Einfluss auf die Simulation von Extremereignissen (zum Beispiel Hochwasser in Flüssen) haben.

Deshalb wird in den kommenden Jahren die Anwendung von gekoppelten regionalen Atmosphäre-Ozean-Modellen zunehmen. Dadurch wird einerseits das Verständnis der lokalen Prozesse verbessert werden, andererseits können auch Simulationen des zukünftigen Klimas mit diesen gekoppelten Modellen durchgeführt werden. Ideal wäre eine Kombination von regionalen, hochaufgelösten gekoppelten Modellen und den Globalmodellen, wie zum Beispiel ICON (Rieger et al. 2016) und MPAS (Heinzeller et al. 2016). Dieser Schritt ist notwendig, wenn kleinskalige Prozesse die Globaldynamik verändern. Regionale gekoppelte Atmosphäre-Ozean-Modelle können auch dazu beitragen, die Bandbreite der regionalen Klimaensembles zu bestätigen oder zu erweitern. Absehbar wird der Anteil von regionalen gekoppelten Modellen in künftigen IPCC-Berichten zunehmen.

Literatur

AKHTAR, N., BRAUCH, J., DOBLER, A., BERANGER, K., AHRENS, B., 2014: Medicanes in an ocean-atmosphere coupled regional climate model. *Natural Hazards and Earth System Sciences* **14**, 8, 2189–2201.

BERG, P., DÖSCHER, R., KOENIGK, T., 2013: Impacts of using spectral nudging on regional climate model RCA4 simulations of the Arctic. *Geoscientific Model Development* **6**, 3, 849–859.

BINDOFF, N. L., STOTT, P. A., ACHUTARAO, K. M., ALLEN, M. R., GILLETT, N., GUTZLER, D., HANSINGO, K., HEGERL, G., HU, Y., JAIN, S., MOKHOV, I. I., OVERLAND, J., PERLWITZ, J., SEBBARI, R., ZHANG, X., 2015: Detection and Attribution of Climate Change: from Global to Regional. In: Climate Change 2013: The Physical Science Basis. Contribution of Working Group I to the Fifth Assessment Report of the Intergovernmental Panel on Climate Change [Stocker, T.F., Qin, D., Plattner, G.-K., Tignor, M., Allen, S.K., Boschung, J., Nauels, A., Xia, Y., Bex, V., Midgley, P.M. (Hrsg.)]. *Cambridge, United Kingdom and New York, USA*, 86 pp.

BUSINGER, S., REED, R. J., 1989: Cyclogenesis in Cold Air Masses. *Weather and Forecasting* **4**, 2, 133–156.

CASULLI, V., CATTANI, E., 1994: Stability, Accuracy and Efficiency of a Semiimplicit Method for 3-Dimensional Shallow-Water Flow. *Computers & Mathematics with Applications* **27**, 4, 99–112.

CAVICCHIA, L., STORCH, VON, H., GUALDI, S., 2014: A long-term climatology of medicanes. *Climate Dynamics* **43**, 5, 1183–1195.

DEVASTHALE, A., SEDLAR, J., KOENIGK, T., FETZER, E. J., 2013: The thermodynamic state of the Arctic atmosphere observed by AIRS: comparisons during the record minimum sea ice extents of 2007 and 2012. *Atmospheric Chemistry and Physics* **13**, 15, 7441–7450.

DORN, W., DETHLOFF, K., RINKE, A., 2009: Improved simulation of feedbacks between atmosphere and sea ice over the Arctic Ocean in a coupled regional climate model. *Ocean Modelling* **29**, 2, 103–114.

DORN, W., DETHLOFF, K., RINKE, A., 2012: Limitations of a coupled regional climate model in the reproduction of the observed Arctic sea-ice retreat. *Cryosphere* **6**, 5, 985–998.

DÖSCHER, R., WYSER, K., MEIER, H. E. M., QIAN, M., REDLER, R., 2010: Quantifying Arctic contributions to climate predictability in a regional coupled ocean-ice-atmosphere model. *Climate Dynamics* **34**, 7, 1157–1176.

FRITZSCHNER, U., 2002: Starkniederschläge in Sachsen im August 2002. *DWD, Offenbach*, 61 S.

GIORGI, F., 2006: Climate change hot-spots. *Geophysical Research Letters* **33**, 8.

HAGEDORN, R., LEHMANN, A., JACOB, D., 2000: A coupled high resolution atmosphere-ocean model for the BALTEX region. Meteorologische Zeitschrift **9**, 1, 7–20.

HAGEMANN, S., MACHENHAUER, B., JONES, R., CHRISTENSEN, O. B., DEQUE, M., JACOB, D., VIDALE, P. L., 2004: Evaluation of water and energy budgets in regional climate models applied over Europe. *Climate Dynamics* **23**, 5, 547–567.

HANKE, M., REDLER, R., HOLFELD, T., YASTREMSKY, M., 2016: YAC 1.2.0: new aspects for coupling software in Earth system modelling. *Geoscientific Model Development* **9**, 8, 2755–2769.

HAYLOCK, M. R., HOFSTRA, N., KLEIN TANK, A. M. G., KLOK, E. J., JONES, P. D., NEW, M., 2008: A European daily high-resolution gridded data set of surface temperature and precipitation for 1950–2006. *Journal of Geophysical Research* **113**, 20.

HEINZELLER, D., DUDA, M.G., KUNSTMANN, H., 2016: Towards convection-resolving, global atmospheric simulations with the Model for Prediction Across Scales (MPAS) v3.1: an extreme scaling experiment. *Geosci. Model Dev.* **9**, 77-110, doi:10.5194/gmd-9-77-2016.

HILL, C., DELUCA, C., BALAJI, V., SUAREZ, M., DA SILVA, A., 2004: Architecture of the Earth System Modeling Framework. *Computing In Science & Engineering* **6**, 1, 18–28.

HO-HAGEMANN, H., ROCKEL, B., KAPITZA, H., GEYER, B., 2013: COSTRICE–an atmosphere–ocean–sea ice model coupled system using OASIS3. o. O., 1 p.

HOLLAND, M. M., SERREZE, M. C., STROEVE, J., 2010: The sea ice mass budget of the Arctic and its future change as simulated by coupled climate models. *Climate Dynamics* **34**, 2, 185–200.

HUNKE, E. C., 2010: Thickness sensitivities in the CICE sea ice model. *Ocean Modelling* **34**, 3, 137–149.

HUNKE, E. C., LIPSCOMB, W. H., TURNER, A. K., JEFFERY, N., ELLIOT, S., 2015: CICE: the Los Alamos Sea Ice Model Documentation and Software User's Manual Version 5.1LA-CC-06-012. *Los Alamos, N.M.*, 114 pp.

JÖCKEL, P., SANDER, R., KERKWEG, A., TOST, H., LELIEVELD, J., 2005: Technical note: The Modular Earth Submodel System (MESSy) - a new approach towards Earth System Modeling. *Atmospheric Chemistry and Physics* **5**, 433–444.

KOENIGK, T., BERG, P., DÖSCHER, R., 2015: Arctic climate change in an ensemble of regional CORDEX simulations. *Polar Research* **34**.

MÄNDLA, K., JAAGUS, J., SEPP, M., 2015: Climatology of cyclones with southern origin in northern Europe during 1948-2010. *Theoretical and Applied Climatology* **120**, 1, 75–86.

MOSCATELLO, A., MIGLIETTA, M. M., ROTUNNO, R., 2008: Observational analysis of a Mediterranean „hurricane" over south-eastern Italy. *Weather* **63**, 10, 306–311.

PIACENTINI, A., MOREL, T., THÉVENIN, A., 2011: O-palm: An open source dynamic parallel coupler. IV International Conference on Computational Methods for Coupled Problems in Science and Engineering.

RIEGER, D., BANGERT, M., BISCHOFF-GAUSS, I., FOERSTNER, J., LUNDGREN, K., REINERT, D., SCHROETER, J., VOGEL, H., ZAENGL, G., RUHNKE, R., VOGEL, B., 2015: ICON-ART 1.0-a new online-coupled model system from the global to regional scale. *Geoscientific Model Development* **8**, 6, 1659–1676.

SERREZE, M. C., HOLLAND, M. M., STROEVE, J., 2007: Perspectives on the Arctic's Shrinking Sea-Ice Cover. *Science* **315**, 5818, 1533–1536.

TOUS, M., ROMERO, R., 2012: Meteorological environments associated with medicane development. *International Journal of Climatology* **33**, 1, 1–14.

TREGUIER, A. M., DESHAYES, J., LIQUE, C., DUSSIN, R., MOLINES, J. M., 2012: Eddy contributions to the meridional transport of salt in the North Atlantic. *Journal of Geophysical Research* **117**, 5.

VALCKE, S., 2013: The OASIS3 coupler: a European climate modelling community software. *Geoscientific Model Development* **6**, 2, 373–388.

VAUGHAN, D. G., COMISO, J. C., ALLISON, I., CARRASCO, J., KASER, G., KWOK, R., MOTE, P., MURRAY, T., PAUL, F., REN, J., RIGNOT, E., SOLOMINA, O., STEFFEN, K., ZHANG, T., 2013: Observations: Cryosphere. In: Climate Change 2013: The Physical Science Basis. Contribution of Working Group I to the Fifth Assessment Report of the Intergovernmental Panel on Climate Change [Stocker, T.F., D. Qin, G.-K. Plattner, M. Tignor, S.K. Allen, J. Boschung, A. Nauels, Y. Xia, V. Bex and P.M. Midgley (eds.)]. *Cambridge, United Kingdom and New York, NY, USA*, 66 pp.

WALDRON, K. M., PAEGLE, J., HOREL, J. D., 1996: Sensitivity of a spectrally filtered and nudged limited-area model to outer model options. *Monthly Weather Review* **124**, 3, 529–547.

WERNLI, H., SCHWIERZ, C., 2006: Surface cyclones in the ERA-40 dataset (1958-2001). Part I: Novel identification method and global climatology. *Journal of the Atmospheric Sciences* **63**, 10, 2486–2507.

Kontakt

DR. BURKHARDT ROCKEL
Institut für Küstenforschung
Helmholtz-Zentrum Geesthacht
Max-Planck-Straße 1
21502 Geesthacht
burkhardt.rockel@hzg.de

DR. JENNIFER BRAUCH
Deutscher Wetterdienst
Klima und Umwelt - Zentrales Klimabüro
Frankfurter Str. 135
63067 Offenbach
jennifer.brauch@dwd.de

DR. OLIVER GUTJAHR
Universität Trier
Fachbereich VI - Raum- und Umweltwissenschaften
Fach Umweltmeteorologie
Behringstr. 21
54286 Trier
gutjahr@uni-trier.de

NAVEED AKHTAR, M.SC.
Institut für Atmosphäre und Umwelt
J.W.Goethe-Universität Frankfurt am Main
Altenhöferallee 1
60438 Frankfurt/Main
naveed.akhtar@iau.uni-frankfurt.de

DR. HA T.M. HO-HAGEMANN
Institut für Küstenforschung
Helmholtz-Zentrum Geesthacht
Max-Planck-Straße 1
21502 Geesthacht
ha.ho@hzg.de

S. WAGNER, S. KOLLET

9 Gekoppelte Modellsysteme: Berücksichtigung von lateralen terrestrischen Wasserflüssen

Fully coupled model systems: consideration of lateral terrestrial water fluxes

Zusammenfassung

In Atmosphären- und Klimamodellen werden die Austauschprozesse von Energie- und Stoffflüssen zwischen der Atmosphäre und Landoberfläche mit vertikal eindimensionalen Landoberflächenmodellen berechnet. Dies kann insbesondere für regionale hydrologische Fragestellungen eine fundamentale Einschränkung sein, da die lateralen Wasserflüsse und eine Zweiwege-Interaktion mit dem flachen Grundwasser hierbei nicht berücksichtigt werden. Durch eine Kopplung mit hydrologischen Modellen entstehen integrierte Modellsysteme, die den hydrologischen und Energiekreislauf von Grundwasserleitern über die Landoberfläche in die Atmosphäre schließen und somit eine physikalisch konsistente Beschreibung des terrestrischen Systems erlauben. Die Grundlagen, das Leistungsvermögen und die Anwendungsbereiche dieser integrierten Modellsysteme sind Thema dieses Kapitels.

Summary

In atmospheric and climate modelling, the exchange of energy and matter fluxes between the atmosphere and land surface are usually described by one-dimensional land surface models. In particular for regional hydrological problems, this can be a fundamental constraint, due to the fact that lateral water fluxes and two-way interaction with shallow groundwater are not considered. The coupling with hydrological models results in integrated modeling systems, which close the hydrologic and energy cycle from aquifers across the land surface into the atmosphere and, thus, allow a physically consistent description of the terrestrial system. The principles, capabilities and possible applications of these integrated modelling systems are described in this chapter.

1 Einführung

Die Atmosphäre steht in ständigem Austausch von Energie, Impuls und Wasser mit der Erdoberfläche. Über Kontinenten werden die Austauschprozesse durch die Energie- und Wasserbilanzgleichung der Landoberfläche beschrieben. Während die Energiebilanzgleichung die Umwandlung und Aufteilung der verfügbaren Strahlungsenergie (Nettostrahlung) in latente und fühlbare Wärme sowie den Bodenwärmestrom definiert, beschreibt die Wasserbilanzgleichung die Aufteilung des Niederschlags in Verdunstung, Oberflächenabfluss, Infiltration und Speicheränderung im Boden. Beide Gleichungen sind in allen Termen durch nichtlineare, biogeochemische und physikalische Prozesse miteinander gekoppelt. Einen wichtigen Teil der Kopplung bilden die Prozesse der Verdunstung und Transpiration (zusammengefasst Evapotranspiration) von Pflanzen, die von der verfügbaren Energie, Wassermenge und Menge an Nährstoffen abhängig sind (Abbildung 9-1). Im wasser-limitierten Fall spielt die Bodenfeuchte eine zentrale Rolle, die sich aufgrund von Rückkopplungsmechanismen auf die untere Atmosphäre auswirkt und somit zu den Schlüsselvariablen im Klimasystem zählen kann (zum Beispiel SENEVIRATNE et al. 2010). Die wichtigsten Rückkopplungsmechanismen sind hierbei die Einflüsse der Bodenfeuchte auf die Lufttemperatur und den Niederschlag. Vereinfacht beschrieben führen bei der Bodenfeuchte-Temperatur-Rückkopplung reduzierte Bodenwassergehalte zu geringeren Verdunstungsmengen und somit steht mehr Energie für den fühlbaren Wärmestrom zur Verfügung. Viele Studien zeigen, dass diese Bodenfeuchte-Temperatur-Rückkopplung insbesondere für die extrem heißen Temperaturen und Hitzewellen eine wichtige Rolle spielt, zum Beispiel für den Hitzesommer 2003 in Europa (SCHÄR et al. 2004). Die Bodenfeuchte-Niederschlag-Rückkopplung kann nach heutigem Kenntnisstand hauptsächlich auf zwei Prozesse zurückgeführt werden: Erstens die Niederschlagsbildung aufgrund der regionalen Verdunstung (direkter Prozess des

Bodenfeuchte-Recyclings) und zweitens einen indirekten Einfluss der räumlichen Bodenfeuchtekontraste auf die Stabilität der planetaren Grenzschicht und Niederschlagsbildungsprozesse. Während die Rückkopplung für den direkten Prozess des Bodenfeuchte-Recyclings positiv ist, ist der Einfluss der indirekten Kopplung nicht eindeutig. Aufgrund der genannten Rückkopplungsmechanismen wird die Bodenfeuchte auch oft als Gedächtnis der Atmosphäre bezeichnet, das Niederschlagsereignisse über längere Zeiträume speichert und das Wettergeschehen erst zu einem späteren Zeitpunkt beeinflussen kann.

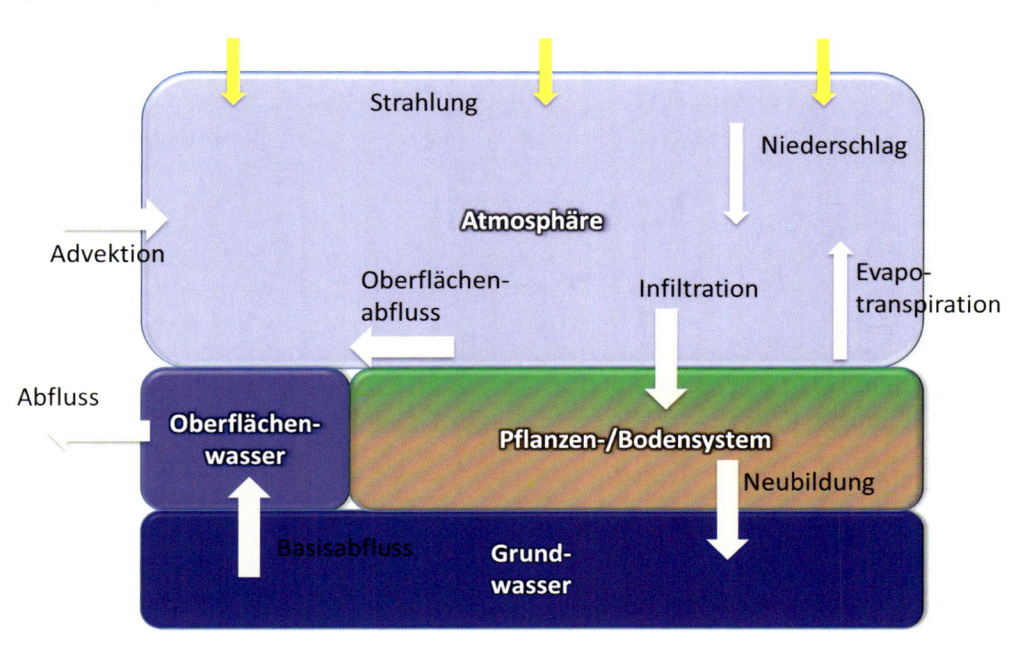

Abb. 9-1: Vereinfachte, schematische Darstellung des gekoppelten terrestrischen Wasser- und Energiekreislaufs.

Die Bilanzgleichungen und Rückkopplungsmechanismen zeigen, dass die physikalischen und biogeochemischen Eigenschaften der Landoberfläche die Energie- und Wasserflüsse und damit auch die untere Atmosphäre stark beeinflussen. Die in der Natur oft sehr heterogene Beschaffenheit der Landoberfläche aufgrund sich ändernder Vegetation, Böden, usw. führt zu unterschiedlichsten Bedingungen für die Aufnahme und Aufteilung der verfügbaren Strahlungsenergie und des Niederschlags. Zum Beispiel beeinflusst die Vegetation vor allem die Interzeption (Zurückhaltung des Niederschlags durch Pflanzenbeschirmung der Landoberfläche) und Transpiration und somit die Gesamtmenge an Verdunstung. Dies wirkt sich aufgrund der Bilanzgleichungen wiederum auf den Fluss fühlbarer Wärme und den Bodenwärmestrom sowie den Abfluss und Bodenwassergehalt aus.

Die heterogene Beschaffenheit der Landoberfläche wird in meteorologischen und hydrologischen Studien üblicherweise durch ein Mosaik bestehend aus idealen Einzelflächen abgebildet. Dies bedeutet, dass die für den Strahlungs- und Wasserhaushalt relevanten Eigenschaften auf den jeweiligen Einzelflächen einheitlich sind. Eine weitere Annahme ist, dass die Einzelflächen homogen im statistischen Sinne sind, also eine gleichmäßige Verteilung physikalischer und biogeochemischer Kenngrößen aufweisen, und dass der Wasser- und Energieaustausch nur vertikal erfolgt. Das heißt, der laterale Austausch zwischen den Einzelflächen wird vernachlässigt. Diese Annahme ist eine der Grundlagen der sogenannten Similaritätstheorie, die den turbulenten Austausch von Energie, Impuls und Wasser zwischen Landoberfläche und Atmosphäre annähert und die insbesondere für regionale hydrologische Fragestellungen eine relevante Einschränkung darstellen kann. Des Weiteren wird in der Wasserbilanz eine Rückkopplung mit flachen Grundwasserleitern weitestgehend vernachlässigt, die bei geringem Flurabstand (Abstand des Grundwasserspiegels von der Landoberfläche) zu einer starken Änderung des Bodenwasserspeichers und wiederum der Energiebilanz führen kann.

In Atmosphären- und Klimamodellen werden die Austauschprozesse von Energie- und Stoffflüssen zwischen der Atmosphäre und Landoberfläche mit sogenannten Landoberflächenmodellen (LMs) berechnet. Die LMs bestimmen die Wasser-, Energie- und auch Stoffflüsse für den unteren Rand der Atmosphäre und sind somit eine zentrale Komponente in Atmosphärenmodellen und regionalen Klimamodellen (RCMs). In diesem Kapitel werden ausgehend von der Kopplung von **h**ydrologischen **M**odellen (HMs) mit eindimensionalen LMs, Methoden und Ansätze gezeigt, wie laterale Wasserflüsse und Interaktionen mit dem Grundwasser in integrierten Modellsystemen realisiert werden. Diese sogenannte Zweiwege-Modellkopplung beinhaltet die Rückkopplungsmechanismen zwischen Grundwasserleitern, der Landoberfläche und der Atmosphäre, während diese in den klassischen Einwege-Modellansätzen zum Beispiel für Hochwasservorhersage und Klimaimpaktstudien nicht berücksichtigt werden.

2 Landoberflächenmodelle in regionalen Klimamodellen

Seit mehreren Jahrzenten werden Landoberflächenmodelle (LMs) in regionalen Klimamodellen (RCMs) verwendet (zum Beispiel PITMAN 2003). Die ersten LMs waren Einschichtmodelle mit konstanter Albedo und Speicherkapazität basierend auf der Energiebilanzgleichung. Darauf folgten physikalisch basierte Mehrschichtmodelle mit zusätzlicher Boden-Vegetation-Interaktion. Die meisten heutigen LMs sind eindimensionale Vertikalmodelle, die die

Prozesse an der Landoberfläche relativ detailliert bis zu einer definierten Bodentiefe von weniger als 10 m simulieren. Relevante Prozesse direkt an der Landoberfläche sind der Wasser-, Energie- und Stoffaustausch mit der Atmosphäre (zum Beispiel Interzeption, Evapotranspiration, fühlbarer Wärmestrom) sowie die Vegetations- und Schneedynamik. Für den Boden werden der vertikale Wärmestrom und Wasserfluss sowie das Gefrieren und Auftauen des Bodens simuliert. Aktuelle Modelle berücksichtigen zusätzlich pflanzenphysiologische Prozesse der Photosynthese und des Kohlen- und Stickstoffkreislaufs und können sich dadurch stark in ihrer Komplexität und ihrem Rechenaufwand unterscheiden. Beispiele für LMs, die in RCMs verwendet werden sind das **C**ommunity **L**and **M**odel (CLM), das TERRA-LM, und das Noah-LM. Das Noah-LM (CHEN und DUDHIA 2001) soll hier exemplarisch kurz vorgestellt werden.

Das Noah-LM ist ein eindimensionales, vertikales Vier-Schichten-Modell mit einer Gesamttiefe von 2 m. Die Schichtdicken betragen 10 cm, 30 cm, 60 cm und 100 cm. Das Noah-LM simuliert Bodenfeuchte (flüssig und gefroren) und Bodentemperaturen für alle vier Schichten, die Oberflächentemperatur, Schneehöhe und Schneewasseräquivalent, Wassergehalt des Pflanzendachs, sowie die turbulenten Flüsse der Energie- und Wasserbilanzgleichungen an der Landoberfläche. Für die vertikalen Wasserflüsse der Bodenzone wird die nichtlineare Richards-Gleichung in diffusiver Form explizit gerechnet. Der Zusammenhang zwischen hydraulischer Leitfähigkeit des Bodens, Matrixpotentials und volumetrischer Bodenfeuchte wird mit dem Ansatz von CLAPP und HORNBERGER (1979) parametrisiert. Das Landoberflächenmodell benötigt meteorologische Antriebsdaten wie Niederschlag, Temperatur, Wind, Strahlung, Luftdruck und Luftfeuchte und berechnet daraus die Abflusskomponenten, Infiltration, Änderungen in der Bodenfeuchte sowie die turbulenten Flüsse des latenten und fühlbaren Wärmestroms.

3 Kopplung hydrologischer Modellsysteme mit Landoberflächenmodellen

Die Anwendung der eindimensionalen LMs in regionalen Klimamodellen (RCMs, siehe Kapitel 2) bedeutet, dass das LM für jede horizontale Rasterzelle des Atmosphärenmodells ohne horizontale Interaktion mit den Nachbarzellen angewendet wird. Dadurch kann zum Beispiel Oberflächenabfluss, der auf einer Rasterzelle simuliert wird, nicht der Topographie folgend in Nachbarzellen abfließen. Somit wird der natürliche, laterale Wassertransport von höheren zu tieferen Geländehöhen beziehungsweise auf Einzugsgebietsebene von den Rändern hin zum Auslass in den LMs nicht physikalisch berücksichtigt, wodurch auch die lokale Reinfiltration und Grundwasserneubildung nicht vollständig simuliert werden kann.

Ein weiterer zentraler Punkt der LMs ist die Definition der unteren Randbedingung. In den meisten LMs wird für den unteren Rand freie Versickerung angenommen. Das bedeutet, dass Wasser, das der Gravitation folgend aus der unteren Bodenschicht des LMs abfließt, dem System als Grundwasserneubildung beziehungsweise Basisabfluss entnommen wird. Dieser gravitative Fluss wird im Modell zwar buchhalterisch erfasst, tritt aber nicht wieder durch Rückkopplungsprozesse (kapillaren Aufstieg oder Wurzelwasseraufnahme der Vegetation) über den unteren Rand in die Massenbilanzgleichung ein. Die Zweiwege-Interaktion zwischen Grundwasser und ungesättigter Zone kann jedoch für bestimmte Klimaregionen eine zentrale Rolle spielen. Insbesondere für Regionen mit geringem Grundwasserflurabstand und/oder langen Trockenzeiten ist der vertikal nach oben gerichtete kapillare Fluss eine wichtige Wasserquelle für die Pflanzen und den Bodenwassergehalt an der Landoberfläche, die wiederum die Verdunstungs- und Infiltrationsmengen sowie den Oberflächenabfluss beeinflussen. Wie für den Oberflächenabfluss beinhalten die eindimensionalen LMs auch kein zwei- oder dreidimensionales Grundwassermodell, das die Grundwasserströmung und Stofftransport simuliert. Damit kann kein Grundwasser an einer anderen Stelle wieder an die Landoberfläche gelangen beziehungsweise für die oberen Bodenschichten und Pflanzen als Wasserquelle zur Verfügung stehen. Grundwasserkonvergenz entlang von Flusskorridoren kann in diesen Modellen ebenfalls nicht abgebildet werden.

Da der laterale Wassertransport an der Oberfläche und im Untergrund sowie der Einfluss des Grundwassers auf die oberen Bodenschichten und die Landoberfläche von entscheidender Bedeutung für den regionalen Wasserkreislauf sind, wird dieses Forschungsthema seit einigen Jahren intensiv bearbeitet. Es gibt bereits zahlreiche Ansätze laterale Wasserflüsse und die Anbindung des Grundwassers an LMs in gekoppelten Modellsystemen zu berücksichtigen. Hierfür wurden sowohl gekoppelte **L**andoberflächen-**G**rundwasser-**M**odelle (LGMs) als auch integrierte Modellsysteme von tiefen Grundwasserleitern über die Landoberfläche in die Atmosphäre (siehe Kapitel 4) für unterschiedliche Raum-Zeit-Skalen entwickelt. Diese Modellsysteme unterscheiden sich teilweise deutlich in ihrer Komplexität und damit auch hinsichtlich des erforderlichen Rechenaufwandes.

Im Folgenden soll ein kurzer Überblick über bereits publizierte und oft verwendete LGMs gegeben werden. KOLLET und MAXWELL (2008) koppelten das Landoberflächemodell CLM mit ParFlow, ein variabel gesättigtes dreidimensionales Grundwassermodell mit integriertem Oberflächenabfluss. Dabei zeigte sich, dass eine starke Kopplung zwischen den Flüssen an der Landoberfläche und dem Grundwasser entsteht, falls sich der Flurabstand unterhalb einer kritischen Grenze befindet. ROSERO et al. (2009) erweiterten das Noah-LM mit einem einfachen Grundwassermodell und topographieabhängigen Abflussparametrisierungen zur Simulation des regionalen Wasserkreislaufs. Um die Zweiwege-Interaktion zwischen Grundwasser und der ungesättigten Zone in LMs und somit auch in RCMs zu berücksichtigen, schlugen ZENG und DECKER (2009) vor, die freie Versickerung am unteren Rand in LMs durch eine neue untere Randbedingung, die die aktuellen Bodenfeuchteverhältnisse und den Abstand zum Grundwasser berücksichtigt, zu ersetzen. Unter der Annahme, dass sich das Bodenfeuchteprofil unterhalb des LMs bis zum Grundwasserspiegel im Gleichgewicht befindet, wird das Matrixpotential am unteren Rand des LMs abhängig vom Grundwasserstand unter Einhaltung der Energie- und Massenbilanz bestimmt. Sie implementierten diesen Ansatz in das Landoberflächenmodell CLM-Version 3.5 und konnten damit für globale offline Simulationen bessere Ergebnisse erzielen.

Die hier vorgestellten gekoppelten LGMs ermöglichen Untersuchungen des Einflusses der lateralen Wasserflüsse und der Zweiwege-Interaktion zwischen Grundwasser, den oberen Bodenschichten und der Landoberfläche. Wie sich dieser Einfluss aufgrund der Rückkopplungsmechanismen auf die Atmosphäre auswirkt, kann mit diesen Modellsystemen nicht beantwortet werden. Dafür sind integrierte **A**tmosphäre-**L**andoberflächen-**G**rundwasser-**M**odelle (ALGMs) erforderlich, die in den folgenden Abschnitten beschrieben sind.

4 Integrierte Atmosphäre-Landoberflächen-Grundwasser-Modelle (ALGMs)

In ALGMs werden der hydrologische und Energiekreislauf von Grundwasserleitern über die Landoberfläche in die Atmosphäre physikalisch konsistent geschlossen. Aufgrund der genannten Rückkopplungsmechanismen, die unter anderem den Einfluss der Bodenfeuchte auf Temperatur und Niederschlag beschreiben, wirkt sich die Implementierung von Grundwasserinteraktion und lateralem Wassertransport über den Boden und die Landoberfläche auf die Atmosphäre aus. Dies bedeutet, dass der Einfluss des Grundwassers auf die Bodenfeuchte über das LM an das Atmosphärenmodell zurückgegeben wird.

Der generelle Aufbau, die Kommunikation und der Austausch der Kopplungsvariablen zwischen den Modellkomponenten der voll gekoppelten ALGMs ist in Abbildung 9-2 gezeigt. Zusätzlich beinhaltet die Kopplung auch die erforderlichen raumzeitlichen Interpolationen und Aggregationen zwischen verschiedenen Gittertypen und Modellzeitschritten der einzelnen Modellkomponenten.

Für die ALGMs gibt es ebenfalls bereits ein Reihe publizierter Ansätze, die sich je nach wissenschaftlicher Fragestellung, in ihrer Komplexität unterscheiden. Einer der ersten Kopplungsansätze wurde von SEUFFERT et al. (2002) entwickelt, die das Modell TOPLATS (TOPMODEL-Based Land Surface-Atmosphere Transfer Scheme) mit dem Lokalmodell (operationelles Vorhersagemodell des DWD) koppelten. Weitere voll gekoppelte Modellsysteme entstanden durch die Kopplung von ParFlow mit dem Atmosphärenmodell ARPS (MAXWELL et al. 2007) und WRF (MAXWELL et al. 2011). Dabei hat sich gezeigt, dass das voll gekoppelte Modellsystem eine topographiebedingte, realistische räumliche Verteilung der Bodenfeuchte simuliert und es eine große räumliche und zeitliche Korrelation zwischen den Landoberflächen- und Atmosphärengrößen mit dem Grundwasserflurabstand gibt. Zusätzlich zur Validierung von zum Beispiel Temperatur, Niederschlag und Abfluss, ermöglichen neue Messinitiativen zur Erdbeobachtung (zum Beispiel FLUXNET oder TERENO) sowie Fernerkundungsdaten (zum Beispiel MODIS, SMOS, SMAP) die Validierung von Energie- und Stoffflüssen an der Landoberfläche und der Verteilung der Bodenfeuchte. SHRESTA et al. (2014) implementierte die skalenkonsistente Modelplattform TerrSysMP (Terrestrial Systems Modeling Platform), die das Atmosphärenmodel COSMO, das Landoberflächenmodell CLM und das dreidimensional variabel gesättigte Grundwassermodell ParFlow über den externen Koppler OASIS koppeln. Details zum Modellaufbau von TerrSysMP und zur Kopplung werden in Kapitel 6 beschrieben. Simulationen mit TerrSysMP über dem Rur-Einzugsgebiet (150 x 150 km) haben gezeigt, dass mit den voll gekoppelten Simulationen bessere Ergebnisse für die Oberflächenflüsse erzielt wurden und dass die Ergebnisse von der lateralen Grundwasserströmung und -konvergenz entlang der Flusskorridore abhängen. Ein weiteres Beispiele ist die Kopplung des hydrologischen Modells MIKE-SHE an das regionale Klimamodell HIRHAM (BUTTS et al. 2014). Für das Atmosphärenmodell WRF entwickelten GOCHIS et al. (2013) das Erweiterungsmodul WRF-Hydro, das es ermöglicht, ausgewählte Komponenten eines hydrologischen Modells an das Atmosphärenmodell WRF zu koppeln. In der aktuellen Version stehen ein Oberflächenabfluss- und Grundwassermodell sowie ein Modul für das Abflussrouting in Fließgewässern zur Verfügung. Für eine detailliertere Berechnung der Topographie folgenden lateralen Flüsse an der Landoberfläche wird ein feinmaschigeres Gitter, das auf einem höher aufgelösten digitalen Höhenmodell basiert, verwendet. Das WRF-Hydro-Modell ist ab der WRF Version 3.5 Teil des frei verfügbaren und weltweit einsetzbaren WRF-Modells. Weitere Details zum WRF-Hydro-Modell werden in Abschnitt 5 beschrieben. In YUCEL et al. (2015) wird WRF-Hydro für die Hochwasservorhersage eingesetzt. SENATORE et al. (2015) und ARNAULT et al. (2016) untersuchen den Einfluss der erweiterten, feinskali-

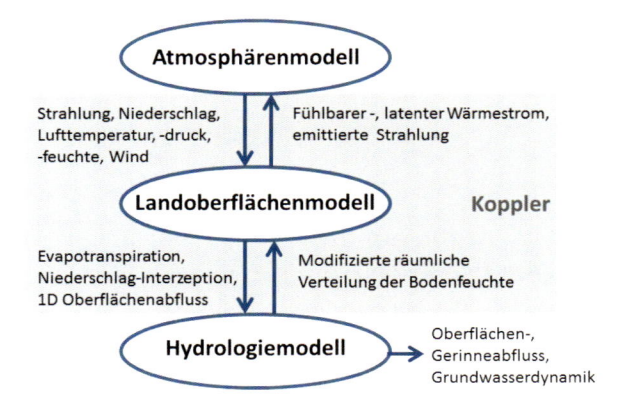

Abb. 9-2: Prinzipschema Integrierter Atmosphäre-Landoberflächen-Grundwasser-Modelle.

geren hydrologischen Parameterisierung mit WRF-Hydro auf die Land-Atmosphäre-Rückkopplung. Des Weiteren konnten in den genannten Anwendungen die Abflusskurven zufriedenstellend in Bezug auf Durchflussvolumen und Charakteristik der Abflussganglinie mit WRF-Hydro simuliert werden. Die genannten ALGMs mit gekoppeltem dreidimensional variabel gesättigtem Grundwassermodell und integriertem Oberflächenabfluss (zum Beispiel ParFlow) beziehungsweise feinmaschigen Gittern für die Routingverfahren (zum Beispiel WRF-Hydro) sind rechenintensiv. Aus diesem Grund werden auch häufig weniger komplexe ALGMs eingesetzt, wie die folgenden Beispiele zeigen. Für das regionale Klimamodell RAMS („Regional Atmosphere Modeling System") erweiterten MIGUEZ-MACHO et al. (2007) das LM LEAF2 mit Modulen, die Grundwasserprozesse sowie Fluss- und Seenreservoirs beschreiben. Das gekoppelte RAMS-Hydro-Modellsystem ermöglichte dann u.a. eine Studie über dem nordamerikanischen Kontinent, die den Einfluss des Grundwassers auf die Bodenfeuchte untersuchte (ANYAH et al. 2008). Für eine vergleichbare Fragestellung für die Monsunregion in Ostasien implementierten YUAN et al. (2008) ein vereinfachtes Grundwassermodell in das RCM RegCM3. Sie zeigten, dass bei den gekoppelten Simulationen der systematische Fehler beim Niederschlag reduziert wurde, und dies auf die Berücksichtigung der Grundwasserdynamik und der damit verbundenen Änderungen der Bodenfeuchte und Flüsse an der Landoberfläche zurückzuführen ist. WAGNER et al. (2016) entwickelten ein voll gekoppeltes, mesoskaliges ALGM, das insbesondere Untersuchungen der langzeitigen Rückkopplungsmechanismen zwischen Grundwasser, Bodenfeuchte und atmosphärischen Größen ermöglicht. Hierfür wurde das Atmosphärenmodell WRF mit dem hydrologischen Modell HMS gekoppelt, das im Vergleich zu Standard-WRF-Simulationen zusätzlich die lateralen Wasserflüsse an der Landoberfläche und im Untergrund sowie eine Zweiwege-Interaktion zwischen Grundwassermodel und LM berücksichtigt.

Die in diesem Abschnitt beschriebenen ALGMs verwenden grundsätzlich zwei verschiedene Ansätze zur Kopplung, entweder eine direkte oder externe Kopplung. In den folgenden zwei Abschnitten werden die Konzepte und technischen Umsetzungen der direkten Kopplung am Beispiel der Modellansätze WRF-Hydro beziehungsweise WRF-HMS (Kapitel 5) und der externen Kopplung am Beispiel der Modelplattform TerrSysMP (Kapitel 6) genauer beschrieben. Des Weiteren enthalten die beiden Abschnitte weitere Details über die jeweiligen Modellansätze.

5 WRF-Hydro und WRF-HMS: Kopplungsstrategie und weitere Details

Bei dem integrierten Atmosphäre-Landoberflächen-Grundwasser-Modellen (ALGMs) WRF-Hydro und WRF-HMS werden die hydrologischen Modelle in das Atmosphärenmodell WRF implementiert, das heißt sie sind damit ein Modul von WRF. Somit ist das hydrologische Modell über den Programmcode an das LM gekoppelt, und das LM fungiert als Bindeglied zwischen den Atmosphären- und Hydrologiekomponenten im Modellsystem. Technisch wird hierfür ein zusätzliches Steuerprogramm („driver routine") in WRF programmiert, das den hydrologischen Zeitschritt, die zeitliche Aggregation der Flussvariablen und den Variablenaustausch zwischen den Modulen kontrolliert. Die zeitliche Aggregation der Flussvariablen bietet sich aufgrund der geringeren zeitlichen Variabilität der hydrologischen Prozesse auf der Mesoskala im Vergleich zu den Prozessen in der Atmosphäre aus rechenzeittechnischen Gründen an, ist aber nicht zwingend. Bei der horizontalen Auflösung unterschieden sich WRF-HMS und WRF-Hydro. Da das flächendifferenzierte hydrologische Modell HMS speziell für großskalige Anwendungen entwickelt wurde (YU et al. 2006), verwendet WRF-HMS für das gesamte Modellsystem dasselbe horizontale Gitter zum Beispiel mit einer Auflösung von 10 km. Hierbei wird ein Hauptfluss mit definierter Flussbreite und -tiefe pro Gitterzelle angenommen. Bei WRF-Hydro besteht die Möglichkeit das WRF-Gitter für das Oberflächen- und Abflussrouting zu verfeinern. Je nach Anwendung wird für das Routing in der Regel ein vier bis zehnfach verfeinertes Gitter verwendet. Zusätzlich zu den vollgekoppelten Modellversionen können, zum Beispiel für Kalibrierungs- und Spinup-Simulationen, jeweils noch Versionen des Noah-LM-Hydrologiemodells kompiliert werden, die dann mit gerasterten meteorologischen Beobachtungen angetrieben werden.

Für die Implementierung der Zweiwege-Interaktion zwischen dem Grundwasser und LM wurde der Ansatz von ZENG und DECKER (2009) in die voll gekoppelten Modellsysteme implementiert. Technisch lässt sich dies am einfachsten mit einer zusätzlichen Schicht am unteren Rand des LMs realisieren (siehe auch DE ROOIJ 2010). Diese zusätzliche Schicht ist je nach Grundwasserstand variabel oder voll gesättigt. Der Ansatz ermöglicht für alle drei Zustände (Grundwasserstand unter-, inner- oder oberhalb der Zusatzschicht) jeweils das Matrixpotential und die Bodenfeuchte für diese Schicht zu berechnen. Zusätzlich wurde noch ein zweiter Ansatz, der auf der Veröffentlichung von BOGAART et al. (2008) basiert, eingebaut. Für die Berechnung des Flusses zwischen LM und Grundwasser wird hier die Darcy-Buckingham-Gleichung unter der Annahme eines „Quasi Steady-State"-Bodenfeuchteprofils verwendet. BOGAART et al. (2008) entwickelten für die sehr rechenintensive Darcy-Buckingham-Gleichung eine effiziente Parametrisierung abhängig vom Bodenfeuchtegehalt am unteren Rand des LMs und dem Abstand zum Grundwasserspiegel.

Für eine effiziente Anwendung auf Hochleistungsrechnern ist eine parallelisierte Version der voll gekoppelten Modellsysteme erforderlich. Da Standard-WRF hierfür den MPI (Message Passing Interface) Standard verwendet, wurde dieser auch in den HMs und somit auch in den voll gekoppelten Modellsystemen implementiert. Die parallelisierte Anwendung auf Hochleistungsrechnern ist eine absolut notwendige Voraussetzung zur Durchführung der sehr komplexen, voll gekoppelten ALGMs.

Das Aufbereiten der erforderlichen Eingangsgrößen für die voll gekoppelten Simulationen erfolgt in gleicher Weise wie für Standard-WRF mit dem Präprozessor WPS (WRF Preprocessing System). Hierfür werden noch weitere Eingangsdaten, die insbesondere die hydrogeologischen Eigenschaften im Gebiet beschreiben sowie ein hochaufgelöstes und hydrologisch optimiertes digitales Höhenmodell (zum Beispiel Hydro1K, HydroSheds) benötigt. Diese werden ebenfalls mit dem Präprozessor WPS eingelesen und auf die Domains zugeschnitten und interpoliert.

6 TerrSysMP: Kopplungsstrategie und weitere Details

Das Konzept, das bei der Kopplung der Komponentenmodelle für den Untergrund (ParFlow), die Landoberfläche (CLM) und die Atmosphäre (COSMO) umgesetzt wurde, folgt der Erkenntnis, dass jedes Komponentenmodell einem eigenen Entwicklungszyklus unterliegt, in dem die Modelle kontinuierlich verbessert und sukzessive für die Nutzung freigegeben werden. Daher wurde eine modulare Kopplung umgesetzt, die es erlaubt, einzelne Komponentenmodelle unter minimal-invasivem Aufwand auszutauschen oder neue, nutzerdefinierte Modelle einzubinden. Des Weiteren erlaubt diese Art der Kopplung eine flexible, „steckerfertige" Kombination der verschiedenen Komponentenmodelle zum Beispiel für vollgekoppelte Simulationen (COSMO-CLM-ParFlow), Atmosphärensimulationen (COSMO-CLM) oder offline hydrologischen Simulationen (CLM-ParFlow).

Ein wichtiger Gesichtspunkt in der Umsetzung der Kopplung ist die effiziente Nutzung massiv paralleler Supercomputer-Ressourcen: Das ultimative Ziel der vollgekoppelten Modellierung mit TerrSysMP ist die Simulation und Vorhersage aller Zustände und Flüsse der terrestrischen Wasser-, Energie- und auch Stoffkreisläufe unter Einbindung verschiedenster Beobachtungen und Messungen von tiefen Grundwasserleitern bis in die Atmosphäre. Dazu zählen zum Beispiel Niederschlag, Lufttemperatur, Bodenfeuchte, Grundwasserneubildung und Oberflächenabfluss. Die Simulationen müssen auf großer räumlicher und auch zeitlicher Skala mit hoher Auflösung erfolgen, um für verschiedenste Anwendungsbereiche (Energie, Wasser, Landwirtschaft, usw.) und die Öffentlichkeit relevant zu sein. Unbedingt ergänzt werden müssen die Resultate mit Unsicherheitsbetrachtungen, da die verwendeten Modelle zum Beispiel eine große Anzahl von Eingabedaten benötigen, die aufgrund der natürlichen Variabilität des terrestrischen Systems oft nur unzulänglich quantifizierbar sind. Alle diese Aspekte sind extrem rechenzeitintensiv und benötigen große Mengen an Arbeitsspeicher, besonders deshalb, weil in TerrSysMP ein variabel gesättigter Grundwasserfluss als Kontinuum in 3D mit integriertem Oberflächenabfluss in ParFlow simuliert wird.

Um diesen Aspekten Rechnung zu tragen, ist eine einfache Kopplung über Ein- und Ausgabedaten nicht möglich. Deshalb wurde der modulare Kopplungsansatz mit dem externen, parallelen Koppler OASIS3-MCT (VALCKE 2013) realisiert, der bereits breite Anwendung in der Erdsystemmodellierung gefunden hat und ebenfalls vom Deutschen Wetterdienst verwendet wird. Dabei wird OASIS3-MCT als Bibliothek mit den Komponentenmodellen verknüpft und verwaltet die parallele Kommunikation und den Austausch der verschiedenen Kopplungsvariablen einschließlich optionaler Interpolation/Aggregation zwischen verschiedenen Gittertypen und Auflösungen (Raum und Zeit). Der Informationsaustausch zwischen den Komponentenmodellen findet direkt auf der Arbeitsspeicherebene statt, wodurch ein zeitaufwendiges Lesen und Schreiben der Daten vermieden wird (GASPER et al. 2014).

Die Austauschvariablen sind durch die Physik der Randbedingungen der verschiedenen Komponentenmodelle definiert. CLM stellt die untere Randbedingung in COSMO dar und liefert alle relevanten Wasser-, Energie- und Impulsflüsse der Landoberfläche (zum Beispiel latente und fühlbare Wärme), die von COSMO zur Berechnung der unteren Quellen- und Senkenterme benötigt wird. Umgekehrt übergibt COSMO atmosphärische Antriebsdaten an CLM (Strahlung, Temperatur, Niederschlag, usw.) zur Berechnung der Wasser-, Energie-, und Impulsbilanz an der Landoberfläche. Für das Subsystem Untergrund-Landoberfläche stellt ParFlow die untere Randbedingung für CLM dar und berechnet die von CLM benötigte dynamische dreidimensionale Verteilung des Bodenwassers einschließlich der lateralen Grundwasserströmung und -konvergenz entlang von Flusskorridoren und des Oberflächenabflusses. Für diese Berechnungen benötigt ParFlow wiederum die Infiltrations-, Evaporations- und Transpirationsflüsse als obere Randbedingung, die von CLM bereitgestellt werden. Das Ergebnis ist eine physikalisch konsistente Zweiwege-Kopplung der Komponentenmodelle, die energie- und massenerhaltend ist und zeitlich in einem sogenannten Operator-Splitting-Verfahren implementiert ist. TerrSysMP wird zurzeit in regionalen und kontinentalen Simulationen über Nordrhein-Westfalen und Europa angewendet.

7 Zwei Beispiele integrierter Atmosphären-Landoberflächen-Grundwasser-Simulationen für Zentraleuropa

Das in Kapitel 5 vorgestellte, voll gekoppelte Modellsystem WRF-Hydro wird im Rahmen des DFG geförderten SFB/Transregio 165 „Wellen, Wolken, Wetter" für Zentraleuropa eingesetzt, um unter anderem den Einfluss der terrestrischen Hydrologie auf die Niederschlagsbildung zu untersuchen. Hierfür werden in einem numerischen Experiment für denselben Zeitraum und mit denselben Randbedingungen eine Standard-WRF-Simulation und eine voll gekoppelte WRF-Hydro-Simulation durchgeführt und evaluiert. Für diese Aufgabenstellung wird das Atmosphärenmodell WRF mit 0,025° Auflösung (ungefähr 2,8 km) und 50 vertikalen Schichten für Zentraleuropa aufgesetzt und zusätzlich für das Oberflächen- und Abflussrouting in WRF-Hy-

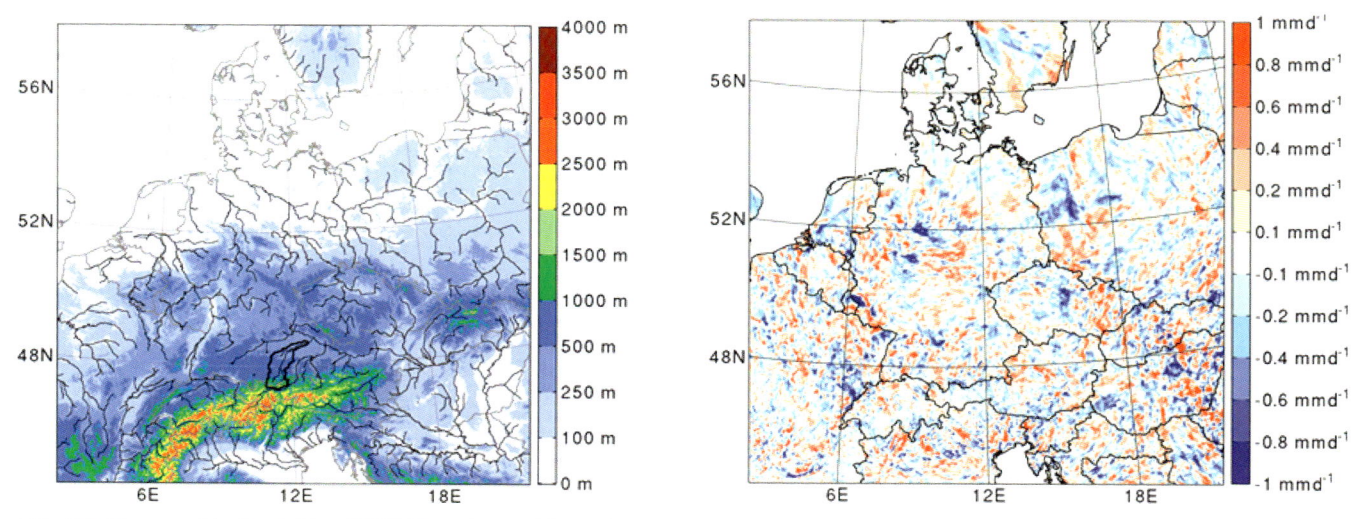

Abb. 9-3: Topographie des 2,8 km-WRF-Domains und Lage des Isar-Einzugsgebiets und des Pegels Landau; (rechts) Unterschied im Niederschlag zwischen der WRF- und WRF-Hydro-Simulation für den Zeitraum April bis Mai 2008 (J. Arnault, KIT).

dro ein verfeinertes Gitter mit ungefähr 280 m Auflösung verwendet (siehe Abbildung 9-3, links).

Für den globalen Antrieb wird der operationelle Analysedatensatz des EZMW verwendet. Abbildung 9-3, rechts, zeigt den Unterschied im Niederschlag zwischen der WRF- und WRF-Hydro-Simulation für den Zeitraum April bis Mai 2008. Es zeigen sich im gesamten Untersuchungsgebiet Unterschiede in der Größenordnung von +/- 1 mm pro Tag. Zusätzlich zur Validierung der meteorologischen Variablen mit Stationsdaten oder damit generierten, gerasterten Produkten (zum Beispiel E-OBS), ermöglichen die WRF-Hydro-Simulationen auch eine Validierung des Abflusses an Flusspegeln als integrale Größe auf Flusseinzugsgebietsebene. Dies ist exemplarisch gezeigt für das Einzugsgebiet der Isar bis zum Pegel Landau (siehe Abbildung 9-3, links). In Abbildung 9-4, oben, sind die hierfür gebietsgemittelten Niederschlagszeitreihen der WRF- und WRF-Hydro-Simulationen sowie des Validierungsdatensatz E-OBS aufgetragen. Es zeigt sich, dass beide WRF-Simulationen die zeitliche Abfolge und auch die Mengen der Niederschlagsereignisse zufriedenstellend simulieren. Des Weiteren gleichen sich die in Abbildung 9-3 gezeigten Unterschiede zwischen der WRF- und WRF-Hydro-Simulation auf Einzugsgebietsebene fast aus. Abbildung 9-4 unten zeigt für den Isar-Pegel Landau die mit WRF-Hydro simulierte und die gemessene Abflusskurve. Unterschiede zwischen simulierten und gemessenen Abflüssen sind klar erkennbar, jedoch werden das generelle Abflussverhalten und die Abflussspitzen zufriedenstellend simuliert. Dies zeigt exemplarisch die Funktions- und Leistungsfähigkeit der voll gekoppelten Modellsysteme, die atmosphärischen und hydrologischen Prozesse zu simulieren. In den bereits publizierten Anwendungen erreichen die voll gekoppelten Modellsysteme bei der Nash-Sutcliffe-Effizienz Werte im Bereich von 0,4 bis 0,8. Die niedrigeren Werte sind im Vergleich zu reinen hydrologischen Simulationen vor allem auf die Unsicherheiten im Niederschlag zurückzuführen, da bei den voll gekoppelten Simulationen der modellierte Niederschlag direkt und ohne Biaskorrektur für die hydrologische Modelkomponente verwendet wird.

Das in Kapitel 5 vorgestellte, voll gekoppelte Modellsystem TerrSysMP wird in einem experimentellen Echtzeit-Simulationssystem über Europa mit 12,5 km räumlicher Gitterweite betrieben. Das System basiert auf den täglichen Vorhersagedaten des Europäischen Zentrums für mittelfristige Wettervorhersage (EZMW), die als Rand- und Anfangsbedingungen in TerrSysMP einfließen. Diese Daten werden nächtlich übermittelt, vorprozessiert und in das System eingepflegt. Im Anschluss wird eine dreitägige experimentelle Vorhersage aller Zustände und Flüsse des terrestrischen Wasser- und Energiekreislaufs gerechnet sowie automatisch ausgewertet und visualisiert. Simulationsergebnisse sind beispielhaft in Abbildung 9-5 dargestellt und werden täglich der breiten Öffentlichkeit auf „Youtube" zu Verfügung gestellt (www.hpsc-terrsys.de). Ein weiteres Simula-

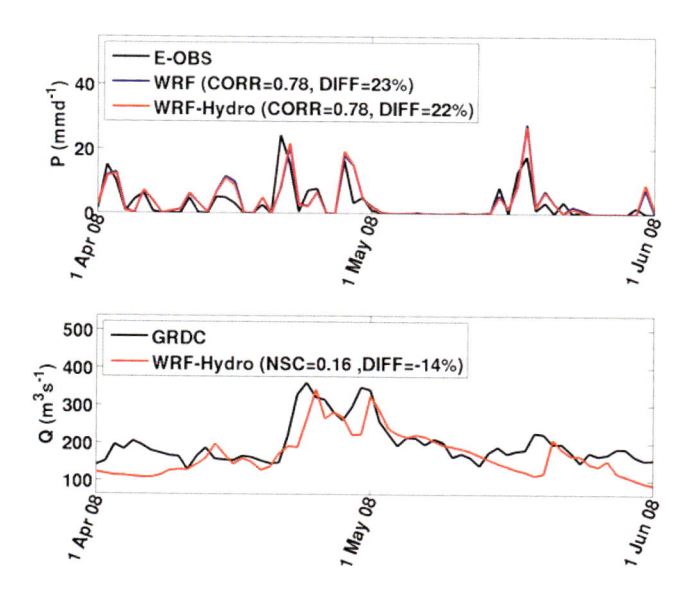

Abb. 9-4: Gebietsgemittelte Niederschlags- (oben) und Abflusszeitreihen (unten) der WRF- und WRF-Hydro-Simulationen sowie der Beobachtungsdaten für das Einzugsgebiet der Isar am Pegel Landau (J. Arnault, KIT).

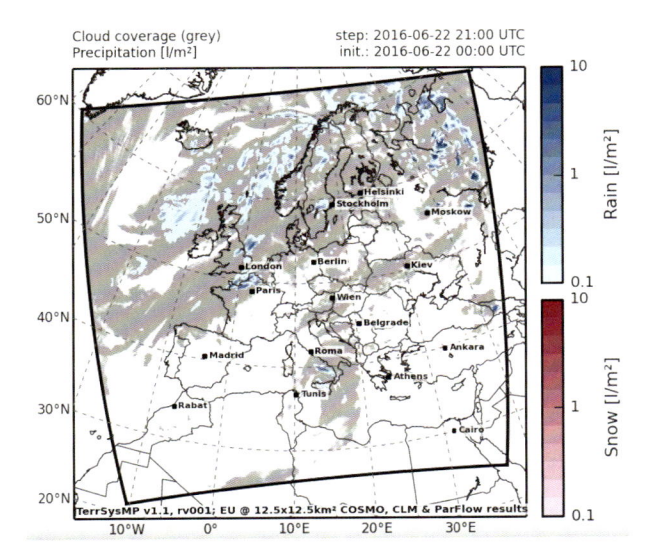

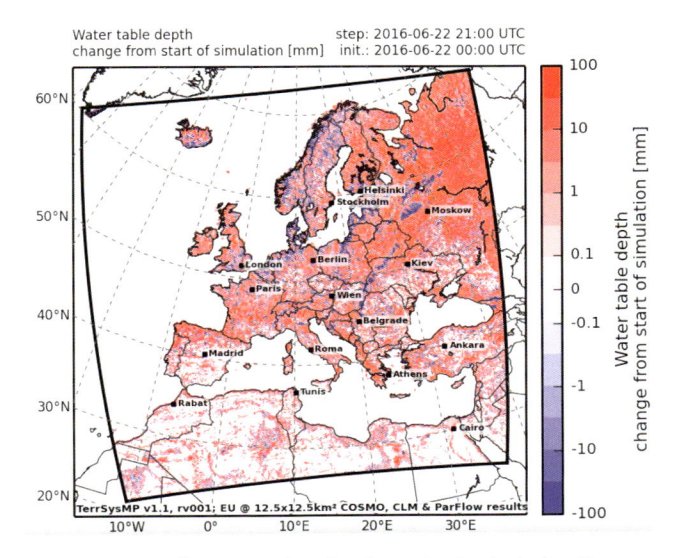

Abb. 9-5: Momentaufnahme der Wolkenbedeckung und des Niederschlags (links) und der Änderung des Flurabstandes (rechts) über Europa.

tionssystem über Nordrhein-Westfalen mit einer nominalen räumlichen Auflösung von 1 km für die Atmosphäre und 500 km für die Landoberfläche und den Untergrund wird in einem ähnlichen Simulationsaufbau betrieben.

Das Echtzeit-Simulationssystem ist an diesem Punkt rein experimentell und bedarf weiterer Verifikation und Verbesserung. In wissenschaftlichen Projekten wird das System anhand von In-situ- und Fernerkundungsdaten validiert und in Sensitivitätsanalysen verwendet, um Rückkopplungsprozesse besser zu verstehen (KEUNE et al. 2016). Die Eingabe- und Validierungsdatensätze werden weiter verbessert und auf Fehler untersucht. Ultimativ sollen in Zukunft mithilfe von Ensemblesimulationen Unsicherheiten der Vorhersage abgeschätzt und das Modellsystem mit gemessenen Daten algorithmisch fusioniert werden (KURTZ et al. 2016).

8 Fazit

Die modellgetriebene Betrachtung des integrierten terrestrischen Systems vom Grundwasser über die Landoberfläche in die Atmosphäre wird Realität. Hierfür werden in Atmosphären- bzw. Klimamodellen die eindimensionalen Landoberflächenmodelle mit hydrologischen Modellen, die den lateralen Wassertransport und Interaktionen mit dem Grundwasser beschreiben, gekoppelt. Dabei können alle Zustände und Flüsse der Wasser-, Energie- und auch Stoffkreisläufe und deren Interaktionen in einem massen-, energie- und impulserhaltenden Rahmenwerk simuliert werden. Die gekoppelten Modellsysteme unterscheiden sich teilweise deutlich in ihrer Komplexität und damit auch hinsichtlich des erforderlichen Rechenaufwandes und Anwendungsbereiches. Die effiziente parallele Implementierung und Nutzung von massiv parallelen Supercomputern ermöglichen es heute, vollgekoppelte Simulationen von Grundwasserleitern bis in die Atmosphäre über Kontinenten mit hoher räumlicher Auflösungen durchzuführen (Abbildung 9-6), die Modelle und Beobachtungen mittels Datenassimilierungsverfahren zu fusionieren und Unsicherheiten der Prognose zu quantifizieren.

Der Einsatzbereich der voll gekoppelten Modellsysteme ist sehr vielfältig. Sie umfassen Prozessstudien zum regionalen Wasserkreislauf, den Einsatz in der Hochwasservorhersage, Untersuchungen der Rückkopplungsmechanismen zwischen Grundwasser, Boden, Landoberfläche und Atmosphäre sowie Wirkstudien bezüglich Klima- und Landnutzungsänderungen.

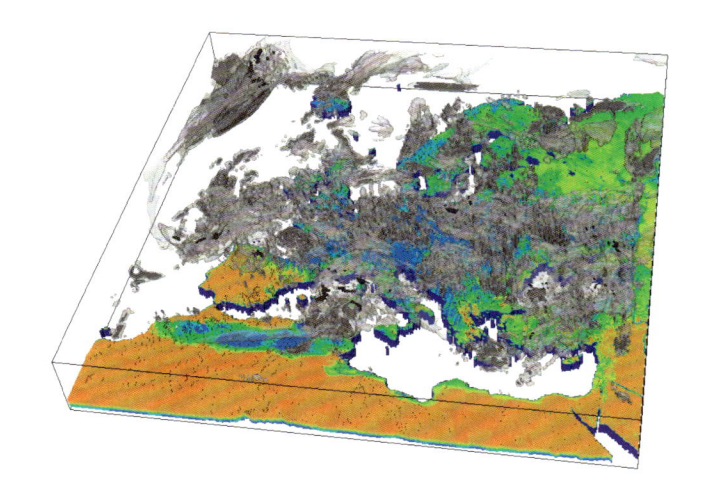

Abb. 9-6: Momentaufnahmen der Bodenfeuchte und des Eis-/Flüssigwassergehaltes der Wolken über Europa. Die Abbildung wurde mit Resultaten einer TerrSysMP-Simulation mit einer räumlichen Auflösung von 0,11° für Juni 2013 erzeugt.

Literatur

ANYAH, R., WEAVER, C., MIGUEZ-MACHO, G., FAN, Y., ROBOCK, A., 2008: Incorporating water table dynamics in climate modeling: 3. simulated groundwater influence on coupled land-atmosphere variability. *Journal of Geophysical Research* **113**, D7, D07 103.

ARNAULT, J., WAGNER, S., RUMMLER, T., FERSCH, B., BLIEFERNICHT, J., ANDRESEN, S., KUNSTMANN, H., 2016: Role of runoff-infiltration partitioning and resolved overland flow on land-atmosphere feedbacks: A case-study with the WRF-Hydro coupled modelling system for West Africa. *J. Hydrometeor.*, dx.doi.org/10.1175/JHM-D-15-0089.1.

BOGAART, P., TEULING, A., TROCH, P., 2008: A state-dependent parameterization of saturated-unsaturated zone interaction. *Water Resour. Res.* **44**, W11 423.

BUTTS, M., DREWS, M., LARSEN, M.A., LERER, S., RASMUSSEN, S.H., GROOSS, J., OVERGAARD, J., REFSGAARD, J.C., CHRISTENSEN, O.B., CHRISTENSEN, J.H., 2014: Embedding complex hydrology in the regional climate system - dynamic coupling across different modelling domains. *Advances in Water Resources* **74**, 166-184.

CHEN, F., DUDHIA, J., 2001: Coupling an advanced land surface-hydrology model with the Penn State-NCAR MM5 modeling system. Part I: Model implementation and sensitivity. *Monthly Weather Review* **129**, 4, 569-585.

CLAPP, R., HORNBERGER, G., 1978: Empirical equations for some soil hydraulic-properties. *Water Resources Research* **14**, 4, 601-604.

DE ROOIJ, G., 2010: Comments on improving the numerical simulation of soil moisture based Richards equation for land models with a deep or shallow water table". *Journal of Hydrometeorology* **11**, 1044-1050.

GASPER, F., GOERGEN, K., SHRESTHA, P., SULIS, M., RIHANI, J., GEIMER, M., KOLLET, S., 2014: Implementation and scaling of the fully coupled Terrestrial Systems Modeling Platform (TerrSysMP v1.0) in a massively parallel supercomputing environment – a case study on JUQUEEN (IBM Blue Gene/Q). *Geosci Model Dev.* **7**, 2531-2543.

GOCHIS, D., YU, W., YATES, D., 2013: The WRF-Hydro model technical description and user's guide, version 1.0. Tech. rep., www.ral.ucar.edu/projects/wrf_hydro.

KOLLET, S., MAXWELL, R., 2008: Capturing the influence of groundwater dynamics on land surface processes using an integrated, distributed watershed model. *Water Resources Research* **44**, 2.

KEUNE, J., GASPER, F., GÖRGEN, K., HENSE, A., SHRESTHA, P., SULIS, M., KOLLET, S., 2016: Studying the influence of groundwater representations on land surface-atmosphere feedbacks during the European heat wave in 2003. Submitted to *Journal of Geophysical Research – Atmospheres*.

KURTZ, W., HE, G., KOLLET, S., MAXWELL, R., VEREECKEN, H., HENDRICKS FRANSSEN, H.-J., 2016: TerrSysMP–PDAF (version 1.0): a modular high-performance data assimilation framework for an integrated land surface–subsurface model. *Geosci. Model Dev.* **9**, 1341-1360.

MAXWELL, R., LUNDQUIST, J., MIROCHA, J., SMITH, S., WOODWARD, C., TOMPSON, A., 2011: Development of a coupled groundwater-atmosphere model. *Monthly Weather Review* **139**, 1, 96-116.

MAXWELL, R., CHOW, F., KOLLET, S., 2007: The groundwater-land-surface atmosphere connection: Soil moisture effects on the atmospheric boundary layer in fully coupled simulations. *Advances in Water Resources* **30**, 12, 2447-2466.

MIGUEZ-MACHO, G., FAN, Y., WEAVER, C., WALKO, R., ROBOCK, A., 2007: Incorporating water table dynamics in climate modeling: 2. formulation, validation, and soil moisture simulation. *Journal of Geophysical Research* **112**, D13108.

PITMAN, A., 2003: The evolution of, and revolution in, land surface schemes designed for climate models. *Int. J. Climatol.* **23**, 479–510, doi:10.1002/joc.893.

ROSERO, E., YANG, Z.-L., GULDEN, L.E., NIU, G.-Y., GOCHIS, D.J., 2009: Evaluating enhanced hydrological representations in NOAH LSM over transition zones: Implications for model development. *J. Hydrometeorol.* **10**, 3, 600–622.

SCHÄR C., VIDALE, P., LÜTHI, D., FREI, C., HÄBERLI, CH., LINIGER, M., APPENZELLER, C., 2004: The role of increasing temperature variability in European summer heatwaves. *Nature* **427**, 332–336.

SENATORE, A., MENDICINO, G., GOCHIS, D., YU, W., YATES, D., KUNSTMANN, H., 2015: Fully coupled atmosphere-hydrology simulations for the central Mediterranean: Impact of enhanced hydrological parameterization for short and long time scales. *J. Adv. Model. Earth Syst.* **7**, 1693–1715, doi:10.1002/2015MS000510.

SENEVIRATNE, S, CORTI, T., DAVIN, E., HIRSCHI, M., JAEGER, E., LEHNER, I., ORLOWSKY, B., TEULING, A., 2010: Investigating soil moisture-climate interactions in a changing climate: A review. *Earth-Science Reviews* **99**, 3-4, 125-161, doi:10.1016/j.earscirev.2010.02.004.

SEUFFERT, G., GROSS, P., SIMMER, C., WOOD, E., 2002: The influence of hydrologic modeling on the predicted local weather: Two-way coupling of a mesoscale weather prediction model and a land surface hydrologic model. *Journal of Hydrometeorology* **3**, 5, 505-523

SHRESTHA, P., SULIS, M., MASBOU, M., KOLLET, S., SIMMER, C., 2014: A scale-consistent terrestrial systems modeling platform based on cosmo, clm, and parflow. *Monthly Weather Review* **142**, 9, 3466-3483.

VALCKE, S., 2013: The OASIS3 coupler: a European climate modelling community software. *Geosci. Model Dev.* **6**, 373–388.

WAGNER, S., FERSCH, B., YUAN, F., YU, Z., KUNSTMANN, H., 2016: Fully coupled atmospheric-hydrological modeling at regional and long-term scales: Development, application, and analysis of WRF-HMS. *Water Resour. Res*, doi:10.1002/2015WR018185.

YU, Z., POLLARD, D., CHENG, L., 2006: On continental-scale hydrologic simulations with a coupled hydrologic model. *Journal of Hydrology* **331**, 1, 110–124.

YUAN, X., XIE, Z., ZHENG, J., TIAN, X., YANG, Z., 2008: Effects of water table dynamics on regional climate: A case study over east Asian monsoon area. *Journal of Geo-Physical Research-Atmospheres* **113**, D21.

YUCEL, I., ONEN, A., YILMAZ, K.K., GOCHIS, D., 2015: Calibration and Evaluation of a Flood Forecasting System: Utility of Numerical Weather Prediction Model, Data Assimilation and Satellite-based Rainfall. *Journal of Hydrology*, dx.doi.org/10.1016/j.jhydrol.2015.01.042.

ZENG, X., DECKER, M., 2009: Improving the numerical solution of soil moisture-based richards equation for land models with a deep or shallow water table. *Journal of Hydrometeorology* 10, 1, 308-319.

Kontakt

DR. SVEN WAGNER **)
Karlsruher Institut für Technologie (KIT)
Institut für Meteorologie und Klimaforschung (IMK)
Kreuzeckbahnstr. 19
82467 Garmisch-Partenkirchen
sven.wagner@kit.edu

PROF. DR. STEFAN KOLLET *)
Forschungszentrum Jülich
IBG-3
Wilhelm-Johnen-Straße
52428 Jülich
s.kollet@fz-juelich.de

*) und Universität Bonn
**) und Universität Augsburg (Institut für Geographie)

A. KERKWEG

10 Gekoppelte Modellsysteme: Klima und Luftchemie

Coupled model systems: climate and air chemistry

Zusammenfassung
Luftchemie ist heutzutage ein wichtiger Bestandteil der Klimaforschung. Dabei haben sich zwei Forschungsschwerpunkte etabliert: Der eine Fokus liegt auf der Fragestellung, wie sich die Luftqualität in Folge des Klimawandels und von Mitigationsstrategien in der Zukunft ändern wird. Der zweite Schwerpunkt liegt auf der Frage, wie wichtig bei regionalen Klimaprojektionen die Berücksichtigung der Aerosoleffekte ist. Beide Bereiche werden in diesem Artikel vorgestellt.

Summary
Today air chemistry is an important component of climate research. Two focal points have been established: the first addresses the question how climate change and mitigation strategies will influence air quality. The second focusses on the importance of aerosol effects for regional climate projections. This article treats both aspects.

1 Einführung

Warnungen vor Gesundheitsrisiken bei zu hohen Ozonwerten im Sommer oder gesetzliche Maßnahmen, wie die Schaffung von Umweltzonen zur Senkung der Partikel- und Stickstoffkonzentrationen, machen für jeden erfahrbar, dass die Zusammensetzung der Umgebungsluft direkten Einfluss auf unseren Alltag hat. Die nachweislich negativen Auswirkungen hoher Gas- oder Partikelkonzentrationen auf die menschliche Gesundheit und auf Ökosysteme steigern das allgemeine Interesse an der Erforschung der Luftchemie. Das fördert die Entwicklung von numerischen Modellen, die die komplexen Wechselwirkungen von Spurenstoffen (Gasen und Aerosol[1]) auflösen und damit zum Verständnis dieser Prozesse beitragen. Numerische Modelle helfen zu erforschen, wie sich Konzentrationen chemischer Spurenstoffe, zum Beispiel Ozon, in Abhängigkeit von bestimmten Parametern ändern. Dies können sowohl meteorologische Größen wie die Temperatur, die solare Einstrahlung und der Niederschlag, als auch die Änderung von Emissionen, zum Beispiel der Ozon-Vorläufersubstanzen Stickstoffmonoxid (NO) und Stickstoffdioxid (NO_2), sein. Da die Konzentrationen der Spurenstoffe die Effektivität der chemischen Reaktionen entscheidend beeinflussen, bieten sich Regionalmodelle für Luftqualitätssimulationen an, da diese insbesondere Emissionen von Punkt- oder Linienquellen (zum Beispiel Straßen) feiner auflösen als Globalmodelle. Gerade vor dem Hintergrund von gesetzlichen Maßnahmen zur Regulierung der Luftqualität ist die Untersuchung der Auswirkungen des Klimawandels und der Emissionsreduktionen auf die Luftqualität essentiell.

Es ist aber nicht nur wichtig zu erforschen wie der Klimawandel die Luftchemie ändert, sondern auch, wie die Luftchemie sich auf das Klima auswirkt. Insbesondere sollten Aerosoleffekte auch in regionalen Klimamodellen repräsentiert sein. Die Aerosoleffekte beschreiben den direkten Einfluss der Aerosolpartikel auf die Strahlung, sowie deren Wirkung auf die Bildung von Wolkentropfen, was sich auf die Tropfenverteilung in den Wolken, deren Lebenszeit und damit auf die Strahlung und die Niederschlagsbildung auswirkt. Die meisten regionalen Klimamodelle berechnen die Strahlungswechselwirkung des Aerosols aufgrund einer zeitlich konstanten Aerosolklimatologie. Entsprechend wird für die Aktivierung von Wolkentropfen meistens eine feste Verteilung angenommen. Dadurch vernachlässigen die Modelle die durch Klimawandel oder durch eine Mitigationsstrategie bewirkte zeitliche Veränderung der Aerosolverteilungen und damit auch deren Rückwirkung auf das Klima. Um für transiente Klimaprojektionen verwendet werden zu können, müssen deshalb diese Modelle zunächst um die Möglichkeit zeitlich veränderbarer Aerosol-Verteilungen in den Strahlungs- und den Wolkenphysikschemata erweitert werden.

---

[1] Im Folgenden wird der Begriff „Aerosol" entsprechend der Definition von FEICHTER und LOHMANN (2004) verwendet: „Das atmosphärische Aerosol ist definiert als die Gesamtheit aller in einem Luftvolumen befindlichen festen und flüssigen Partikel (Hydrometeore ausgenommen)."

Die Anwendung numerischer Modelle zur Simulation von detaillierter Luftchemie wird durch die in den letzten zwei Jahrzehnten rasant gestiegene Leistung der Hochleistungsrechner erst möglich. Trotzdem sind Rechenzeitbedarf und Speicherkapazität immer noch einschränkende Kriterien für Studien mit Atmosphärenchemie-Modellen (ACM[2]) auf der klimatologischen Zeitskala. ACMs enthalten heutzutage in der Regel zwischen etwa 60 und 200 Spurenstoffe. Die für die Photochemie wichtigsten sind hierbei: Ozon, Wasserdampf, Kohlenmonoxid, Methan, Stickstoffmonoxid, Stickstoffdioxid, Stickstofftrioxid, Salpetersäure, Distickstoffpentoxid und Hydroxid- und Hydroperoxid-Radikale. Die Grundlagen der numerischen Luftchemie-Modellierung werden ausführlich im Promet-Heft 27 (Nr. 1/2) behandelt. FEICHTER und LOHMANN (2004) geben eine Übersicht über die in Chemie-Klima-Modellen abgebildeten Aerosolprozesse. Eine Chemie-Klima-Simulation, die eine halbwegs detaillierte Gasphasenchemie und eine explizite Aerosol-Mikrophysik enthält, kann leicht mehr als das 100-fache der Rechenzeit einer rein dynamischen Simulation benötigen. Warum ist dies so? Dies liegt an der Komplexität der chemischen Wechselwirkungen, die in den ACMs enthalten sind. So können theoretisch alle Spurengase untereinander reagieren. Die Reaktionen aller Spurenstoffe in der Gas- beziehungsweise Flüssigphase werden durch ein gekoppeltes Differenzialgleichungssystem beschrieben. Dessen Lösung ist rechentechnisch sehr aufwändig. Außerdem bedürfen die Parametrisierung der Quellen und Senken der Spurenstoffe und die Berechnung des Spurenstofftransportes eines erheblichen zusätzlichen Rechenzeitaufwandes.

Dementsprechend setzen die heutigen Rechnerkapazitäten eine Grenze sowohl für die simulierte Zeitspanne, als auch für die in einer bestimmten Studie berücksichtigten Details:
- Reduktion der berücksichtigten Prozesse
  Je nach Fokus der Studie werden bestimmte Prozesse vernachlässigt. So kann zum Beispiel für eine Aerosolstudie eine vereinfachte Gasphasenchemie benutzt werden.
- Zeitspanne
  Aufgrund des hohen Rechenaufwandes gibt es bisher nur wenige lange Klimaprojektionen (heute – 2100, LANGNER et al. 2012, ZUBLER et al. 2011). Häufig umfassen Luftchemie-Klimastudien sogar nur saisonale Zeitscheibensimulation, zum Beispiel „5 x Sommer (Juni-Juli-August) für 2050er Bedingungen" (COLETTE et al. 2012).
- Ensembles
  Auch wenn in der Klimaforschung anerkannt ist, dass sich statistisch signifikante Aussagen nur anhand von Ensembles machen lassen (siehe Beitrag 7 über dekadische Vorhersagen in diesem Heft), sind Ensembles von Luftchemie-Simulationen aktuell aufgrund des Rechenaufwandes nicht durchführbar. Um wenigstens eine kleine statistische Basis für die Auswertung zu erhalten, werden meistens Zeitscheibenexperimente durchgeführt (COLETTE et al. 2012).

Aufgrund dieser Beschränkungen findet sich in der Literatur eine eindeutige Zweiteilung der Anwendungen von regionalen ACMs in Luftqualitätsuntersuchungen und Studien von Aerosol-Wechselwirkungen. Traditionell werden für die Luftqualitätsforschung vorwiegend Chemie-Transportmodelle (CTMs) verwendet, während die Aerosol-Wechselwirkung nur in sogenannten Chemie-Klimamodellen (CCMs, englisch „chemistry climate models") modelliert werden können.

Kapitel 2 befasst sich mit den charakteristischen Eigenschaften von CTMs und CCMs, sowie mit der Bedeutung der Randbedingungen für die Chemie innerhalb des Modellgebiets. Einen kleinen Einblick in die Anwendung von regionalen ACMs liefert Kapitel 3, während die wichtigsten Aussagen in Kapitel 4 nochmals zusammengefasst werden. Tabelle 10-2 am Ende dieses Kapitels beinhaltet eine Aufstellung der hier zitierten, frei verfügbaren regionalen Chemie-Modelle aufgeteilt nach CTMs und CCMs.

2 Eulersche Luftchemie-Modelle

ACMs berechnen die Änderung der Luftzusammensetzung. Hierfür müssen insbesondere folgende Prozesse im Modell dargestellt werden:
1. Spurenstofftransport: Dies beinhaltet den Transport der Spurenstoffe gemäß des großräumigen Windfeldes (Advektion) und, für konvektionsparametrisierende Modelle, den konvektiven Transport.
2. Die Quellen und Senken der Spurenstoffe: Emissionen bilden, neben der chemischen Produktion, die Quellen von Spurenstoffen. Sie können sowohl als externe Felder vorgeschrieben („Offline"-Emissionen) oder abhängig von anderen Variablen während der Simulation berechnet („Online"-Emissionen) werden. So sind zum Beispiel viele biogene Emissionen von Temperatur und/oder Bodenfeuchte abhängig. Die Senken, also Sedimentation (nur Aerosolpartikel), Trocken- und Feuchtdeposition, hängen ebenfalls vom aktuellen Zustand der Atmosphäre ab.
3. Die Chemiemechanismen: Jeweils für Gas- und Flüssigphase (Wolkentropfen) müssen die Reaktionen der einzelnen Spurenstoffe untereinander abgebildet werden.
4. Die Berechnung der Aerosol-Mikrophysik.

Traditionell werden zwei verschiedene Arten von regionalen ACMs unterschieden: Chemie-Transportmodelle (CTMs) und Chemie-Klimamodelle (CCMs). CTMs berechnen die oben aufgelisteten Prozesse offline, das heißt unabhängig vom dynamischen Modell, weshalb sie keine Wechselwirkung der Chemie auf die Dynamik berücksichtigen können. Im Gegensatz dazu berechnen CCMs die chemischen Prozesse integriert in ein dynamisches Modell, was die Rückwirkung chemischer Veränderungen auf die Dynamik ermöglicht.

---

[2] Tabelle 10-1 auf der Folgeseite listet alle Akronyme auf, die in diesem Artikel verwendet werden, einschließlich ihrer Bedeutung.

Tab. 10-1: Liste der im Artikel verwendeten Akronyme.

Akronym	Bedeutung
ACM	Atmosphärenchemie-Modell
CCM	Chemie-Klimamodell („Chemistry Climate Model")
CHIMERE	Name eines regionalen CTMs
CTM	Chemie-Transportmodell
COSMO-ART	Name eines regionales CCMs
COSMO-CLM/M7	Name eines regionalen CCMs
ICON-ART	Name eines global-regionalen CCMs
IPCC	„Intergovernmental Panel on Climate Change"
MECO(n)	Name eines global-regionalen CCM-Modellsystems
NKW	Szenario „nur Klimawandel"
NO	Stickstoffmonoxid
NO_2	Stickstoffdioxid
NO_x	Stickoxide = NO + NO_2
O_3	Ozon
$PM_{2,5}$ / PM_{10}	„Particulate matter"-Partikel mit einem Durchmesser kleiner als 2,5 μm beziehungsweise 10 μm
RCP	„Representative Concentration Pathways": Emissionszenarios für den 5. IPCC-Sachstandsbericht
VOC	flüchtige Kohlenwasserstoffe („Volatile Organic Compounds")
WRF-Chem	Name eines regionalen CCMs

Tab. 10-2: Liste einiger CTMs und CCMs. Diese Liste enthält Modelle, zu denen im Internet modellspezifische Seiten zu finden sind und die allen frei zur Verfügung stehen (sogenannte „Community-Modelle"). Die Liste erhebt keinen Anspruch auf Vollständigkeit.

Regionale Chemie-Transport-Modelle	
CAMx	„Comprehensive Air quality Model with eXtensions" URL: http://www.camx.com/
CHIMERE	URL: http://www.lmd.polytechnique.fr/chimere/
CMAQ	„Community Multi-scale Air Quality" URL: https://www.cmascenter.org/cmaq/
MATCH	„Multi-scale Atmospheric Transport and Chemistry" URL: http://www.smhi.se/en/research/research-departments/air-quality/match-transport-and-chemistry-model-1.6831
Regionale Chemie-Klima-Modelle	
COSMO-ART	„COnsortium for Small-scale MOdelling-Aerosols and Reactive Trace gases" URL: https://www.imk-tro.kit.edu/3509.php
COSMO/MESSy	„COnsortium for Small-scale MOdelling- Modular Earth Submodel SYstem" URL: http://www.messy-interface.org/
MCCM	„Mesoscale Climate Chemistry Model" URL: http://www.imk-ifu.kit.edu/829.php
WRF-Chem/NRCM-Chem	„Weather Research and Forcasting- Chemistry" URL: http://ruc.noaa.gov/wrf/WG11
Chemie-Klima-Modellsysteme	
MECO(n)	„MESSyfied ECHAM and COSMO models nested n times" URL: http://messy-interface.org
ICON-ART	„ICOsahedral Nonhydrostatic – Aerosols and Reactive Trace gases" URL: https://www.imk-asf.kit.edu/2121.php

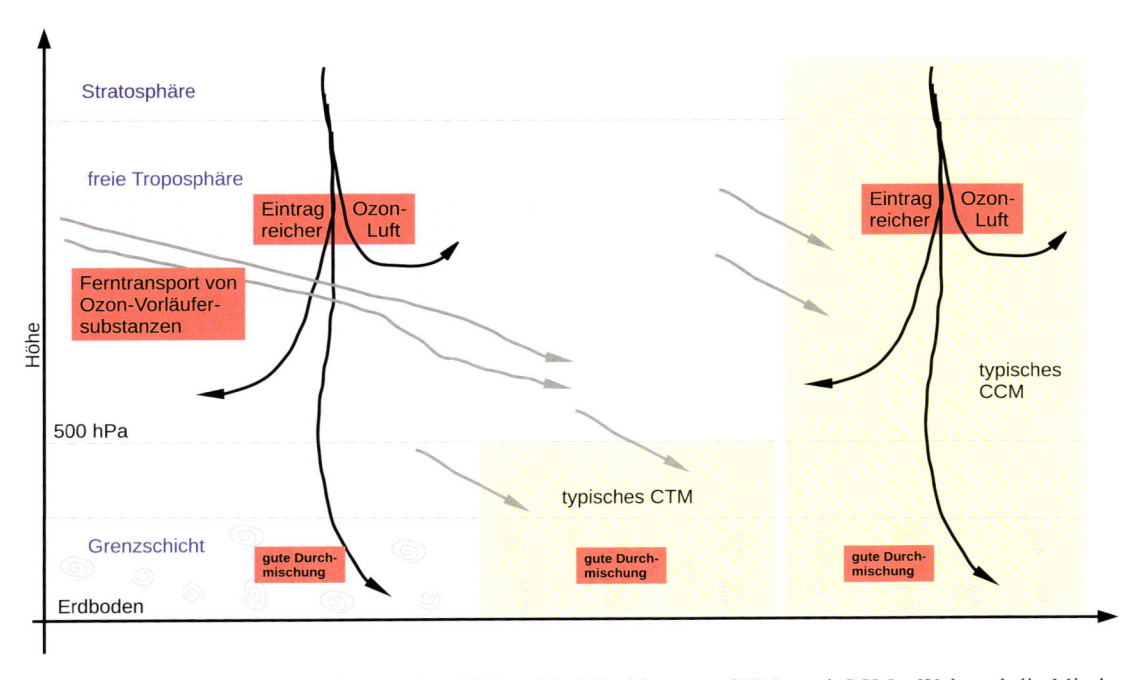

Abb. 10-1: Darstellung der vertikalen Ausdehnung der üblichen Modellgebiete von CTMs und CCMs. Während die Mischungsprozesse innerhalb der Grenzschicht in beiden Fällen berechnet werden, lösen nur die CCMs den Transport von ozonreicher Luft aus der Stratosphäre in die untere Troposphäre und bis in Bodennähe auf (schwarze Pfeile). In CTMs wird dieser Prozess vernachlässigt, sofern er nicht in den oberen Randbedingungen enthalten ist. Ferntransport (graue Pfeile) wird aufgrund der regionalen Begrenzung der Modellgebiete in beiden Modelltypen nur über die Randbedingungen berücksichtigt.

Im Folgenden werden zunächst typische CTM- und CCM-Eigenschaften gegenübergestellt (Kapitel 2.1 und 2.2), während Kapitel 2.3 auf eine besondere Herausforderung der Regionalmodellierung eingeht, nämlich die Bereitstellung von adäquaten chemischen Randbedingungen.

2.1 Regionale Chemietransportmodelle / Luftqualitätsmodelle

Die meisten regionalen Luftqualitätsmodelle sind CTMs. Da CTMs selbst keine dynamischen Prozesse berechnen, benötigen sie als Antrieb extern zur Verfügung gestellte dynamische Felder. Üblicherweise werden diese durch dynamische regionale Klimamodelle erzeugt und dann in diskreten Zeitintervallen von 1 bis 6 Stunden den regionalen CTMs zur Verfügung gestellt. Damit wenden CTMs einerseits keine zusätzliche Rechenzeit für die Dynamik auf, andererseits kann die Chemie aber auch nicht auf die Dynamik zurückwirken. Dies ist für den wissenschaftlichen Fokus dieser Modelle ausreichend, denn die Luftqualität ist überwiegend durch lokale Prozesse bestimmt. Der Oberrand der meisten regionalen CTMs ist so definiert, dass das CTM sicher die Grenzschicht beinhaltet, das heißt er liegt bei etwa 500 hPa (etwa 5 bis 6 km) Höhe. Diese Begrenzung führt dazu, dass Ferntransport von Spurenstoffen oder auch deren Transport aus der mittleren Troposphäre und der Stratosphäre bis an den Erdboden nur durch die am Rand vorgeschriebenen Spurenstoffkonzentrationen berücksichtigt werden. Je nach Anwendung gibt es mittlerweile auch regionale CTMs bei denen die Modellobergrenze in der Stratosphäre (zum Beispiel LANGNER et al. 2005) liegt.

Abb. 10-1 illustriert die typische vertikale Ausdehnung der Modellgebiete von CTMs und CCMs in Verbindung mit den für die Luftchemie relevanten Transportprozessen. Tabelle 10-3 stellt die in den beiden Modelltypen abgebildeten Prozesse gegenüber.

Tab. 10-3: Liste der Prozesse und Wechselwirkungen, die in CTMs und CCMs dargestellt werden können (+: Prozess ist enthalten). Nur bei genügend hoher vertikaler Ausdehnung des Modellgebiets kann Stratosphären-Troposphären-Austausch in CTMs berechnet werden. Ferntransport wird in Regionalmodellen über chemische Randbedingungen abgebildet. Bei konstanten oder klimatologischen Randwerten entsprechen die Randbedingungen nicht der aktuellen synoptischen Situation.

	CTM	CCM
Dynamik		+
Chemie	+	+
Wechselwirkung Gas-Strahlung		+
Aerosoleffekte		+
Stratosphären-Troposphären-Austausch	(+)	+
Ferntransport	(+)	(+)

Viele CTMs wurden speziell zur Erforschung der Wirksamkeit von Luftqualitäts-Sicherungsmaßnahmen entwickelt, weshalb sie, trotz der oben genannten Einschränkungen, auch zur Untersuchung der Änderung der Luftqualität in Folge des Klimawandels und von Mitigationsszenarien genutzt werden. Da ein Hauptinteresse der Luftqualitätsstudien auf Mittel- oder Extremwerten von bodennahem Ozon liegt, behandeln viele dieser Studien nur die Sommermonate. Eine typische regionale CTM-Klimastudie untersucht Simulationen der Form „10 x Sommer heutiges Klima und 10 x Sommer mit 2050er oder 2100er Bedingungen". Da die zwischenjährliche Variabilität in der Luftchemie groß ist, ist ein statistisch signifikantes Klimasignal für bodennahes Ozon nur für Realisierungen über entsprechend lange Zeiträume (>= 10 Jahre) möglich. Bei neueren Studien sind, mit gestiegener Großrechnerleistung, Zehn-Jahres-Zeitscheiben der Standard und einige Studien umfassen sogar 30-Jahres-Zeitscheiben (MELEUX et al. 2007, CALVALHO et al. 2010).

2.2 Regionale Chemie-Klimamodelle

Die regionalen CCMs behandeln die chemischen Prozesse integriert in ein dynamisches Modell. Dies hat mehrere Vorteile:
- Die Wechselwirkungen zwischen chemischen Spurenstoffen und der Dynamik können berücksichtigt werden. Dies sind insbesondere
  - die Strahlungswechselwirkung: Gase und Aerosol beeinflussen den Strahlungshaushalt der Erde. Wenn die in dynamischen Modellen üblicherweise zur Berechnung des Strahlungsantriebs verwendeten Spurenstoffklimatologien durch die in CCMs prognostisch berechneten Spurenstoffverteilungen ersetzt werden, kann die Strahlung eine erheblich höhere zeitliche und räumliche Variabilität aufweisen, sowie zeitliche Trends wiedergeben.
  - die Aerosoleffekte: Veränderungen in der Aerosolzusammensetzung wirken sich auf die Bildung von Wolken und damit auf die gesamte Wolkendynamik, einschließlich deren Strahlungswechselwirkung, aus. Trends und Variabilität, die ihre Ursache in diesen Prozessen haben, können nur durch eine prognostisch berechnete Aerosolverteilung und -zusammensetzung erfasst werden.
- Der Spurenstofftransport erfolgt konsistent zur Dynamik, da die Spurenstoffe in jedem Modellzeitschritt entsprechend der aktuellen Windfelder und der konvektiven Massenflüsse transportiert werden.
- Der Transport zwischen Grenzschicht, freier Troposphäre und der unteren Stratosphäre wird in CCMs aufgelöst, da diese Bereiche der Atmosphäre in dynamischen Modellen enthalten sein müssen, um die dynamischen Prozesse konsistent berechnen zu können (Abb. 10-1).

Diese Vorteile werden mit einem erheblich höheren Rechenaufwand erkauft, da die chemischen Prozesse in jedem Modellzeitschritt des dynamischen Modells gerechnet werden und, aufgrund der Dynamik, kürzere Zeitschritte als in CTMs verwendet werden müssen. Zum anderen ist die vertikale Ausdehnung des Modellgebiets, das heißt die Anzahl der vertikalen Schichten und damit die Anzahl der Gitterzellen in denen Chemie berechnet wird, in CCMs erheblich höher als in CTMs.

Die Vorteile der CCMs liegen damit vor allem in der Simulation der Aerosoleffekte, welche auch die meisten CCM-Studien behandeln. Da CCMs sehr rechenzeitintensiv sind, wird häufig eine reduzierte Gasphasenchemie und eine verhältnismäßig grobe horizontale Auflösung benutzt, um den numerischen Aufwand bewältigen zu können.

2.3 Chemische Randbedingungen

Chemische Randbedingungen spalten sich in zwei Bereiche auf:
(1) die Vorgabe von Spurenstoffkonzentrationen an den seitlichen und oberen Modellrändern und
(2) die (Offline-) Emissionen der Spurenstoffe.

Zu (1): Die Bereitstellung der Spurenstoffkonzentrationen an den Modellrändern ist nicht trivial. Häufig werden sie als konstant oder als monatliche, aus Messwerten bestimmte Klimatologien (LANGNER et al. 2012) vorgeschrieben. Einige Studien verwenden Konzentrationen von globalen CTMs oder CCMs, überwiegend jedoch in Form von monatlichen Klimatologien (MELEUX et al. 2007). Dafür gibt es im Wesentlichen zwei Gründe: Zum einen benutzen die globalen und regionalen Modelle meistens nicht exakt dieselben Formulierungen für luftchemie-relevante Prozesse, weshalb Annahmen getroffen werden müssen, wie sich die Spurenstoffe des Regionalmodells aus denen des Globalmodels ableiten lassen. Zum anderen werden in der Regel nicht dieselben Modelle für die Randbedingungen der Spurenstoffe genutzt, die auch für die dynamischen Randbedingungen verwendet werden. Würden nun aus beiden Modellen die jeweils aktuellen Werte und keine Klimatologien verwendet, wären die Dynamik und die Verteilung der chemischen Spurenstoffe inkonsistent. Durch klimatologische Randbedingungen werden sowohl Änderungen im Ferntransport der Spurenstoffe als auch der Eintrag von Spurenstoffen aus der freien Troposphäre und der Stratosphäre stark vereinfacht dargestellt (siehe Abb. 10-1). Um dieses Defizit zu reduzieren, können regionale ACMs ineinander „genestet" werden (MARKAKIS et al. 2014). Während für die größere, gröber aufgelöste Modellinstanz, zum Beispiel Europa, feste oder klimatologisch gemittelte Randbedingungen vorgeschrieben werden, können für das kleinere, höher aufgelöste Modellgebiet, zum Beispiel Deutschland, die in der gröberen Modellinstanz berechneten Konzentrationen als konsistente, zeitlich höher aufgelöste Randbedingungen bereitgestellt werden.

Es gibt einige sehr wenige CCM-Systeme, die für die chemisch relevanten Prozesse im Globalmodell exakt dieselben Prozessformulierungen verwenden wie im Regionalmodell, was zur höchstmöglichen Konsistenz der Randbedingungen führt. So ermöglicht zum Beispiel das MECO(n)-System (KERKWEG und JÖCKEL 2012) ein Regionalmodell in zeitlich hoher Auflösung (Modellzeitschritt des Antriebsmodells) mit dynamisch und chemisch konsistenten Randdaten anzutreiben. Mit diesen Modellen wurden aber noch keine Klimastudien erstellt.

Zu (2): Eine weitere große Herausforderung ist die Beschaffung adäquater Emissionsdaten. In der Regel basieren sie auf Emissionskatastern. Im Rahmen der Simulationen für den 5. IPCC-Bericht und für Vergleichsstudien von globalen Chemiemodellen (LAMARQUE et al. 2013) wurden globale Emissionskataster erstellt (zum Beispiel MEINSHAUSEN et al. 2011). Für regionale Luftchemie-Simulationen ist die Auflösung dieser Kataster allerdings zu grob. VALARI und MENUT (2014) zeigen, dass eine höhere räumliche Auflösung in Luftchemiesimulationen nur einen Mehrwert erzielen kann, wenn höher aufgelöste Emissionsdaten verwendet werden. Deshalb werden für regionale Studien meistens regional höher aufgelöste Emissionsdatensätze genutzt.

3 Ergebnisse

Die meisten regionalen Chemie-Klimastudien befassen sich mit Nordamerika oder Europa, wobei in letzter Zeit ein starker Trend zu Luftqualitätsstudien für Ostasien und insbesondere für China zu beobachten ist. Da hier nur ein kleiner Einblick in diese Studien gegeben werden kann, beschränkt sich der folgende Abschnitt auf Ergebnisse für den europäischen Kontinent und auf Ozon- und Partikelverteilungen, da letztere im Fokus der meisten Studien stehen. Um einen Eindruck zu vermitteln, wie die mittlere Ozonverteilung für Europa aussieht, zeigt Abb. 10-2 ein für den Sommer 2008 gemitteltes, bodennahes Ozonfeld. Die Ozonverteilung weist einen starken Nord-Südgradienten auf, mit hohen Ozonwerten im Süden und erheblich geringeren Ozonkonzentrationen im Norden.

3.1 Änderung der Luftqualität

Dieser Abschnitt gibt einen Überblick über die wichtigsten Ergebnisse von Studien zur Änderung der Luftqualität durch den Klimawandel und durch die Umsetzung von Mitigationsstrategien. Im Wesentlichen sind zwei Szenarien untersucht worden:
1. Wie wirkt sich die durch den Klimawandel geänderte Dynamik auf die Luftqualität aus? („nur Klimawandel"-Szenario (NKW), Abschnitt 3.1.1)
2. Wie wirkt sich die Umsetzung von Mitigationsstrategien, das heißt Emissionsreduktionen, auf die Luftqualität aus? (RCP-Szenario, Abschnitt 3.1.2).

Da der gesundheitliche Aspekt für Luftqualitätsstudien eine wichtige Rolle spielt, dienen häufig Mittel- und Extremwerte der Konzentrationen von bodennahem Ozon und von Partikeln ($PM_{2,5}/PM_{10}$) als Marker für die Luftqualität. Im Folgenden werden deshalb Projektionen für die Konzentration des bodennahen Ozons, und für $PM_{2,5}/PM_{10}$-Verteilungen besprochen.

3.1.1 NKW-Szenario: nur Klimawandel, heutige Emissionen

Studien zu diesem Szenario befassen sich mit der Frage, welchen Effekt der Klimawandel allein auf die Luftqualität hat. Hierfür werden jeweils eine Zeitscheibe im aktuellen Klima und eine Zeitscheibe für ein entsprechendes „Zieljahr" (zum Beispiel 2050 oder 2100) gerechnet. Als dynamischer Antrieb dienen Realisierungen von regionalen Klimamodellen, die von einem globalen Modell, das einem entsprechenden Klimaszenario (siehe Beitrag 12 dieses Promet-Heftes) folgt, angetrieben werden. Die Randbedingungen, einschließlich anthropogener Emissionen, werden konstant auf den heutigen Werten gehalten, so dass sich die Chemie nur aufgrund der verschiedenen dynamischen Verhältnisse ändert. Regionale Klimasimulationen projizieren im Mittel für Mittel- und Südeuropa im Sommer folgende Klimaentwicklung: Die Temperaturen am Erdboden und in der unteren Troposphäre sind höher, weshalb der Wasserdampfgehalt der Atmosphäre steigt, aber die Wolkenbedeckung und der Niederschlag abnimmt. Aufgrund der geringeren Wolkenbedeckung ist die solare Einstrahlung höher. Trotzdem nimmt die projizierte Grenzschichthöhe ab, da häufiger stationäre Bedingungen herrschen. Diese dynamischen Aspekte können sich unterschiedlich auf die Luftchemie auswirken. In der hier betrachteten Ozonchemie bewirken höhere Temperaturen, höhere Einstrahlung und ein erhöhter Wasserdampfgehalt der Atmosphäre eine erhöhte Ozonproduktion. Höhere Bodentemperaturen verstärken die Emission flüchtiger organischer Kohlenwasserstoffe (VOC, „volatile organic components"), die wichtige Ozon-Vorläufersubstanzen sind. Weniger Niederschlag reduziert die Feuchtdeposition von Ozon-Vorläufersubstanzen, zum Beispiel von Stickoxiden ($NO_X = NO + NO_2$). Die erhöhte solare Einstrahlung bewirkt eine Verstärkung der Photolyse photoaktiver Substanzen. Eine geringere Grenzschichthöhe führt zu geringerer Durchmischung und damit zu Anreicherung in der Grenzschicht. Da viele dieser Prozesse nicht linear abhängig sind, ist nicht a priori klar, in welche Richtung sich die Ozonkonzentration in Bodennähe in Folge des Klimawandels verändern wird.

Für Süd- und Mitteleuropa berichten die NKW-Studien für den Sommer einen Anstieg der Ozonbelastung mit steigender Temperatur (LANGNER et al. 2012). Diese Änderung betrifft sowohl den Anstieg der mittleren bodennahen Ozonkonzentration als auch die Zunahme der Extremereignisse, das heißt der Tage an denen ein gegebener Ozon-Grenzwert überschritten wird. Hierfür wurden die mit der Temperatur steigenden biogenen Emissionen, insbesondere von Isopren, als Ursache identifiziert (ANDERSSON und ENGHARDT 2010). Im jährlichen Mittel nimmt die Konzentration von bodennahem Ozon in Mittel- und Südeuropa

Tab. 10-4: Tendenz der Konzentration des bodennahen Ozons, abhängig vom Szenario und aufgeschlüsselt nach Nord-, Mittel-, und Südeuropa.

	NKW-Szenario	RCP-Szenario
Nordeuropa	gleichbleibend/leicht fallend	fallend
Mitteleuropa	leicht ansteigend	fallend
Südeuropa	ansteigend	fallend

nur gering zu. In Nordeuropa hingegen sinkt sowohl die Ozonkonzentration als auch die Anzahl der Grenzwertüberschreitungen. Tabelle 10-4 stellt die projizierten Tendenzen der Konzentrationen des bodennahen Ozons für die betrachteten Szenarien zusammen. Verglichen mit Abb. 10-2 wird deutlich, dass dort, wo die bodennahe Ozonkonzentration heute schon sehr hoch ist (das heißt im Süden), eine weitere Ozonzunahme zu erwarten ist, während die moderaten Ozonwerte in Nordeuropa erhalten oder sogar weiter reduziert werden.

Im Gegensatz zu Ozon zeigen die Luftqualitätsstudien für $PM_{2.5}/PM_{10}$ keinen eindeutigen Einfluss des Klimawandels. Die von den unterschiedlichen Modellen simulierten leichten Anstiege oder (häufiger) Verringerungen in den Partikelkonzentrationen sind in der Regel nicht statistisch signifikant.

3.1.2 RCP-Scenario: Emissionsreduktionen im Verlauf des 21. Jahrhunderts

Wenn in Europa die Emissionen der Ozonvorläufersubstanzen reduziert werden, sagen alle Studien im Mittel eine Reduktion der mittleren bodennahen Ozonkonzentration und auch der entsprechenden Extremwerte voraus. Je nach zeitlichem Verlauf der Emissionsreduktionen (RCP-Szenario) wird dies früher oder später signifikant. Für die nahe Zukunft (2030-2050) sind nur geringe Verbesserungen zu erwarten, während gegen Ende des Jahrhunderts (2100) eine deutliche Reduktion in den mittleren Ozonbelastungen eintritt.

Während dies für ländliche Gebiete Europas gilt, sind in den stark verschmutzten Regionen zunächst Anstiege in der Ozonbelastung zu verzeichnen. Dies liegt an den komplexen Wechselwirkungen in der Ozonphotochemie. Abhängig vom Verhältnis der NO_x- und VOC-Konzentrationen unterscheidet man zwei Bereiche:

- Im NO_x-limitierten Bereich (hohes $[VOC]/[NO_x]$-Verhältnis) bewirkt eine VOC-Konzentrationsänderung keine oder nur eine geringe Änderung in der Ozonkonzentration. Wird die NO_x-Konzentration erhöht (gesenkt), steigt (sinkt) auch die Ozonproduktion.
- Im VOC-limitierten Bereich (niedriges $[VOC]/[NO_x]$-Verhältnis) steigt (sinkt) die Ozonkonzentration, wenn die VOC-Konzentration steigt (sinkt). Dahingegen bewirkt eine Reduktion (eine Erhöhung) in der NO_x-Konzentration einen Ozonanstieg (eine Ozonreduktion).

Diese Zusammenfassung ist nur eine grobe Verallgemeinerung, da die O_3-NO_x-VOC-Chemie sehr komplex ist. Während die photochemischen Reaktionen in der Regel tagsüber netto Ozon produzieren, wird Ozon nachts oder in der Nähe von starken NO-Quellen durch die sogenannte NO_x-Titration (Ozon reagiert mit NO zu NO_2 und Sauerstoff) netto abgebaut.

In stark verschmutzen Gebieten wie Großstädten oder größeren Industrieflächen ist die Luftchemie aktuell häufig VOC-sensitiv. Da die NO-Emissionen sehr hoch sind, führt NO_x-Titration zu einer Reduktion der Ozonwerte. Messungen belegen, dass in Städten in der Nähe von Emissionsquellen der Ozon-Vorläufersubstanzen, die bodennahe Ozonkonzentration heute häufig geringer ist als im Umland der Städte (VALARI und MENUT 2008). Wenn die hohen NO_x-Emissionen in den Städten reduziert werden, reduziert sich auch der Effekt der Titration. Dies führt dazu, dass in und stromabwärts von stark verschmutzten Gebieten eine Reduktion der anthropogenen Emissionen zunächst zu einem Anstieg der Ozonbelastung führt. Ein weiterer Rückgang der Emissionen kann dann am Ende auch in diesen Gebieten zu einer Verbesserung der Luftqualität führen. Dies tritt in den Projektionen meist erst in der zweite Hälfte des 21. Jahrhunderts ein.

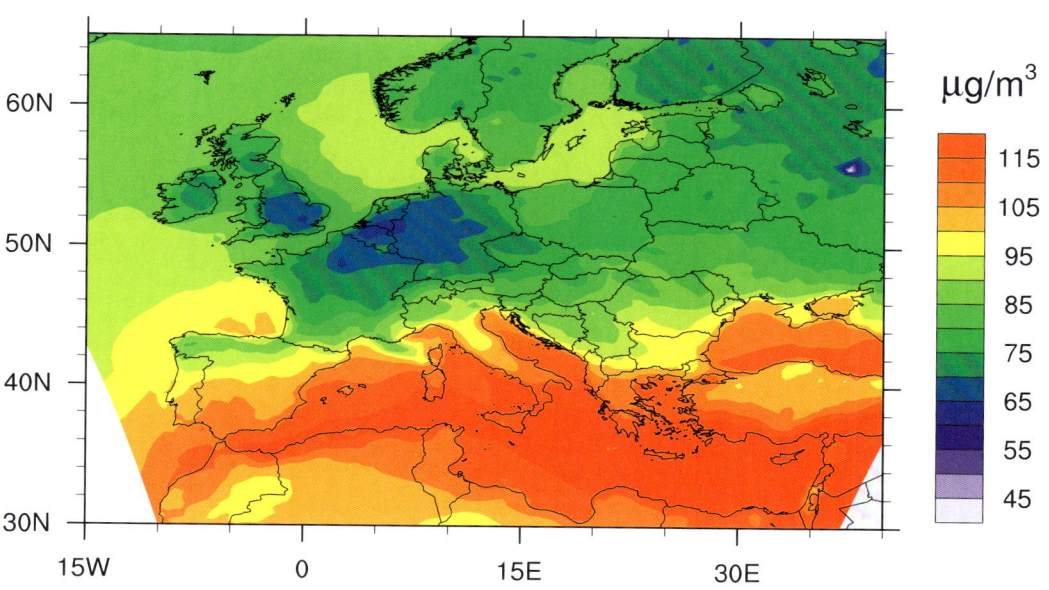

Abb. 10-2: Beispiel für eine mittlere Konzentration des bodennahen Ozons in Europa in µg/m³ für Sommer 2008, simuliert mit dem MECO(n)-System.

Unabhängig vom gewählten Szenario zeigen die RCP-Simulationen eine deutliche Verringerung der $PM_{2.5}/PM_{10}$-Konzentrationen. Hierfür sind vor allem die reduzierten Emissionen wichtiger Vorläufersubstanzen von $PM_{2.5}$-Partikeln (zum Beispiel SO_2) verantwortlich. Zusätzlich führen weitere Prozesse, wie zum Beispiel erhöhte Feuchtdeposition im Winter, zu weiteren Partikelanzahlreduktionen. Insgesamt wird die Partikelanzahl durch die Emissionsreduktion im Sommer stärker als im Winter verringert.

3.1.3 Auflösungsabhängigkeit der Ergebnisse

Aufgrund der im vorhergehenden Abschnitt beschriebenen Nichtlinearitäten in der Ozonchemie kann sich die gewählte Auflösung des Modellgebiets und die Auflösung der Emissionsdaten entscheidend auf die Ergebnisse der Modellstudien auswirken. Wird dieselbe Menge eines Spurenstoffes von einer Punkt- oder Linienquelle emittiert, erfährt dieser auf einem gröberen Gitter instantan eine stärkere Verdünnung als auf einem feinen Gitter. Dies kann bei der hohen Nicht-Linearität der Ozonchemie zu sehr unterschiedlichen Ergebnissen führen.

VALARI und MENUT (2014) zeigen dies am Beispiel von Paris für eine Episode im August 2003. Mit dem CTM CHIMERE wurde ein 180 km x 180 km großes Gebiet um Paris simuliert. Hierzu wurden zwei Modellinstanzen mit 0,5° (etwa 56 km) und 6 km Gitterweite verwendet. Die Ergebnisse für die beiden Auflösungen unterscheiden sich deutlich (VALARI und MENUT 2014, Abb. 2):
- In der feinen Auflösung werden für das Stadtgebiet von Paris sehr geringe Konzentrationen von bodennahem Ozon simuliert, die auf NO_x-Titration durch die hohen NO_x-Emissionen zurückzuführen sind. In der groben Auflösung ist dieses Phänomen nicht zu beobachten.
- In der feineren Auflösung werden erheblich höhere, realistischere Maximalwerte für die Ozonbelastung simuliert. Diese entstehen durch photochemische Reaktionen in der Pariser Abluftfahne.
- Die Verteilung der Spurenstoffe ist in der feineren Auflösung auf einen kleineren Bereich beschränkt. Dies gilt auch, wenn die Ergebnisse der 6 km-Simulation auf 0,5° aggregiert werden.

In einer weiteren Studie mit dem CTM CHIMERE untersuchen MARKAKIS et al. (2014) die Entwicklung der Luftqualität in Paris für das Jahr 2050. Für ein Szenario ohne Emissionsreduktion steigt die Ozonbelastung in der Pariser Innenstadt in der feiner aufgelösten Modellinstanz weiter an, während die Projektion mit 0,5°-Gitterweite eine Abnahme der Ozonbelastung zeigt.

3.2 Studien mit interaktivem Aerosol

Auch wenn es inzwischen einige CCMs gibt, die über eine vollständige Implementierung der Aerosoleffekte verfügen (zum Beispiel WRF-Chem oder COSMO-ART), so sind Studien mit diesen Modellen zur Zeit eher auf Episoden ausgerichtet, da Langzeitsimulationen zu viel Rechenzeit erfordern. Lediglich Regionalmodelle mit sehr vereinfachter Gasphasenchemie können über mehrere Dekaden integriert werden. Im Folgenden wird eine der sehr wenigen mehrere Dekaden umfassenden Klimastudien, die für Europa mit einem regionalen CCM durchgeführt wurden, vorgestellt.

Anhand von Messungen der bodennahen kurzwelligen Strahlung ist bis etwa Mitte der 1980er Jahre eine Abnahme der einfallenden Strahlung (englisch „dimming") zu beobachten. Seitdem nimmt die einfallende Strahlung wieder zu (englisch „brightning"). Als Ursache dieses Phänomens werden veränderte anthropogene Emissionen und damit eine veränderte Verteilung von anthropogenem Aerosol angenommen (WILD 2009). ZUBLER et al. (2011) haben den Einfluss anthropogener Emissionen auf dieses Phänomen mit einem Regionalmodell, das Aerosoleffekte abbildet (COSMO-CLM/M7), untersucht. Hierzu wurde die Periode 1958-2001 angetrieben mit ERA-40-Reanalysedaten zweimal simuliert: Einmal mit monatlich gemittelten, sich zeitlich entwickelnden (transienten) und einmal mit klimatologisch gemittelten, zeitlich konstanten, chemischen Randbedingungen und Emissionen. Die monatlich gemittelten Randbedingungen für die Spurenstoffe stammen von einer ähnlichen Simulation mit dem globalen Klimamodell ECHAM5-HAM. Auch die Emissionen entsprechen denen der globalen Simulation.

Beide Simulationen zeigen ein eindeutiges „Dimming" und „Brightning"-Signal in der abwärts gerichteten kurzwelligen Strahlung am Boden bei klarem Himmel („clear-sky"), was darauf hinweist, dass die Emissionen allein nicht entscheidend für das „Dimming"- und „Brightning"-Signal sind. Vielmehr sind die Aerosolprozesse als solche und der Klimawandel wichtige Faktoren. Das stärkste Aufhellungssignal von 3,4 Wm^{-2} finden ZUBLER et al. (2011) für Mitteleuropa. Dies ist in Übereinstimmung mit Beobachtungen. ZUBLER et al. (2011) zeigen, dass die („all-sky") kurzwellige Strahlung am Boden vor allem durch den Wolkenstrahlungsantrieb beeinflusst wird. Da die Entwicklung des Wolkenanteils durch die allgemeine Zirkulation dominiert wird, die wiederum durch die Randbedingungen vorgeschrieben ist, ist der Effekt der transienten Emissionen insignifikant im Vergleich zur internen Variabilität des Modells. Einschränkend weisen ZUBLER et al. (2011) darauf hin, dass die Simulationen den Einfluss des Wolkenanteils auf die kurzwellige Strahlung am Boden überschätzen und dass deshalb vor einer abschließenden Bewertung erhebliche Modellverbesserungen in diesem Bereich notwendig sind.

3.3 Statistische Luftqualitäts-Projektionen

Im Vergleich zu der bisher beschriebenen Methode der Regionalisierung durch dynamisches Downscaling ist das statistische Downscaling (siehe Beitrag 3 in diesem Heft) erheblich weniger rechenzeitintensiv. Insbesondere im Hinblick auf die in diesem Abschnitt im Fokus stehende Ozonchemie, eignen sich statistische Methoden nur bedingt für die Projektion von Luftqualität in die Zukunft. Dies liegt an der hohen Nichtlinearität der Ozon-Chemie (siehe Kapitel 3.1.2). Die in statistischen Verfahren gemeinhin angenommene feste Beziehung zwischen Prädiktor und Prädikant sind nicht mehr erfüllt, wenn zum Beispiel ein Regime zwischen NO_X-limiert und VOC-limitiert wechselt. Dies beschränkt die Anwendbarkeit statistischer Verfahren auf Fälle, in denen sich die Emissionen nicht ändern. Das heißt, sie sind nur für Untersuchungen der in Kapitel 3.1.1 behandelten NKW-Szenarien geeignet. Als Beispiel soll hier die Studie von DEMUZERE und LIPZIG (2010) zur Projektion der täglichen Maxima der 8-Stunden-gleitend-gemittelten Ozonkonzentrationen [O_3,max8h] für eine ländliche Station in den Niederlanden vorgestellt werden.

DEMUZERE und LIPZIG (2010) teilen zunächst die dynamische Simulation in charakteristische Zirkulationsmuster ein. Danach wird für jedes Zirkulationsmuster und jede Jahreszeit eine Regression für [O_3,max8h] mit den Prädiktorvariablen (Maximumtemperatur, Feuchte, Wolkenbedeckungsgrad etc.) berechnet. Diese Rechnung geschieht anhand von Simulationen des heutigen Klimas. Nach einer zusätzlichen Tendenzkorrektur erfolgt die [O_3,max8h]-Projektion für die Zeiträume 2051–2060 und 2091–2100, indem die ermittelten statistischen Beziehungen auf globale ECHAM5-HAM-MPIOM-Projektionen unter Berücksichtigung verschiedener Klimaszenarien angewendet werden. Für alle Szenarien und beide Zeiträume wird ein [O_3,max8h]-Anstieg prognostiziert. Dies ist in Übereinstimmung mit den dynamischen NKW-Studien (Kapitel 3.1.1), die für Mitteleuropa auch einen Anstieg der Ozonkonzentration in Bodennähe projizieren. Nach DEMUZERE und LIPZIG (2010) erfolgt dieser Anstieg nicht aufgrund der Änderung in der Häufigkeit bestimmter, der Ozonproduktion förderlicher, Zirkulationsmuster. Vielmehr ändern sich innerhalb von Wetterlagen bestimmte Prädiktoren, die typischerweise der Ozonproduktion förderlich sind. Dies ist vor allem die Zunahme der Maximumtemperatur, des Wolkenbedeckungsgrades und der relativen Feuchte.

4 Zusammenfassung und Ausblick

Aufgrund der Komplexität der chemischen Prozesse sind Luftchemie-Klimastudien sehr rechenzeitintensiv, weshalb ihre Durchführbarkeit durch die Kapazität moderner Hochleistungsrechner begrenzt ist. Um Simulationen auf klimatologischer Zeitskala rechnen zu können, muss sorgfältig abgewogen werden, welche chemischen Prozesse für die aktuelle wissenschaftliche Fragestellung von Bedeutung sind, und welche vernachlässigt werden können.

Aufgrund dieser Beschränkung finden sich zwei Forschungszweige in der regionalen Luftchemie-Modellierung, die sich auch weitestgehend durch die verwendeten Werkzeuge (Modelle) unterscheiden:
(1) Die Entwicklung der Luftqualität, mit einem besonderen Fokus auf den gesundheitlichen und ökologischen Folgen (zum Beispiel Stress durch erhöhte Ozonwerte bei Mensch und Pflanze) wird überwiegend mit Chemie-Transportmodellen (CTMs) untersucht. Diese haben den Vorteil, dass sie selbst keine dynamischen Prozesse auflösen und deshalb, verglichen mit CCMs, längere Zeitschritte und eine geringere vertikale Ausdehnung des Modellgebiets (Abb. 10-1) verwenden können, was den Rechenzeitbedarf erheblich reduziert. Ein geringerer Rechenzeitbedarf bedeutet, dass eher Simulationen auf der für Klimastudien notwendigen langen Zeitskala durchführbar sind. Der Hauptnachteil dieser Modelle ist, dass sich keine Wechselwirkungen der chemischen Spurenstoffe mit der Dynamik simulieren lassen und damit auch indirekte Klimafolgen, deren Ursachen in der Chemie liegen, nicht aufgelöst werden können.
(2) In den sogenannten Chemie-Klimamodellen (CCMs) werden Dynamik und Chemie integriert in einem Modell gerechnet, so dass sie in jedem Zeitschritt miteinander wechselwirken können. Als Nachteil dieser Modelle ist ein höherer Rechenzeitaufwand verglichen mit einem CTM zu nennen.

Eine Herausforderung für alle regionalen Luftchemiemodelle bildet die Bereitstellung möglichst konsistenter chemischer Randbedingungen und die Verfügbarkeit von räumlich hoch aufgelösten Emissionsdatensätzen.

Der Beitrag kann nur einen kurzen Einblick in aktuelle Studien geben. Im Allgemeinen prognostizieren regionale Luftqualitätsstudien für Emissionsreduktionsszenarien eine Verbesserung der Luftqualität bis zum Ende des 21. Jahrhunderts. Regionale Studien von Aerosol-Wechselwirkungen zeigen, dass die Berücksichtigung von Aerosoleffekten zu einer erheblichen Verbesserung der Simulationsergebnisse führen kann. Statistische Modelle sind zwar aufgrund ihres geringen Rechenzeitbedarfs attraktiv, können aber aufgrund der Nichtlinearität der Photochemie nur begrenzt eingesetzt werden.

Für die Zukunft ist zu erwarten, dass, mit weiter steigender Rechenleistung, die Modelle immer mehr Details (zum Beispiel eine vollständige Gasphasenchemie und Aerosoleffekte) enthalten werden. Das Problem der konsistenten Randbedingungen wird in Zukunft wahrscheinlich durch Modellsysteme behoben wie MECO(n) (KERKWEG und JÖCKEL 2012), in dem globale und regionale Modellinstanzen mit derselben Chemie-Implementierung, zur Laufzeit ineinander geschachtelt sind, oder ICON-ART (RIEGER et al. 2015), in dem regionale Chemie durch Gitterverfeinerung innerhalb eines globalen Modells berechnet werden kann.

Dank

Mein besonderer Dank gilt Frau Dr. Christiane Hofmann (Universität Mainz) für Ihre Unterstützung bei der Literaturrecherche und Herrn Mariano Mertens (IPA, DLR, Oberpfaffenhofen) für die Bereitstellung von Abbildung 10-2.

Literatur

ANDERSSON, C., ENGARDT, M., 2010: European ozone in a future climate: Importance of changes in dry deposition and isoprene emissions. *J. Geosphys. Res. Atmos.* **115**, doi:10.1029/2008JD011690.

CARVALHO, A., MONTEIRO, A., SOLMAN, S., MIRANDA, A. I., BORREGO, C., 2010: Climate-driven changes in air quality over Europe by the end of the 21st century, with special reference to Portugal. *Environ. Sci. Policy* **13**, 445–458, doi:10.1016/j.envsci.2010.05.001.

COLETTE, A., GRANIER, C., HODNEBROG, Ø., JAKOBS, H., MAURIZI, A., NYIRI, A., RAO, S., AMANN, M., BESSAGNET, B., D'ANGIOLA, A., GAUSS, M., HEYES, C., KLIMONT, Z., MELEUX, F., MEMMESHEIMER, M., MIEVILLE, A., ROUÏL, L., RUSSO, F., SCHUCHT, S., SIMPSON, D., STORDAL, F., TAMPIERI, F., VRAC, M., 2012: Future air quality in Europe: a multi-model assessment of projected exposure to ozone, *Atmos. Chem. Phys.* **12**, 10 613–10 630, doi:10.5194/acp-12-10613-2012.

DEMUZERE, M., VAN LIPZIG, N. P. M., 2010: A new method to estimate air-quality levels using a synoptic-regression approach. Part II: Future O-3 concentrations. *Atmos. Environ.* **44**, 1356–1366, doi:10.1016/j.atmosenv.2009.06.019.

FEICHTER, J., LOHMANN, U., 2004: Aerosole und Klima. *Promet 30*, **3**, 121-133.

KERKWEG, A., JÖCKEL, P., 2012: The 1-way on-line coupled atmospheric chemistry model system MECO(n) – Part 2: On-line coupling with the Multi-Model-Driver (MMD). *Geosci. Model Dev.* **5**, 111-128, doi:10.5194/gmd-5-111-2012.

LAMARQUE, J.-F., SHINDELL, D. T., JOSSE, B., YOUNG, P. J., CIONNI, I., EYRING, V., BERGMANN, D., CAMERON-SMITH, P., COLLINS, W. J., DOHERTY, R., DALSOREN, S., FALUVEGI, G., FOLBERTH, G., GHAN, S. J., HOROWITZ, L. W., LEE, Y. H., MACKENZIE, I. A., NAGASHIMA, T., NAIK, V., PLUMMER, D., RIGHI, M., RUMBOLD, S. T., SCHULZ, M., SKEIE, R. B., STEVENSON, D. S., STRODE, S., SUDO, K., SZOPA, S., VOULGARAKIS, A., ZENG, G., 2013: The Atmospheric Chemistry and Climate Model Intercomparison Project (ACCMIP): overview and description of models, simulations and climate diagnostics. *Geosci. Model Dev.* **6**, 179-206, doi:10.5194/gmd-6-179-2013.

LANGNER, J., BERGSTRÖM, R., FOLTESCU, V., 2005: Impact of climate change on surface ozone and deposition of sulphur and nitrogen in Europe. *Atmos. Environ.* **39**, 1129–1141, doi:10.1016/j.atmosenv.2004.09.082.

LANGNER, J., ENGARDT, M., ANDERSSON, C., 2012: European summer surface ozone 1990-2100. *Atmos. Chem. Phys.* **12**, 10 097–10 105, doi:10.5194/acp-12-10097-2012.

MARKAKIS, K., VALARI, M., COLETTE, A., SANCHEZ, O., PERRUSSEL, O., HONORE, C., VAUTARD, R., KLIMONT, Z., RAO, S., 2014: Air quality in the mid-21st century for the city of Paris under two climate scenarios; from the regional to local scale. *Atmos. Chem. Phys.* **14**, 7323–7340, doi:10.5194/acp-14-7323-2014.

MEINSHAUSEN, M., SMITH, S. J., CALVIN, K., DANIEL, J. S., KAINUMA, M. L. T., LAMARQUE, J.-F., MATSUMOTO, K., MONTZKA, S., RAPER, S., RIAHI, K., THOMSON, A., VELDERS, G. J. M., VAN VUUREN, D. P., 2011: The RCP greenhouse gas concentrations and their extensions from 1765 to 2300. *Climatic Change* **109**, 213–241, doi:10.1007/s10584-011-0156-z.

MELEUX, F., SOLMON, F., GIORGI, F., 2007: Increase in summer European ozone amounts due to climate change. *Atmos. Environ.* **41**, 7577–7587, doi:10.1016/j.atmosenv.2007.05.048.

RIEGER, D., BANGERT, M., BISCHOFF-GAUSS, I., FÖRSTNER, J., LUNDGREN, K., REINERT, D., SCHRÖTER, J., VOGEL, H., ZÄNGL, G., RUHNKE, R., VOGEL, B., 2015: ICON-ART 1.0 – a new online-coupled model system from the global to regional scale. *Geosci. Model Dev.* **8**, 1659-1676, doi:10.5194/gmd-8-1659-2015, 2015

VALARI, M., MENUT, L., 2008: Does an Increase in Air Quality Models' Resolution Bring Surface Ozone Concentrations Closer to Reality? *J. Atmos. Ocean. Tech.* **25**, 1955–1968, doi:10.1175/2008JTECHA1123.1.

WILD, M., 2009: Global dimming and brightening: A review. *J. Geophys. Res.* **114**, doi:10.1029/2008JD011470.

ZUBLER, E., M., FOLINI, D., LOHMANN, U., LÜTHI, D., SCHÄR, C., WILD, M., 2011: Simulation of dimming and brightening in Europe from 1958 to 2001 using a regional climate model. *J. Geophys. Res. Atmos.* **116**, D18205, doi:10.1029/2010JD015396.

Kontakt

DR. ASTRID KERKWEG *)
Meteorologisches Institut Universität Bonn
Auf dem Hügel 20
53121 Bonn
kerkweg@uni-bonn.de

*) Arbeit entstanden am Institut für Physik der Atmosphäre, Univ. Mainz

S. ZAEHLE

11 Integration biogeochemischer Prozesse und dynamischer Landnutzung

Integration of biogeochemical processes and dynamic land-use

Zusammenfassung

Dieser Artikel gibt eine Übersicht über die wesentlichen Faktoren, mit denen sich die Landbiosphäre auf regionale Klimasimulationen auswirkt, unter besonderer Berücksichtigung des Faktors Mensch. Er beschreibt die Entwicklung von Landoberflächenmodellen, die für diese Zwecke entwickelt wurden, und diskutiert aktuelle Trends ihrer Weiterentwicklung.

Summary

This article provides an overview on the factors, that determine the importance of the land surface, and in particular human actions affecting the land surface, in regional climate models. It summarizes the development of land surface models from simplistic representations of the energy balance to comprehensive models of land surface exchange processes within Earth system models.

1 Einleitung

Die Landbiosphäre spielt aufgrund biogeophysikalischer, biogeochemischer und direkter physiologischer Effekte eine bedeutende Rolle im Klimasystem (BONAN 2008a). Da diese biologischen Prozesse an der Landoberfläche unmittelbar durch das Klima geprägt sind, entstehen Wechselwirkungen zwischen der Landbiosphäre und dem Klimasystem.

Biogeophysikalische Wechselwirkungen zwischen Landbiosphäre und Klima ergeben sich durch vegetationsbedingte Veränderungen von biologisch kontrollierten, physikalischen Eigenschaften der Landoberfläche, wie zum Beispiel ihrer Albedo oder der Transpirationsleistung der Vegetation. Diese wirken sich auf den Anteil des Niederschlages aus, der als Verdunstung wieder an die Atmosphäre zurückgeführt wird, auf das Verhältnis der sensiblen zur latenten Wärme (Bowen-Ratio; Abb. 11-1, A-B), und damit auf die Dynamik der Grenzschicht zwischen der Landoberfläche und der unteren Atmosphäre. Biogeochemische Wechselwirkungen entstehen durch die enge Kopplung des Pflanzenwachstums und der Bodenatmung an den Gasaustausch der Biosphäre, insbesondere den Austausch wichtiger Treibhausgase wie Kohlendioxid (CO_2), Methan (CH_4), und Lachgas (N_2O). Da die genannten biologischen Prozesse stark durch meteorologische Größen beeinflusst werden, ergibt sich sowohl ein Einfluss des Klimas auf die Treibhausgasbilanz der Biosphäre, als auch – über langfristige Änderungen dieser Bilanz – ein Einfluss der Landbiosphäre auf die langfristige Klimaentwicklung (Abb. 11-1, C-D). Eine direkte physiologische Wechselwirkung der Landbiosphäre mit dem Klima ergibt sich über die Kontrolle der stomatären Leitfähigkeit. Diese wird von den Pflanzen zur Steuerung ihrer Kohlendioxidaufnahme und ihres Wasserverlustes reguliert, in Abhängigkeit von zum Beispiel atmosphärischer Feuchte und Bodenwasserverfügbarkeit aber auch von der atmosphärischen CO_2-Konzentration. Weil die Verdunstung der Pflanzen die größte Komponente der terrestrischen Evapotranspiration ist, können biogeochemisch bedingte Änderungen des Pflanzenwachstums direkte biogeophysikalische Auswirkungen auf die terrestrische Evapotranspiration und damit die Energiebilanz der Landoberfläche haben.

Der Faktor Mensch spielt sowohl durch seine Einflussnahme auf die Verteilung und die Struktur der Vegetation (und damit auf biogeophysikalische Eigenschaften), als auch durch Störungen der biogeochemischen Kreisläufe eine zunehmende, allerdings nur unvollständig erfasste Rolle in dem Wirkungsgeflecht Landbiosphäre-Klimasystem (Abb. 11-1, E). Eine wachsende Anzahl lokaler, regionaler und globaler Studien und Datensätze demonstriert deutlich, dass die anthropogene Landnutzung sich durch biogeophysikalische Wechselwirkungen auf das lokale, regionale und globale Wetter und Klima auswirken kann (zum Beispiel

A: Energiebilanz

B: Wasserkreislauf

C: Biogeochemie

D: Vegetationsdynamik

E: Landnutzung

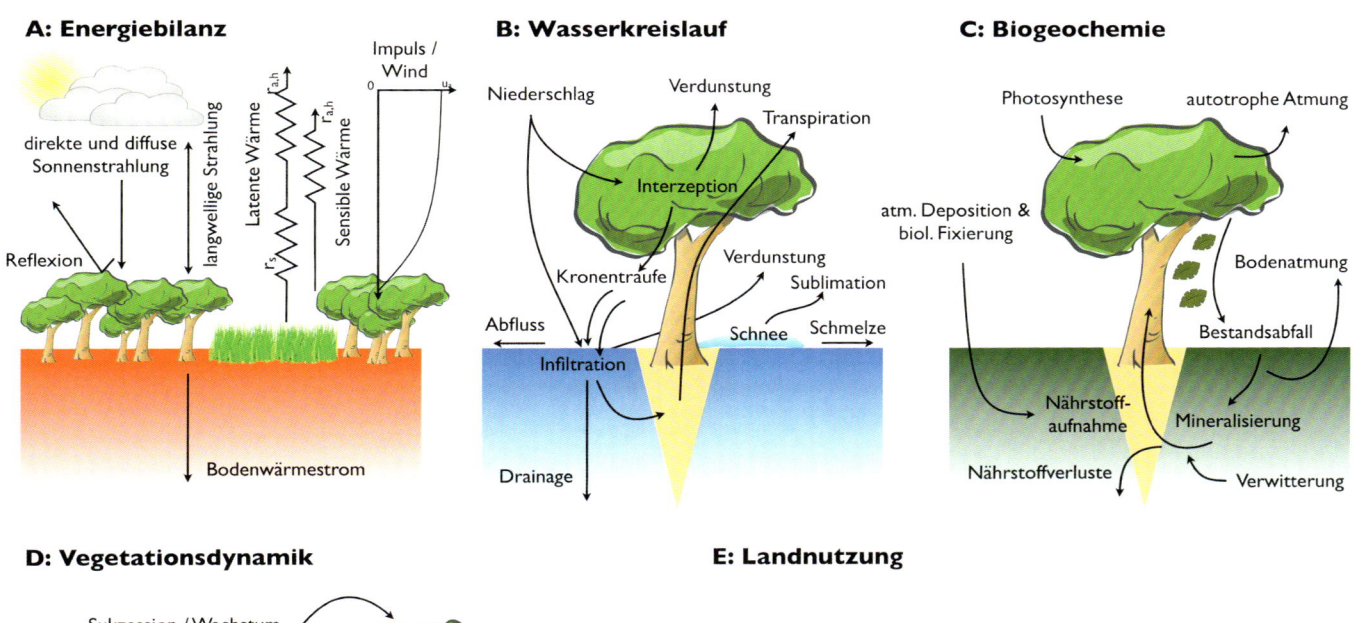

Abb. 11-1: Komponenten der heutigen Generation von Landoberflächenmodellen (LSM) in regionalen und globalen Klimamodellen, die Landbiosphäre und Atmosphäre als gekoppelte Systeme darstellen und dabei die Biogeographie, Biogeophysik und Biogeochemie der terrestrischen Ökosysteme simulieren. Die biogeophysikalischen Komponenten Energiebilanz (A) und Wasserkreislauf (B) sind in allen Modellen enthalten, ebenso meist eine grundlegende Darstellung biogeochemischer Prozesse (C), vorrangig des Kohlenstoffkreislaufs. Die weitere Kopplung des Kohlenstoffkreislaufs an die Kreisläufe der wichtigen Pflanzennährstoffe Stickstoff und Phosphor ist in vielen Modellen noch in Entwicklung. Der Grad in dem die Vegetationsdynamik natürlicher Ökosysteme (D) und anthropogene Landnutzung (E) in den LSMs dargestellt wird variiert sehr stark. Mehr Details siehe Text.

LUYSSAERT et al. 2014). Zusätzlich tragen CO_2-Emissionen aufgrund von Landnutzungsänderungen nachhaltig zur globalen Kohlenstoffbilanz der terrestrischen Biosphäre bei, die insgesamt dennoch gegenwärtig jährlich etwa ein Viertel der anthropogenen fossilen CO_2-Emissionen aufnimmt (LE QUERE et al. 2015). Auch die natürlichen Zyklen der anderen wichtigen Treibhausgase Methan (CH_4) und Lachgas (N_2O) werden nachhaltig durch die Landnutzung beeinflusst.

Um die Rolle der Landbiosphärenprozesse bei der Entstehung regionaler Klimamuster und Klimaänderungen zu verstehen, werden prozessbasierte Landoberflächenmodelle (LSMs) verwendet, die die wesentlichen der oben genannten Prozesse berücksichtigen und durch die Kopplung mit regionalen Klimamodellen die oben genannten Wechselwirkungen abbilden. In diesem Artikel wird eine Übersicht über die zeitliche Entwicklung dieser sogenannten Landoberflächenmodelle (LSM) und deren schrittweise Integration in die globale und regionale Klimamodellierung (Abb. 11-2) gegeben. Insbesondere wird auf zwei Entwicklungsgebiete heutiger LSMs abgehoben: Die Darstellung der anthropogenen Landnutzung (Kapitel 3, Abb. 11-1, E) und die Darstellung der Nährstoffkreisläufe des Stickstoffs und des Phosphors, die für die Simulation des Kohlenstoffhaushalts von Bedeutung sind (Kapitel 4, Abb. 11-1, C). Die grundsätzlichen Trends und die Problematik der Landoberflächenmodellierung in globalen und regionalen Klimamodellen sind dabei sehr ähnlich gelagert, so dass hier auch auf globale Studien zurückgegriffen wird.

2 Eine kurze Historie der Landoberflächenmodelle

Die erste Generation der Landoberflächenmodelle (LSM) wurde in den 1960er Jahren entwickelt und beschrieb meist nur die Energiebilanz der Oberfläche, wobei die Wasserbilanz der Landoberfläche entweder vollkommen vernachlässigt oder lediglich mittels eines Bodenwasserspeichers unter Vernachlässigung der Vegetation dargestellt wurde (BONAN 2008b).

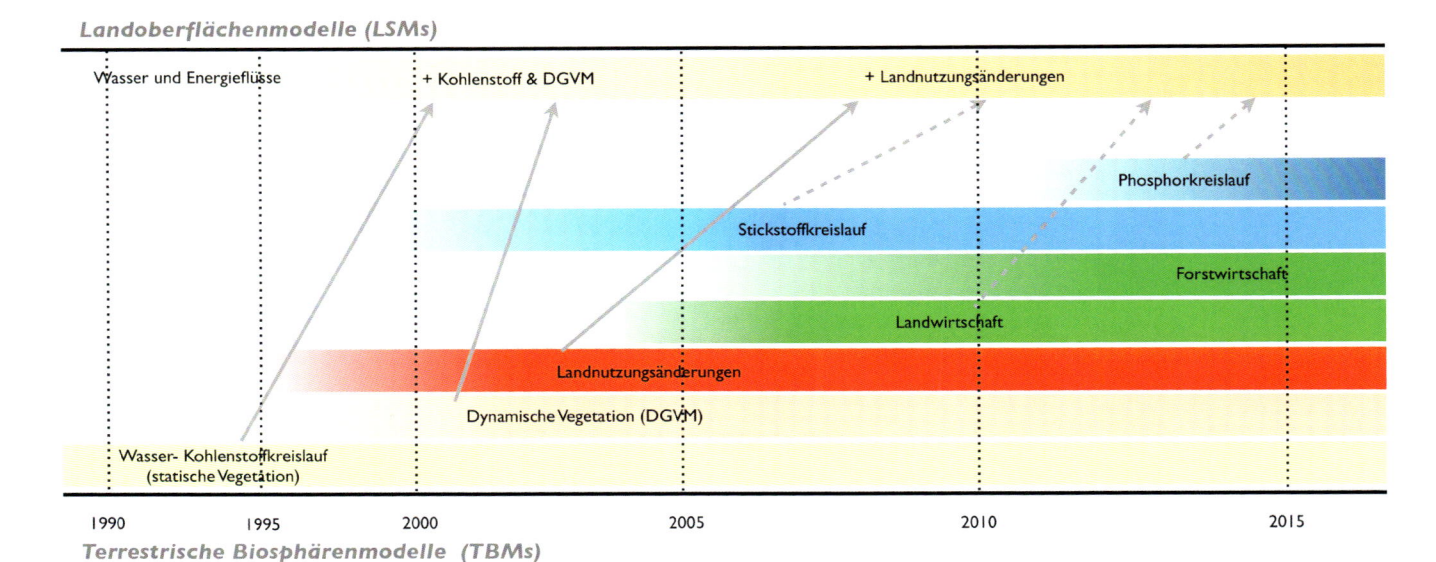

Abb. 11-2: Ungefähre zeitliche Entwicklung der Landoberflächenmodelle seit den 1990er Jahren.

Die zweite Generation der LSMs (etwa Mitte der 1980er Jahre) brachte eine deutlich detailliertere Darstellung der Oberflächenprozesse sowohl in der Vegetation (zum Beispiel Strahlungstransfer durch den Kronenraum, Impulsaustausch mit der Atmosphäre, turbulenter Transfer von latenter und sensibler Wärme), als auch im Boden (zum Beispiel vertikaler Wasser- und Energietransport und -speicherung). Insbesondere wurde die stomatäre Kontrolle der Transpiration explizit berücksichtigt, allerdings meist in Form einer empirischen Abhängigkeit von Einstrahlung, Temperatur, Bodenfeuchte, atmosphärischer Feuchte, und atmosphärischer CO_2-Konzentration (BONAN 2008b). Diese Art der Landoberflächenmodelle ist in der Lage, die wesentlichen biogeophysikalischen Wechselwirkungen zu simulieren und ist sowohl charakteristisch für viele globale Klimamodelle, wie sie im Rahmen des ersten und zweiten IPCC-Berichts verwendet wurden, als auch die Grundlage für viele LSMs in regionalen Klimamodellen (Abb. 11-2, Tabelle 11-1).

LSMs dieser Generation benötigen eine Beschreibung der Beschaffenheit der Vegetation (zum Beispiel Bedeckungsgrad, Höhe und Rauigkeit, Blattflächenindex, Wurzeltiefe) und des Bodens (zum Beispiel Textur, Bodentiefe, hydraulische und thermische Eigenschaften), welche aufgrund von statischen Karten verschiedener Vegetations- und Bodentypen regionalisiert wurden. Die saisonale Entwicklung folgte entweder aus Satellitenbeobachtungen oder empirischen Ansätzen, welche die Phänologie auf Grundlage des vorherrschenden Vegetationstyps, der Temperatur und Bodenfeuchte in Anlehnung an Satellitendaten simulieren. Diese Modelle sind grundsätzlich in der Lage, die biogeophysikalischen Effekte momentaner Landnutzung, zum Beispiel bedingt durch die mittlere Phänologie und Rauigkeit einer Gitterzelle, zu berücksichtigen.

Anfang der 2000er Jahre begannen verschiedene Klimamodellierungszentren, diese biophysikalisch orientierten Landoberflächenmodelle mit terrestrischen Biosphärenmodellen (TBM) zu koppeln (PRENTICE et al. 2007). Diese Modelle beschreiben die Vegetationszusammensetzung auf Grundlage einiger weniger funktionaler Pflanzentypen (wie zum Beispiel tropische immergrüne, und sommergrüne Wälder der gemäßigten Zone). TBM wurden hauptsächlich für die Simulation der gekoppelten, terrestrischen Kohlenstoff- und Wasserkreisläufe, sowie der regionalen Vegetationsverteilung entwickelt, mit dem Ziel, die Auswirkungen zukünftiger regionaler Klimaänderungen, aber auch vergangener Klimazustände, zum Beispiel die Eiszeiten, quantitativ erfassen zu können. Die Fähigkeit dieser

Tab. 11-1: Beispiele für die im Text erwähnten Modelltypen.

Modelltyp	Beispiel (Referenz)
LSM der zweiten Generation	CLM2
LSM + TBM (dritte Generation)	CLM3, JULES, ORCHIDEE, JSBACH
(LSM+) TBM + Landwirtschaft	LPJ-mL (BONDEAU et al. 2007), ORCHIDEE-Stics (SMITH et al. 2010)
(LSM+) TBM + Forstwirtschaft	LPJ-Guess-FM (ZAEHLE et al. 2006), ORCHIDEE-FM (NAUDTS et al. 2016)
LSM + TBM + Nährstoffkreislauf	CLM4.5, OCN (zum Beispiel ZAEHLE und DALMONECH 2011)

Modelle, die raumzeitliche Entwicklung biogeochemischer und biogeographischer Prozesse erfolgreich und effizient nachzuvollziehen, war die Grundlage für ihre Kopplung an die Landoberflächenmodelle der regionalen und globalen Klimamodelle.

Die Kopplung dieser beiden Modeltypen (LSM+TBM, Tabelle 11-1) brachte drei neue Aspekte zur Landoberflächen- und Klimamodellierung (HEIMANN 2004):
1. Die Darstellung des Kohlenstoffkreislaufs in Vegetation und Boden, und damit auch die Fähigkeit, den Netto-CO_2-Fluss zwischen Land und Atmosphäre in Abhängigkeit des Klimas zu simulieren,
2. die Simulation der Phänologie in Abhängigkeit von der Kohlenstoffaufnahme der Pflanzen, welche ein Feedback zwischen Produktivität und biophysikalischen Merkmalen (Oberflächenrauigkeit, Albedo) herstellt, und
3. die dynamische Simulation der natürlichen Vegetationsbedeckung und Zusammensetzung auf der Grundlage der physiologischen Toleranzen verschiedener Pflanzentypen und deren simulierte Produktivität.

Diese Fortschritte (zusammen mit vergleichbaren Entwicklungen im Ozean) haben eine Untersuchung der biogeochemischen Wechselwirkung zwischen dem globalen Kohlenstoffkreislauf und dem Klimasystem ermöglicht (HEIMANN 2004). Die wesentliche Erkenntnis dieser Modelle ist, dass der terrestrische Kohlenstoffkreislauf durch vermehrte Produktivität – und in der Folge Kohlenstoffspeicherung – grundsätzlich bremsend auf den anthropogen bedingten Anstieg der atmosphärischen CO_2-Konzentration wirkt. Dieser Effekt wird allerdings teilweise durch die in einem wärmeren Klima erhöhte Bodenatmung und den dadurch verbundenen Anstieg der atmosphärischen CO_2-Konzentration reduziert – eine Wechselwirkung die über die veränderte CO_2-Konzentration der Atmosphäre verstärkend auf den anthropogenen Klimawandel wirkt (FRIEDLINGSTEIN et al. 2014). Unsicherheiten über die Verweildauer des gespeicherten Kohlenstoffs an Land, und vor allem die Temperaturabhängigkeit der Atmungsprozesse, tragen hauptsächlich zu der Unsicherheit der globalen Klima-Kohlenstoffkopplung bei. Die Evaluierung und mithin die Reduzierung der Unsicherheiten in der Landkohlenstoff-Klimakopplung nimmt daher eine bedeutende Rolle in der Entwicklung künftiger Generationen von Erdsystemmodellen ein (zum Beispiel EU-Projekt CRESCENDO).

Die Fähigkeit dieser gekoppelten TBM-LSM-Modelle, die Kopplung der terrestrischen Wasser- und Kohlenstoffkreisläufe abzubilden, ermöglicht grundsätzlich auch, die klimawirksamen Effekte der direkten physiologischen Wechselwirkungen durch die stomatäre Leitfähigkeit zu untersuchen. Die momentane Generation von Landoberflächenmodellen kann die CO_2-Antwort der stomatären Leitfähigkeit auf Blattebene adäquat wiedergeben. Die Simulation der Auswirkung von CO_2 auf die terrestrischen Wasserflüsse auf der Ökosystemebene wird aber durch komplexe Prozesse der Bestandstrukturentwicklung nicht unerheblich beeinflusst. Diese Prozesse sind zwar gut bekannt, aber nur bedingt quantitativ verstanden und nicht konsistent in TBM oder LSM abgebildet. Im Vergleich zu den Ergebnissen von Ökosystemexperimenten sind die heutigen Modelle daher nur eingeschränkt in der Lage, die beobachteten Auswirkungen des CO_2 auf den Wasserkreislauf wiederzugeben (MEDLYN et al. 2015). Es gibt daher nur bedingt aussagekräftige Studien über diese Wechselwirkung auf regionaler und globaler Skala.

3 Landnutzungsänderungen

Die Entwicklung der globalen Biosphärenmodelle war ursprünglich auf die grundlegende Dynamik natürlicher Ökosysteme und ihrer Abhängigkeit vom Klima fokussiert (Abb. 11-1, D). Da nahezu vier Fünftel der Landoberfläche aber vom Menschen beeinflusst werden, liegt ein Hauptaugenmerk der weitergehenden Entwicklung dieser Modelle daher beim Übergang von der Darstellung der natürlichen Vegetationsdynamik, beziehungsweise der statischen Repräsentation der Vegetationsverteilung aufgrund von Satellitenbeobachtungen, zu einer dynamischen Simulation der Landnutzung durch den Menschen (Abb. 11-1, E). Dabei sind insbesondere zwei Faktoren zu berücksichtigen:
1. die quantitative, raumzeitlich hochaufgelöste Abschätzung der Landnutzungsänderungen (Kapitel 3.1) und
2. die Auswirkungen von landwirtschaftlichen und forstwirtschaftlichen Maßnahmen der Landnutzung auf klimarelevante Faktoren (Kapitel 3.2, 3.3).

3.1 Abschätzung der räumlich-zeitlichen Landnutzungsänderungen

Innerhalb der Zeitspanne von Satellitenbeobachtungen (etwa 1980 bis heute) lassen sich Trends in der Landoberflächenbedeckung relativ gut über den Vergleich verschiedener Aufnahmen (zum Beispiel LANDSAT, MODIS „continuous fields") feststellen. Grundsätzlich lassen sich diese Art von Daten in ein LSM übernehmen. Allerdings ist die Vergleichbarkeit von Vegetationsklassen zwischen den Modell- und den Satellitendaten, und damit deren Zuordnung nicht immer trivial und eindeutig. Für biogeophysikalische Fragestellungen zur Auswirkung der heutigen Landnutzung auf das Klima ist es im Allgemeinen ausreichend, solche Satellitendaten zu verwenden: Werden zum Beispiel Auswirkungen einer veränderten Albedo abgeschätzt, zeigen LSMs hier übereinstimmend, dass die zunehmende Intensivierung der landwirtschaftlichen Nutzung in gemäßigten Breiten aufgrund der veränderten Strahlungsbilanz regional zu einer leichten Abkühlung des Klimas geführt hat (BOISIER et al. 2012). Allerdings berücksichtigen diese Modelle nur sehr eingeschränkt andere, eventuell direktere Auswirkungen der jeweiligen Landnutzung (zum Beispiel landwirtschaftliche und forstwirtschaftliche Maßnahmen) auf klimawirksame Parameter (Kapitel 3.2, 3.3.), welche vermutlich einen ebenso starken Beitrag zur Klimawirkung leisten wie deren raumzeitlich hochaufgelöst abgeschätzten Auswirkungen (LUYSSAERT et al. 2014).

Für die Simulation biogeochemischer Effekte sind diese Daten aufgrund der langen Zeitskalen, auf denen sich Vegetationszusammensetzung und die terrestrischen ober- und unterirdischen Kohlenstoffspeicher ändern, aber nicht ausreichend. Für den Zeitraum vor der Satellitenära behilft man sich hier mit regionalen oder landesspezifischen Landnutzungsstatistiken sowie mit einfachen Algorithmen, die zensusbasierte Trends räumlich verteilen (HOUGHTON et al. 2013). Eine Herausforderung bei der quantitativen Abschätzung regionaler Landnutzungsänderungen ist die Schwierigkeit, Satellitenbeobachtungen konsistent mit den Landnutzungsstatistiken in Einklang zu bringen, da die Definitionen der Vegetationsklassen meist nicht vollständig übereinstimmen. Grundsätzlich lassen diese Studien den Schluss zu, dass Landnutzungsänderungen etwa 12% zu den derzeitigen anthropogenen CO_2-Emissionen beitragen, und damit eine bedeutende Rolle im Klimasystem spielen (HOUGHTON et al. 2013).

Eine wesentliche Herausforderung für die Konstruktion relevanter Datensätze zur Landnutzungsänderung, mit denen auch die Bedeutung für das Klima abgeschätzt werden kann, liegt darin, dass Landnutzungsstatistiken und grobaufgelöste Satellitendaten nur den Nettotransfer zwischen Landnutzungsklassen innerhalb einer Gitterzelle aufzeichnen können, und damit das subskalige Ausmaß der Störung der Ökosysteme durch Landnutzungsänderungen unterschätzen. Insbesondere bei der Abschätzung des Wiederaufwuchses der Wälder nach einer Störung, und den damit verbundenen Änderungen in Vegetationshöhe, -dichte und der Kohlenstoffspeicherung, ist es wichtig, die präzise Summe der Landnutzungsänderungen genau zu kennen, um die Gesamtauswirkung auf die mittlere Alters- und Höhenstruktur innerhalb einer Modellgitterzelle abschätzen zu können. Gegenstand momentaner Forschung ist es, mittels verbesserter Algorithmen räumlich explizite Rekonstruktionen der historischen Bruttolandnutzungsänderungen zu erstellen und in die Simulation von LSMs einzubinden.

3.2 Landwirtschaft

Die ursprüngliche Strategie, landwirtschaftliche Flächen in TBM darzustellen, lag in der Verwendung eines generischen Gras-Vegetationstyps mit hoher Produktivität, ohne landwirtschaftliche Maßnahmen wie Aussaat und Ernte explizit zu simulieren. Diese Strategie ist immer noch weit verbreitet. Allerdings erweist sich hier oft die von der Realität abweichende Phänologie (insbesondere Beginn und Ende der aktiven Vegetationsperiode), und die damit verbundenen Veränderungen der Energie-, Wasser-, und Kohlenstoffflüsse als problematisch. Dies ist insbesondere für Anwendungen der Fall, in denen die zeitliche Dynamik der Oberfläche stark durch räumlich heterogene landwirtschaftliche Maßnahmen geprägt ist, wie zum Beispiel der regionalen Klimamodellierung in Europa. Die Strategien zur verbesserten Abbildung der landwirtschaftlichen Prozesse in regionalen und globalen Klimamodellen lassen sich grundsätzlich in zwei Klassen einteilen: Die Entwicklung generischer, regionaler Feldfruchtmodelle, sowie die explizite Kopplung mit einer Reihe von spezifischen Ertragsmodellen für verschiedene Feldfrüchte (siehe auch Tabelle 11-1). In der globalen Ökosystemmodellierung, die prinzipiell auf die Verwendung hochparametrisierter, externer Modelle verzichtet, werden für die Darstellung der Landwirtschaft funktionale Feldfruchttypen als zusätzliche Vegetationstypen innerhalb des LSMs unterschieden (vergleichbar zu den funktionalen Pflanzentypen der natürlichen Vegetation, siehe oben), zum Beispiel Wintergetreide und Sommergetreide. Die Phänologie dieser Typen verändert sich aufgrund vorherrschender, meteorologischer Verhältnisse mittels heuristisch-empirischer Gleichungen regional. Landwirtschaftliche Maßnahmen (hauptsächlich Aussaat und Ernte) werden ebenfalls mittels generischer Routinen errechnet und sind so im statistischen Mittel an regional vorherrschende Praktiken angepasst. Diese Generalisierung ermöglicht die Berücksichtigung von Landwirtschaft in regionalen und globalen Simulationen ohne Verwendung präziser, räumlich und zeitlich explizierter Information über landwirtschaftliche Praktiken. Das bedeutet im Vergleich zum oben genannten Ansatz aber einen Verlust der Präzision in der Simulation von Phänologie und Ertrag verschiedener Pflanzentypen in einer bestimmten Region. Nichtsdestotrotz zeigen solche Modelle im Vergleich zu globalen, landesweiten Statistiken der Ernährungs- und Landwirtschaftsorganisation der Vereinten Nationen (FAO) und globalen Satellitenbeobachtungen der Phänologie eine deutlich verbesserte Wiedergabe der Beobachtungen im Vergleich zur ursprünglichen Darstellung der landwirtschaftlichen Nutzflächen (BONDEAU et al. 2007).

Der detaillierte, und für die regionale Klimamodellierung wichtigere Ansatz basiert auf der Verwendung spezifischer Ertragsmodelle für verschiedene Feldfrüchte, wie sie in der agronomischen Forschung Anwendung finden. Diese Modelle simulieren das Wachstum und den Ertrag bestimmter Feldfrüchte (Getreidearten, Ölsaaten – zum Beispiel Raps – bis hin zu Gemüse) auf einem bestimmten Feld. Eingangsgrößen dieser Modelle sind neben meteorologischen Daten die Bodenbeschaffenheit und ein detaillierter Katalog an landwirtschaftlichen Maßnahmen (zum Beispiel Daten und Art der Saat, Düngeranwendung und Bewässerung, sowie Ernte). Auf Grundlage aufwändiger und detaillierter Messungen simulieren diese Modelle dann mittels hochgradig empirischer Gleichungssysteme die Phänologie und das Wachstum der Pflanze in verschiedenen Stadien bezüglich beispielsweise der Entwicklung ihrer Blätter und Früchte. Die Kopplung an ein regionales oder globales Klimamodell erfolgt meist durch die Übergabe der vom Feldfruchtmodell simulierten Blattfläche (LAI: Blattflächenindex) und Vegetationshöhe an das Landoberflächenmodell einerseits, andererseits durch die Übergabe der momentanen Produktivität der Feldfrucht und die Ökosystemzustände wie zum Beispiel der Bodenwasserhaushalt vom Klimamodell an das Feldfruchtmodell (zum Beispiel SMITH et al. 2010).

Der Vorteil dieser Art von Kopplung besteht in der direkten Einbindung agronomischer Kenntnisse über die phänologische Entwicklung einer Vielzahl unterschiedlicher, regionaler Feldfruchtarten und Anbausysteme in die Simulation regionaler Energie-, Wasser- und Kohlenstoffflüsse. Weiterhin ermöglicht diese Strategie die ständige Erweiterung und Anpassung der simulierten Feldfruchtdynamiken an neue Erkenntnisse und Parametrisierungen der agronomischen Forschung. Der Nachteil dieser Strategie besteht jedoch in der Regionalisierung der Modelle: Im idealen Fall benötigen diese Modelle einen räumlich hochaufgelösten Katalog an landwirtschaftlichen Maßnahmen, die möglichst präzise Saat- und Erntetermine, Fruchtfolgen und Bewässerung/Düngung wiedergeben.

Diese Informationen flächendeckend bereitzustellen, ist eine der größten Herausforderungen für diesen Ansatz. Zwar gibt es regionale, agronomische Datenbanken wie zum Beispiel das MARS-Projekt des JRCs (mars.jrc.ec.europa.eu/mars/About-us/The-MARS-Unit), diese sind aber (noch) nicht systematisch in der regionalen Modellierung verwendet worden. In einer DFG-Forschergruppe an der Universität Hohenheim (klimawandel.uni-hohenheim.de) wird gegenwärtig versucht, für kleinere Regionen in Süddeutschland aktuelle Landnutzungsinformationen und Feldfruchtmodelle mit regionalen Klimamodellen zusammenzubringen.

3.3 Waldwirtschaft

Eine der wesentlichen Konsequenzen der anthropogenen Waldnutzung, die räumliche Umverteilung der vorherrschenden Waldphänologietypen (immergrün, sommergrün, regengrün), lässt sich auch ohne spezielle Berücksichtigung von waldbaulichen Maßnahmen mittels hochaufgelöster Satellitendaten beschreiben, zumal sich die phänologischen Routinen der natürlichen Wälder auch auf Forste anwenden lassen. Die Darstellung von Waldwirtschaft in der Landoberflächenmodellierung selbst ist weniger weit fortgeschritten als die der landwirtschaftlichen Nutzflächen. Ein wesentlicher Unterschied zwischen Forsten und natürlichen Wäldern besteht in der Altersstruktur, die sich auf Höhe, Dichte und Belaubung des Forstes und mithin seine atmosphärische Kopplung und Kohlenstoffspeicherung auswirkt. Es gibt verschiedene Ansätze, diese Altersstruktur und die mit ihr verbundenen forstwirtschaftlichen Eingriffe in Modellen darzustellen. Obwohl sich diese Ansätze im Detail deutlich unterscheiden, sind sie grundsätzlich vergleichbar mit den generischen Ansätzen der landwirtschaftlichen Modelle (ZAEHLE et al. 2006). Direkte Kopplungen von Forstwirtschaftsmodellen und Landoberflächenmodellen sind dem Autor unbekannt. Die verfügbaren Modelle geben die charakteristische Entwicklung bewirtschafteter Forste wieder und sind grundsätzlich in der Lage, zum Beispiel die Altersstruktur der europäischen Wälder und die assoziierte Kohlenstoffspeicherung wiederzugeben. Erste Analysen zur Auswirkung von Forstmanagement auf biogeophysikalische Parameter zeigen, dass waldbaulich bedingte Änderungen der Vegetationsverteilung und Bestandsstruktur merkliche regionale Auswirkungen auf die Nettostrahlungsbilanz und die Oberflächentemperatur haben können (NAUDTS et al. 2016), die weitere Untersuchung mittels regionaler Klimamodelle erfordern.

4 Gekoppelte biogeochemische Zyklen

Die gegenwärtige Generation der LSMs geht grundsätzlich davon aus, dass das Wachstum der Pflanzen ausschließlich durch meteorologische und bodenphysikalische Randbedingungen, sowie pflanzenphysiologische Parameter bestimmt wird, und sich damit hauptsächlich aus den vorherrschenden Licht-, Wasser- und Temperaturbedingungen herleiten lässt. Zum Wachstum benötigen Pflanzen aber auch Nährstoffe, die zum einen für die Umsetzung biochemischer Prozesse, zum anderen für den Aufbau von Biomasse notwendig sind (Abb. 11-1, C). Unter diesen Nährstoffen haben Stickstoff (N) und Phosphor (P) die größte Bedeutung für das Wachstum der Landpflanzen.

Die physiologische Bedeutung des Stickstoffs liegt darin, dass er ein wesentlicher Bestandteil aller Aminosäuren ist, die wiederum die Grundbausteine aller Proteine, wie auch der Enzyme, darstellen. Stickstoff ist somit unter anderem eine Grundvoraussetzung für alle durch Enzyme katalysierte, biochemische Reaktionen, zum Beispiel der Photosynthese. Der N-Kreislauf an Land ist ein sogenannter offener Kreislauf, mit kleinen, aber nicht unwesentlichen Einträgen und Verlusten im Vergleich zum jährlichen Umsatz. Reaktive N-Verbindungen, die während der Stickstoffumsätze im Boden entstehen, gehen zum Teil durch Auswaschung (zum Beispiel Ammonium oder Nitrat), aber auch Freisetzung gasförmiger Reaktionsprodukte (zum Beispiel Stickoxide, Lachgas oder N_2) dem Ökosystem verloren. Für eine ausgeglichene Bilanz und nachhaltige Produktivität der Ökosysteme muss dieser N-Verlust durch N-Einträge ausgeglichen werden. Neben der atmosphärischen Deposition spielt hierbei die biologische Fixierung eine maßgebliche Rolle. Während aber N in der Atmosphäre in der Form von N_2 nahezu unbegrenzt zur Verfügung steht, ist die Überführung in biologisch verwendbare Formen sehr energieaufwändig und an bestimmte Pflanzengruppen und Sukzessionsstadien gebunden, und somit geographisch eingeschränkt, wobei grundsätzlich warme und junge Ökosysteme eher in der Lage sind, N zu binden.

Die physiologische Bedeutung des Phosphors ergibt sich aus der Rolle als „zellulärem" Energieträger und als wesentlichem Baustein der Nukleinbasen, den Erbinformationsträgern von Zellen. Phosphorverfügbarkeit ist deshalb vor allem für den zellulären Metabolismus, die Zellteilung, und das Wachstum/die Wachstumsrate wichtig. Der P-Haushalt terrestrischer Ökosysteme ist auf Zeitskalen bis Dekaden im Grunde ein geschlossener Zyklus. Atmosphärische Einträge spielen hier bis auf wenige regionale Ausnahmen eine deutlich untergeordnete Rolle. Biologisch verfügbares P wird hauptsächlich bei der chemischen Verwitterung von bodengebundenen Mineralen freigesetzt. Die Menge des verfügbaren P hängt daher von der mineralogischen Zusammensetzung des Bodens und der Länge/Intensität des Verwitterungsprozesses und damit der verbundenen Auswaschung ab. Grundsätzlich sind daher Ökosysteme mit stark verwitterten Böden (entweder durch das Alter oder die hohe Verwitterungsrate in warmfeuchten Klimaten) arm an P.

Da die den N- und P-Kreisläufen zugrundeliegenden Prozesse grundsätzlich verschieden sind, unterscheiden sich N und P auch in ihrer regionalen Bedeutung: N-Fixierung ist in borealen Wäldern und Tundraökosystemen am niedrigsten, und die Bedeutung von N für das Pflanzenwachstum in diesen Regionen damit besonders ausgeprägt. P ist hingegen besonders in Ökosystemen mit hochverwitterten Böden (zum Beispiel Amazonas Gebiet, Australien) am bedeutendsten.

4.1 Modellierung

Ende der 2000er Jahre fand die Kopplung der terrestrischen Stickstoff- und Kohlenstoffkreisläufe (C-N) Einzug in einige Landoberflächenmodelle und damit auch in Klimamodelle (ZAEHLE und DALMONECH 2011, Tabelle 11-1). Das Hauptaugenmerk dieser Entwicklung war die empirisch bekannte, aber unzulänglich global quantifizierte Stickstofflimitierung der terrestrischen CO_2-Speicherung vornehmlich in Wäldern der gemäßigten und borealen Zone. Trotz Unsicherheiten in der Darstellung wichtiger Stickstoffkreislaufprozesse sind diese Modelle grundsätzlich in der Lage, die beobachteten Änderungen der globalen und regionalen Kohlenstoff- und Stickstoffkreisläufe im 20. Jahrhundert nachzuvollziehen. Anwendung dieser ersten C-N-LSM auf Projektionen der terrestrischen Kohlenstoffspeicherung im 21. Jahrhundert zeigte, dass die terrestrische Stickstoffdynamik zu deutlich geringeren Kohlenstoffspeicherungsraten im 21. Jahrhundert führte, was sich signifikant auf die Abschätzungen der zu erwartenden atmosphärischen CO_2-Konzentration bei vorgeschriebenen Emissionen auswirkte. Des Weiteren zeigen diese Modelle deutlich die wachsende Bedeutung der landwirtschaftlichen Nutzung für biogeochemische Klimainteraktionen durch die klimabedingte Verstärkung von Lachgas- (N_2O-) Emissionen durch den landwirtschaftlichen Düngereinsatz.

Die Erweiterung der Landoberflächenmodelle um den Phosphorkreislauf steht dagegen erst in den Anfängen, zum einen, da die P-Steuerung der biologischen Prozesse in den Pflanzen nicht vollständig geklärt ist und zum anderen nur unzureichende Datensätze vorliegen, um die geographische Verteilung des pflanzenverfügbaren Phosphors systematisch zu beschreiben (REED et al. 2015).

5 Was können heutige LSMs leisten und was bedeutet ihre Weiterentwicklungen für die regionale Klimamodellierung?

Abbildung 11-3 zeigt die globale Verteilung des Verhältnisses von latentem zu sensiblem Wärmestrom (Bowen-Verhältnis; Abb. 11-3, a) als Ergebnis der Kopplung biogeophysikalischer und biogeochemischer Prozesse am Beispiel von Simulationen des OCN LSM (ZAEHLE und DALMONECH 2011), die mit beobachtetem Klima, atmosphärischer Zusammensetzung (atmosphärische CO_2-Konzentration und Stickstoffdeposition) und Landnutzungsinformationen (Vegetationsverteilung, Waldnutzung und Düngereinsatz) angetrieben wurde. Über die Transpiration,
die in vegetationsbedeckten Gebieten den latenten Wärmestrom bestimmt, steht das Bowen-Verhältnis in Zusammenhang mit der Wassernutzungseffizienz der Pflanzen (Abb. 11-3, C; Verhältnis von Nettophotosynthese und Transpiration; in g C/kg H_2O). Kohlenstoffkreislauf und Stickstoffkreislauf sind wiederum durch die Stickstoffnutzungseffizienz der Pflanzen (Abb. 11-3, E; Verhältnis von Wachstum zur Stickstoffaufnahme) eng miteinander verknüpft. Leicht vorstellbar ist, dass Änderungen in einem Fluss Auswirkungen auf alle anderen Kreisläufe haben müssen. Diese Änderungen können durch moderne LSMs quantifiziert werden. Auf diese Weise lassen sich zum Beispiel die regionalen Muster der Auswirkung regionaler Umwandlung von natürlicher Vegetation in landwirtschaftliche Nutzflächen sowie der Intensivierung der Landnutzung und damit verbundener Stickstoffdüngereinsätze verstehen (Abb. 11-3, B, D, F).

Gerade in der regionalen Klimamodellierung in Europa sind landnutzungsbedingte Veränderungen der Landoberfläche von großer Bedeutung. Dabei spielt die hohe räumliche Heterogenität der Landschaft und der Landnutzungsstrategien eine bedeutende Rolle. Die oben aufgezeichneten Modellentwicklungen können einen Beitrag dazu leisten, realistischere untere Randbedingungen für die regionale Klimamodellierung zu erhalten, wenn genügend Informationen zur Verfügung stehen, Landnutzungspraktiken kleinräumig und detailliert zu beschreiben. Gleichzeitig eröffnen diese Modelle auch eine neue Perspektive zur Simulation der Auswirkung regionaler Klimaänderungen, da mittels detaillierter Feldfruchtmodelle möglicherweise auch regional relevantere Aussagen über die Potentiale und Risiken bestimmter Fruchtfolgen getroffen werden können.

Die Weiterentwicklung der Darstellung der gekoppelten biogeochemischen Kreisläufe ist aufgrund ihrer Bedeutung für die Abschätzung zukünftiger Treibhausgaskonzentrationen wichtiger Bestandteil der zukünftigen Entwicklung globaler Erdsystemmodelle. Grundsätzlich wird die Einbindung dieser Kopplungen aber auch für regionale Klimamodelle eine nicht unwesentliche Bedeutung haben, da sich die Nährstofflimitierung der terrestrischen Biosphäre über die Produktivität auch auf den Blattflächenindex und die Transpirationsleistung der Vegetation auswirkt, mit entsprechenden Wechselwirkungen über die direkte, physiologische und die biogeophysikalische Wechselwirkung zur bodennahen Atmosphäre, und damit auf das simulierte Klima.

Literatur

BONAN, G.B., 2008: Forests and Climate Change: Forcings, Feedbacks, and the Climate Benefits of Forests. *Science* **320**, 1444–1449, doi:10.1126/science.1155121.

BONAN, G.B., 2008: Ecological Climatology – Concepts and Applications. 2nd ed. *Cambridge University Press*.

BONDEAU, A., SMITH, P. C., ZAEHLE, S., SCHAPHOFF, S., LUCHT, W., CRAMER, W., GERTEN, D., LOTZE-CAMPEN, H., MÜLLER, C., REICHSTEIN, M.,

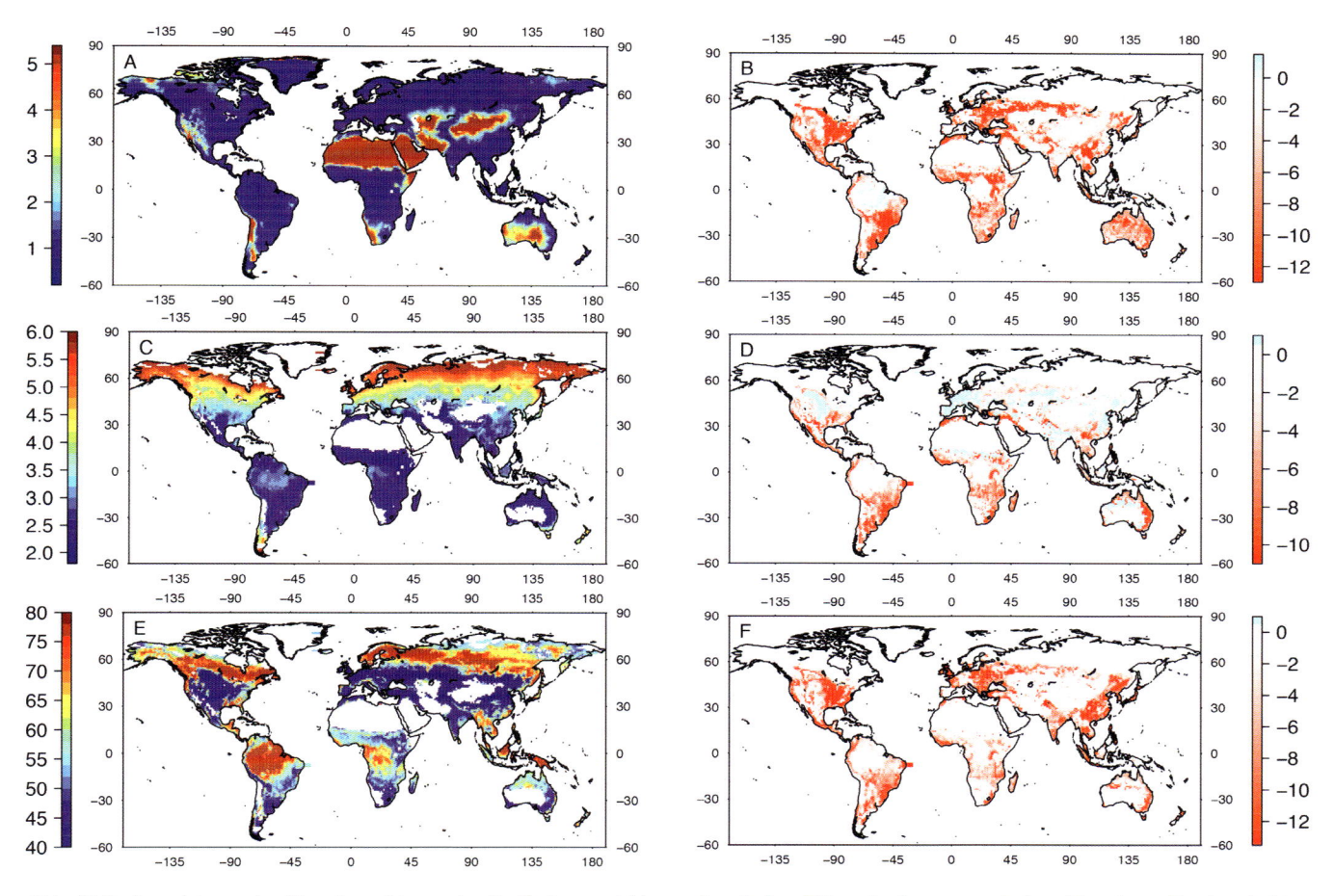

Abb. 11-3: Auswirkung der Kopplung biogeophysikalischer und biogeochemischer Flüsse in der terrestrischen Biosphäre: Regionale Verteilung des mittleren jährlichen Bowen Ratios (A, definiert als sensibler Wärmestrom/latenten Wärmestrom; einheitenlos), der Wassernutzungseffizienz (C, definiert als Assimilation/Transpiration; Einheit g C/kg H_2O) und der Stickstoffnutzungseffizienz (E, definiert als Wachstum/Stickstoffaufnahme; Einheit g C/g N) für den Zeitraum 2001–2010. Die rechte Seite zeigt jeweils die Veränderungen in diesen Kopplungen durch Landnutzungsänderungen seit 1860 (in %). Verwendet wurde das OCN-Landoberflächenmodell (siehe ZAEHLE und DALMONECH 2011; angetrieben mit den Daten in LE QUERE et al. 2015).

SMITH, B., 2007: Modelling the Role of Agriculture for the 20th Century Global Terrestrial Carbon Balance. *Global Change Biology* **13**, 3, 679–706.

FRIEDLINGSTEIN, P., MEINSHAUSEN, M., ARORA, V.K., JONES, C.D., ANAV, A., LIDDICOAT, S.K., KNUTTI, R., 2014: Uncertainties in CMIP5 Climate Projections Due to Carbon Cycle Feedbacks. *Journal of Climate* **27**, 2, 511–526, doi:10.1175/JCLI-D-12- 00579.1.

HEIMANN, M., 2004: Erste Kopplung von Modellen des Klimas und des Kohlenstoffkreislaufs. *Promet* **30**, 4, 202-212.

REED, S.C., YANG, X., THORNTON, P.E., 2015: Incorporating Phosphorus Cycling Into Global Modeling Efforts: a Worthwhile, Tractable Endeavor. *New Phytologist*, doi:10.1111/nph.13521.

HOUGHTON, R.A., HOUSE, J.I., PONGRATZ, J., VAN DER WERF, G.R., DEFRIES, R.S., HANSEN, M.C., LE QUERE, C., RAMANKUTTY, N., 2012: Carbon Emissions From Land Use and Land-Cover Change. *Biogeosciences* **9**, 12, 5125–5142, doi:10.5194/bg-9-5125-2012.

LUYSSAERT, S., JAMMET, M., STOY, P.C., ESTEL, S., PONGRATZ, J., CESCHIA, E., CHURKINA, G., et al. 2014: Land Management and Land-Cover Change Have Impacts of Similar Magnitude on Surface Temperature. *Nature Climate Change* **4**, 5, 389–393, doi:10.1038/nclimate2196.

LE QUERE, C., MORIARTY, R., ANDREW, R.M., PETERS, G.P., CIAIS, P., FRIEDLINGSTEIN, P., JONES, S.D., et al., 2015: Global Carbon Budget 2014. *Earth System Science Data* **7**, 1, 47–85, doi:10.5194/essd-7-47-2015.

MEDLYN, B.E., ZAEHLE, S., DE KAUWE, M.G., WALKER, A.P., DIETZE, M.C., HANSON, P.J., HICKLER, T., et al., 2015: Using Ecosystem Experiments to Improve vegetation Models. *Nature Climate Change* **5**, 6, 528–534, doi:10.1038/nclimate2621.

NAUDTS, K., CHEN, Y., MCGRATH, M. J., RYDER, J., VALADE, A., OTTO, J., LUYSSAERT, S., 2016: Europes forest management did not mitigate climate warming. *Science*, **351**, 6273, 597–600.

PRENTICE, I.C., BONDEAU, A., CRAMER, W., HARRISON, S.P., HICKLER T., LUCHT, W., SITCH, S., SMITH, B., SYKES, M.T., 2007: Dynamic Global Vegetation Modelling: Quantifying Terrestrial Ecosystem Responses to Large-Scale Environmental Change. In: Terrestrial Ecosystems in a Changing World, edited by J. G. Canadell, D. E. Pataki, and L. F. Pitelka. *Springer*, 175–192.

SMITH, P. C., DE NOBLET-DUCOUDRE, N., CIAIS, P., PEYLIN, P., VIOVY, N., MEURDESOIF, Y., BONDEAU, A., 2010: European-Wide Simulations of Croplands Using an Improved Terrestrial Biosphere Model: Phenology and Productivity. *Journal of Geophysical Research* **115**, G01014.

ZAEHLE, S., DALMONECH, D., 2011: Carbon–Nitrogen Interactions on Land at Global Scales: Current Understanding in Modelling Climate Biosphere Feedbacks. *Current Opinion in Environmental Sustainability* **3**, 5, 311–320, doi:10.1016/j.cosust.2011.08.008.

ZAEHLE, S., SITCH, S.A., PRENTICE, I.C., LISKI, J., CRAMER, W., ERHARD, M., HICKLER T., SMITH, B., 2006: The Importance of Age-Related Decline in Forest NPP for Modeling Regional Carbon Balances. *Ecological Applications* **16**, 4, 1555–1574.

Kontakt

DR. SÖNKE ZAEHLE
Max Planck Institut für Biogeochemie
Abteilung Biogeochemische Integration
Hans-Knöll-Str. 10
07745 Jena
szaehle@bgc-jena.mpg.de

S. KOTLARSKI, H. TRUHETZ

12 Regionale Klimaprojektionen

Regional Climate Projections

Zusammenfassung

Regionale Klimamodelle sind ein zentrales Werkzeug zur Erstellung von Klimaprojektionen, die die langfristigen Auswirkungen sich ändernder Treibhausgaskonzentrationen auf regionale Klimamuster abschätzen. Die den Projektionen innewohnenden Unsicherheiten können zum Teil durch umfangreiche Ensemblesimulationen abgebildet und quantifiziert werden. So werden in der aktuellen CORDEX-Initiative und ihrem europäischen EURO-CORDEX-Ableger eine große Anzahl unterschiedlicher Regionalmodelle angewendet, angetrieben durch unterschiedliche Globalmodelle und unter Berücksichtigung mehrerer Emissionsszenarien. Das CORDEX-Simulationsensemble wird die Grundlage für zukünftige Klimafolgenforschung in Europa und weltweit darstellen. In vielen Fällen wird dies eine statistische Nachbearbeitung der Simulationsergebnisse im Sinne einer Fehlerkorrektur und/oder eines weiteren Downscalings auf kleinere räumliche Skalen erfordern.

Summary

The application of regional climate models is the backbone for projecting the long-term effect of changing atmospheric greenhouse gas concentrations on regional climate patterns. These projections are subject to inherent uncertainties that can partly be sampled by comprehensive multi-model ensembles, the latest example being the current CORDEX initiative and its European branch EURO-CORDEX. Here, a large number of regional climate models are applied, driven by different global models and assuming several greenhouse gas emission scenarios. The CORDEX multi-model ensemble will form the basis for upcoming climate impact assessments over Europe and worldwide. Such applications will typically require a statistical post-processing of the climate model output in terms of bias adjustment and/or a further downscaling to finer scales.

1 Einführung

Ein Hauptanwendungsbereich regionaler Klimamodelle ist die Erstellung von regionalen Klimaprojektionen. Hierunter versteht man die Anwendung der Modelle für heutige und zukünftige Zeiträume, die sich jeweils über mehrere Dekaden erstrecken. Ziel ist es, die langfristigen Auswirkungen sich ändernder atmosphärischer Treibhausgas- und Aerosolkonzentrationen auf regionale Klimamuster abzuschätzen. Die Ergebnisse können anschließend in Klimaimpaktstudien zur Entwicklung von Anpassungsstrategien aufgegriffen oder nach entsprechender Aufbereitung unmittelbar Entscheidungsträgern zur Verfügung gestellt werden. Der simulierte historische und heutige Zeitraum dient dabei als Referenz (historische Referenzsimulation), in ihm werden den Modellen beobachtete Treibhausgas- und Aerosolkonzentrationen vorgeschrieben. Im Gegensatz dazu folgen die Konzentrationen in der zukünftigen Szenariosimulation einem bestimmten Emissions- oder Treibhausgasszenario. Ihm liegen gewisse Annahmen zu zukünftigen anthropogenen Emissionen strahlungswirksamer Gase und Partikel und zu entsprechenden sozioökonomischen und technologischen Entwicklungen zugrunde. Diese sind mit großen Unsicherheiten behaftet, und die Annahmen bezüglich des zukünftigen Emissionsszenarios werden auf die regionalen Klimamuster projiziert.

Im einfachsten Fall werden historische Referenz- und Szenarioperiode als voneinander getrennte, multidekadische Zeitscheiben berechnet (zum Beispiel der Zeitraum 1980–2009 für ein historisches beziehungsweise heutiges Klima und 2070–2099 für ein zukünftiges). Ein Vergleich der simulierten Klimate in diesen beiden Perioden erlaubt dann die Abschätzung eines Klimaänderungssignals. Durch die stetig wachsenden Rechenressourcen sind heute allerdings sogenannte transiente Simulationen üblich, die den gesamten zu betrachtenden Zeitraum durchgehend abdecken (zum Beispiel die gesamte Periode 1980–2099). Dies erlaubt die Ableitung von Klimaänderungssignalen für die nahe sowie die ferne Zukunft und vereinfacht den kontinuierlichen Antrieb von nachgeschalteten Impaktmodellen.

Der Randantrieb des Regionalmodells in einer Klimaprojektion wird über den gesamten Zeitraum von der Simulation eines globalen Klimamodells bereitgestellt. Diesem liegt jeweils dasselbe Emissionsszenario zugrunde wie der regionalen Simulation. Da das regional simulierte Klima wesentlich durch den gewählten Randantrieb beeinflusst wird, sind sowohl grundlegende Aspekte des Klimaänderungssignals als auch die Qualität der regionalen Simulation im historischen/heutigen Klima (die durch einen Vergleich der simulierten historischen Referenzperiode mit Beobachtungen bestimmt werden kann) stark vom gewählten globalen Antrieb abhängig. Im einfachsten Fall modifiziert und verfeinert das Regionalmodell lediglich die vom Globalmodell vorgegebenen Klimamuster. Jedoch kann bei ausreichend hohem Freiheitsgrad (Größe des Simulationsgebietes, Vermeidung von Nudging-Techniken, etc. eine gewisse Entkopplung eintreten, und die regionale Simulation kann durch die verbesserte Prozessdarstellung mit höherer räumlicher Auflösung auch auf größeren Skalen zu einem Mehrwert („added value") führen (zum Beispiel TORMA et al. 2015). Gleiches gilt für tägliche und subtägliche Statistiken, die von Regionalmodellen oftmals realistischer dargestellt werden. Infolge der Länge des zu simulierenden Zeitraums und einer begrenzten Rechenkapazität bewegt sich die räumliche Auflösung aktueller regionaler Klimaprojektionen meist noch auf hydrostatischer Skala, Gitterauflösungen zwischen 10 km und 50 km sind üblich. Konvektionsauflösende Projektionen auf der Kilometerskala sind als Prototypen jedoch bereits vorhanden (zum Beispiel BAN et al. 2015, PREIN et al. 2013) und werden in naher Zukunft zunehmend Verbreitung finden.

In den folgenden Abschnitten werden weitere Details zu regionalen Klimaprojektionen erläutert. Dabei geht es zunächst um die einzelnen Schritte und Entscheidungen bei deren Erstellung. Anschließend werden sogenannte „Ensembleprojektionen", die eine Vielzahl von Simulationen mit unterschiedlichen Modellen oder Modellversionen kombinieren, vorgestellt. Die derzeit aktuellsten Ensembleprojektionen aus dem „**Co**ordinated **R**egional **D**ownscaling **Ex**periment" (CORDEX) des **W**orld **C**limate **R**esearch **P**rogramme (WCRP) werden anschließend im Detail betrachtet mit Schwerpunkt auf dem europäischen EURO-CORDEX-Modellensemble. Schließlich werden wesentliche Aspekte zur Koppelung regionaler Klimaprojektionen mit nachgeschalteten Klimaimpaktmodellen erläutert.

2 Die Schritte zu einer regionalen Klimaprojektion

Zur Erstellung einer regionalen Klimaprojektion sind eine Reihe von Entscheidungen notwendig, deren Abfolge in Abbildung 12-1 schematisch dargestellt ist. Für jeden Schritt dieser Kette bestehen in der Regel mehrere Auswahlmöglichkeiten. Die Wahl einer bestimmten Variante (zum Beispiel die Wahl eines bestimmten Regionalmodells) hat dabei oft eine subjektive Komponente, kann gleichzeitig aber erheblichen Einfluss auf die Simulationsergebnisse haben (siehe Kapitel 3). Zu Beginn der Entscheidungskette (Schritt 1) steht in der Regel die Auswahl des zugrundeliegenden Emissions- beziehungsweise Treibhausgasszenarios. Neben vereinfachten Szenarien, die eine instantane oder transiente Verdoppelung (2 x CO_2) oder Vervierfachung (4 x CO_2) der atmosphärischen Treibhausgaskonzentrationen beschreiben und vor allem für Klimasensitivitätsstudien verwendet werden, stellt das **I**ntergovernmental **P**anel on **C**limate **C**hange (IPCC) hierzu spezielle Referenzszenarien zur Verfügung. Deren Verwendung erlaubt die spätere Vergleichbarkeit von Klimaprojektionen. Wurden bis vor wenigen Jahren noch die sogenannten „SRES-Emissionsszenarien" als Referenz verwendet, so ist man mit dem fünften IPCC-Sachstandsbericht (AR5) zur Verwendung der „**R**epresentative **C**oncentration **P**athways" (RCPs, MOSS et al. 2010) übergegangen. Während den SRES-Szenarien wohldefinierte „Storylines" der zukünftigen sozioökonomischen und technologischen Entwicklung zugrunde lagen, beschreiben die RCPs einen vorgegebenen anthropogenen Strahlungsantrieb (Treibhausgase und Aerosole) im Jahre 2100 und den entsprechenden Emissions- und Konzentrationspfad dorthin. Häufig verwendete Szenarien sind die RCPs 2.6, 4.5, 6.0 und 8.5, wobei die jeweilige Zahl den anthropogenen Strahlungsantrieb (also den zusätzlichen Energiegewinn der unteren Atmosphäre, hervorgerufen durch erhöhte Treibhausgaskonzentrationen) in W/m^2 beschreibt. Eine hohe Zahl ist dementsprechend mit hohen Emissionen/Konzentrationen verbunden. RCP2.6 stellt hierbei ein starkes Mitigationsszenario dar, das den globalen Temperaturanstieg gegenüber der vorindustriellen Periode auf etwa +2 °C beschränkt, zu dessen Erreichen allerdings drastische und baldige Maßnahmen zur Emissionsreduktion notwendig wären. Abbildung 12-2 zeigt den zeitlichen Verlauf der äquivalenten atmosphärischen CO_2-Konzentration in den SRES- und RCP-Szenariofamilien.

Ist die Auswahl des Emissionsszenarios erfolgt, muss das antreibende Globalmodell gewählt werden (Schritt 2). Hierbei wird in der Regel auf bereits vorhandene Globalsimulationen zurückgegriffen, für welche die zum Antrieb des regionalen Modells benötigten dreidimensionalen

Schritt 1: Wahl des **Emissionsszenarios**
Schritt 2: Wahl des antreibenden **Globalmodells**
Schritt 3: Wahl des **Regionalmodells**
Schritt 4: Setup des **Regionalmodells**
Schritt 5: Wahl der Schnittstelle zu **nachgeschalteten Anwendungen**

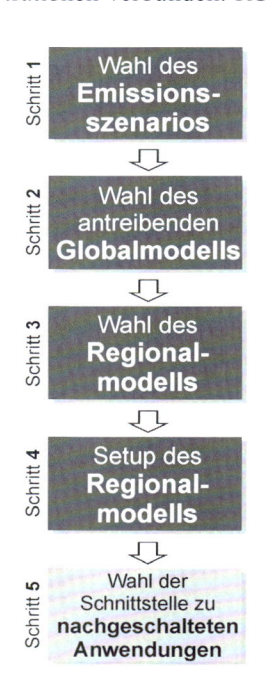

Abb. 12-1: Entscheidungskette bei der Durchführung einer regionalen Klimasimulation.

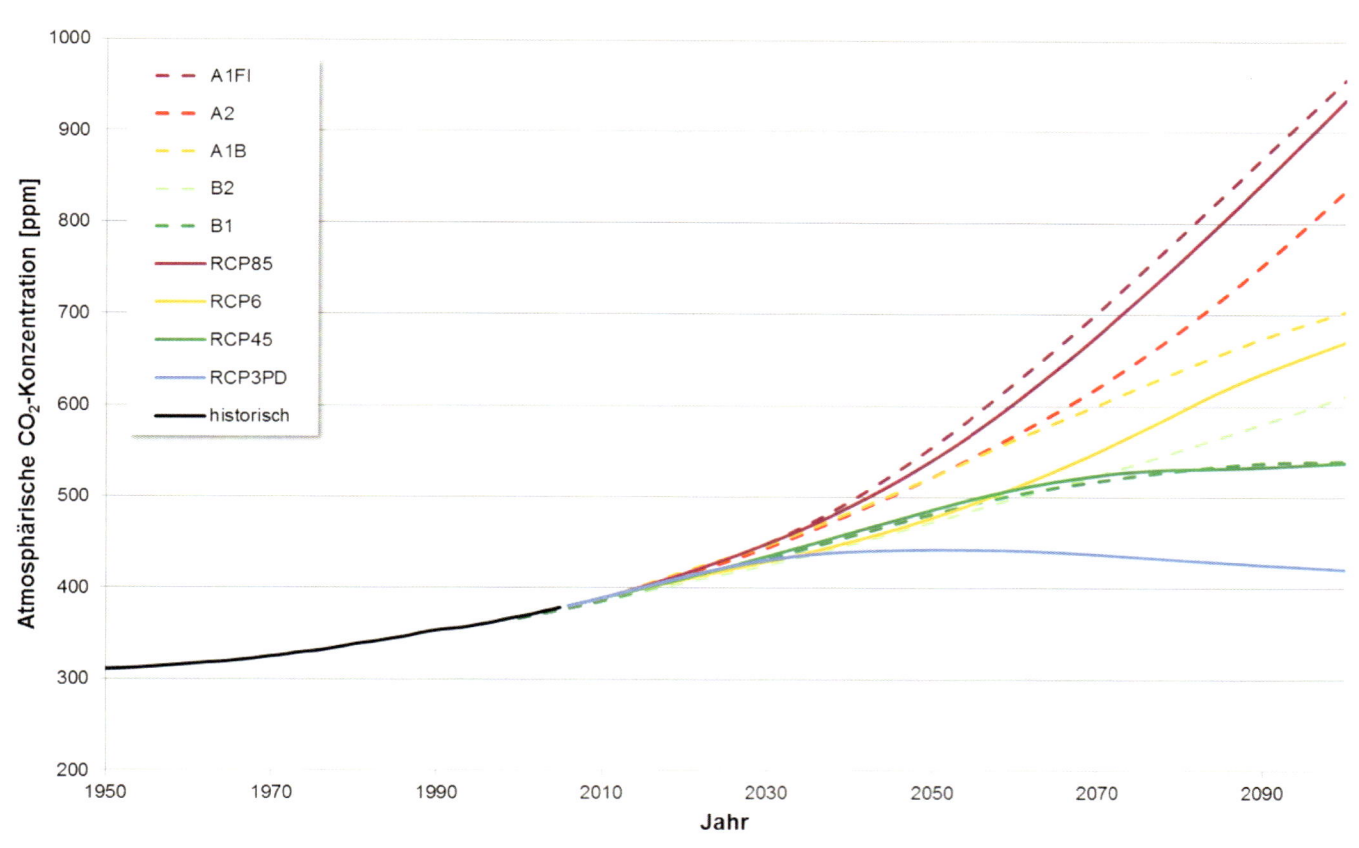

Abb. 12-2: Atmosphärische CO_2-Konzentrationen [ppm] entsprechend der bisherigen SRES-Szenarien (gestrichelt) und der aktuellen Representative Concentration Pathways (RCPs, durchgezogen). Die schwarze Linie zeigt die historischen Konzentrationen. Datenquelle SRES: www.ipcc-data.org, Datenquelle RCPs: www.iiasa.ac.at.

Atmosphärengrößen in ausreichender zeitlicher (in der Regel sechsstündlicher) Auflösung vorliegen müssen. In der Praxis schränkt dies die Auswahlmöglichkeiten meist stark ein. Bezüglich der räumlichen Auflösung der globalen Antriebsdaten gilt die Faustregel, dass der Skalensprung zwischen Global- und Regionalmodell einen Faktor von 10 bis 20 nicht übersteigen sollte. Der Auswahl der globalen Antriebsdaten kommt entscheidende Bedeutung zu, da wesentliche Aspekte der regionalen Simulation durch den globalen Antrieb bestimmt werden („Randwertproblem").

In einem nächsten Schritt erfolgt die Auswahl des anzuwendenden Regionalmodells (Schritt 3), wobei auch hier die Auswahlmöglichkeiten meist stark begrenzt sind: Aufgrund der Komplexität des Modellierungsvorgangs und der benötigten technischen und fachlichen Expertise betreiben einzelne Forschungsgruppen in der Regel jeweils nur ein einziges Regionalmodell. Große Flexibilität besteht dann allerdings in der konkreten Implementation dieses einen Modells (Schritt 4), mit ebenfalls potentiell großem Einfluss auf die Simulationsergebnisse. Dies betrifft unter anderem (a) die Wahl des regionalen Modellgebietes, (b) die Wahl der räumlichen Auflösung (horizontal und vertikal) und des Modellzeitschritts, (c) die Auswahl der zu verwendenden Parametrisierungen (sofern mehrere Möglichkeiten bestehen) und (d) die Wahl einzelner Parameterwerten in den Parametrisierungen sowie eine Vielzahl weiterer Einstellungen. Bei diesen Entscheidungen wird in der Regel auf die Erkenntnisse vorangegangener reanalyseangetrie-

bener Evaluierungssimulationen zur Bestimmung eines möglichst ausgewogenen Modellsetups zurückgegriffen. Vor allem bei der Wahl von Modellgebiet und räumlicher (und damit auch zeitlicher) Auflösung muss allerdings auch die jeweils beabsichtigte Anwendung der Simulationen berücksichtigt werden. So haben neuere Studien einen deutlichen Mehrwert einer höheren räumlichen Auflösung bei der Simulation von feinskaligen Klimamustern, räumlich und zeitlich begrenzten Extremereignissen sowie subtäglichen Phänomenen (zum Beispiel dem Niederschlagstagesgang) aufgezeigt (BAN et al. 2015, PREIN et al. 2015, TORMA et al. 2015).

Ist das Setup des Regionalmodells festgelegt, so kann die Simulation durchgeführt werden und parallel dazu, beziehungsweise im Anschluss daran, ein Postprocessing des Modelloutputs erfolgen. Hierunter fallen zum Beispiel die zeitliche Aggregation der Ergebnisse (zum Beispiel Berechnung von Monatsmittelwerten) oder die Berechnung zusätzlicher Größen aus dem rohen Modelloutput. Sollen die Simulationsergebnisse in nachfolgenden Anwendungen, insbesondere in Klimaimpakt-Studien, verwendet werden, so muss in einem letzten Schritt (Schritt 5) schließlich das Interface zwischen regionalem Klimamodell und nachfolgender Anwendung definiert werden. In der Regel kann der originale Modelloutput nämlich nicht direkt in Impaktmodellen verwendet werden, da er mit systematischen Fehlern behaftet sein kann, beziehungsweise noch nicht die anvisierte räumliche Skala (zum Beispiel die Punktskala, das heißt die lokale Skala von Stationsbeobachtungen) beschreibt. In diesem Fall sind ein weiteres empirisch-statistisches Downscaling und/oder eine Bias-Korrektur der Regionalmodellergebnisse notwendig. Der Wahl der Schnittstelle zu nachfolgenden Anwendungen kommt in der regionalen Klimamodellierung eine entscheidende Bedeutung zu. Sie kann die endgültigen Ergebnisse der Klimaimpaktmodellierung stark beeinflussen, weshalb diesem Thema ein eigener Abschnitt gewidmet wird (siehe Kapitel 5).

3 Ensembleprojektionen

Die im vorherigen Abschnitt erläuterten Entscheidungen und Wahlmöglichkeiten bei der Erstellung einer regionalen Klimaprojektion haben in der Regel eine subjektive Komponente, können aber erheblichen Einfluss auf die Ergebnisse der Modellierung haben. Hinzu kommt, dass ein Klimamodell trotz seiner Komplexität stets nur eine Approximation des Klimasystems darstellt und es daher Prozesse gibt, die im Modell gar nicht oder nur vereinfacht abgebildet werden. Der Output einer Regionalsimulation ist deshalb stets mit Unsicherheiten behaftet, deren Beschreibung und Quantifizierung in der Anwendung eine entscheidende Bedeutung zukommt. Hierzu ist es allerdings notwendig, eine möglichst große Anzahl an Simulationen (ein sogenanntes Ensemble) zur Verfügung zu haben, die die möglichen Optionen der Entscheidungsschritte aus Abbildung 12-2 ausreichend abdecken. Dies wohlwissend, dass es Klimaprozesse gibt, die in den Modellen nicht berücksichtigt sind und selbst umfangreiche Ensembles den Unsicherheitsraum wahrscheinlich nicht komplett abdecken.

Grundsätzlich sind verschiedene Arten von Ensembles denkbar: Wird lediglich ein Regionalmodell verwendet (Schritt 3 in Abb. 12-1 ist fix), so spricht man von „single model ensembles". Hiermit kann zum Beispiel der Einfluss der Anfangsbedingungen, des Emissionsszenarios (Schritt 1), des globalen Antriebs (Schritt 2) oder des Regionalmodellsetups (Schritt 4), insbesondere der Einfluss der Parameterwahl in den physikalischen Modellparametrisierungen („perturbed physics ensembles") untersucht werden. In Ergänzung dazu stehen sogenannten „Multi-Model-Ensembles", die stattdessen oder zusätzlich das Regionalmodell selbst variieren (Schritt 3 variabel). Multi-Model-Ensembles kommt in der Anwendung eine große Bedeutung zu, da sie die Modellierungsunsicherheiten am umfassendsten beschreiben. Aufgrund der beschränkten Rechenkapazität und der Tatsache, dass einzelne Modellierungsgruppen meist nur ein einziges Regionalmodell betreiben, sind zu deren Erstellung jedoch größere konzertierte und meist internationale Programme notwendig. Beispiele hierzu sind die europäischen Projekte MERCURE, PRUDENCE und ENSEMBLES, das nordamerikanische NARCCAP-Programm oder das QUIRCS-Projekt des deutschen Klimaforschungsprogramm DEKLIM. Auf die aktuelle CORDEX-Initiative wird in Abschnitt 4 detailliert eingegangen. All diesen Großprojekten ist gemein, dass sie bestimmte Aspekte des Modellierungsprozesses fest vorgeben (zum Beispiel minimales regionales Modellgebiet, räumliche Auflösung oder Umfang und Format der dauerhaft abzuspeichernden Modellergebnisse) und die einzelnen Gruppen ihr jeweiliges Regionalmodell dann in diesem Rahmen betreiben. Weiterhin wird darauf geachtet, die Auswahloptionen aus Abbildung 12-2 möglichst umfangreich und systematisch abzudecken, wozu insbesondere eine geschickte Wahl der Kombinationsmöglichkeiten Globalmodell-Regionalmodell zählt. Aufgrund der meist nur geringen Anzahl an durchführbaren Simulationen und weiterer (oft technischer) Rahmenbedingungen ist in der Praxis allerdings weder ein komplettes noch ein systematisches Befüllen der Globalmodell-Regionalmodell-Matrix möglich, und damit nur eine teilweise Abdeckung der Gesamtunsicherheit. Tabelle 12-1 zeigt hierzu das Beispiel der Modellmatrix der EURO-CORDEX-Initiative (siehe unten) für das RCP4.5-Emissionsszenario und die Regionalsimulationen mit einer räumlichen Auflösung von 12 km. Insgesamt standen zum Stichtag 8. Juni 2015 18 regionale Projektio-

Tabelle 12-1: Matrix der EUR-11-Projektionen für das Emissionsszenario RCP4.5, Stand: Juni 2015. Spalten: Regionalmodell (RCM), Zeilen: Antreibendes Globalmodell (GCM). Die Einträge beschreiben die Anzahl der für eine bestimmte GCM-RCM-Kombination zur Verfügung stehenden Simulationen. Bei leeren Einträgen ist keine Simulation vorhanden. Weitere Informationen zu den Modellen sowie den beteiligten Institutionen finden sich auf der EURO-CORDEX-Webseite „www.euro-cordex.net" sowie in JACOB et al. (2014) und KOTLARSKI et al. (2014).

GCM/RCM	ALADIN	ARPEGE	CCLM	HIRHAM5	RACMO	RCA	REMO2009	WRF	Anzahl
CNRM-CM5	1	1	1			1			4
EC-EARTH			1	1	1	1			4
HadGEM2-ES)			1			1			2
IPSL-CM5A-MR						1		1	2
MIROC5			1						1
MPI-ESM-LR			1			1	2	1	5
Anzahl	1	1	5	1	1	5	2	2	18

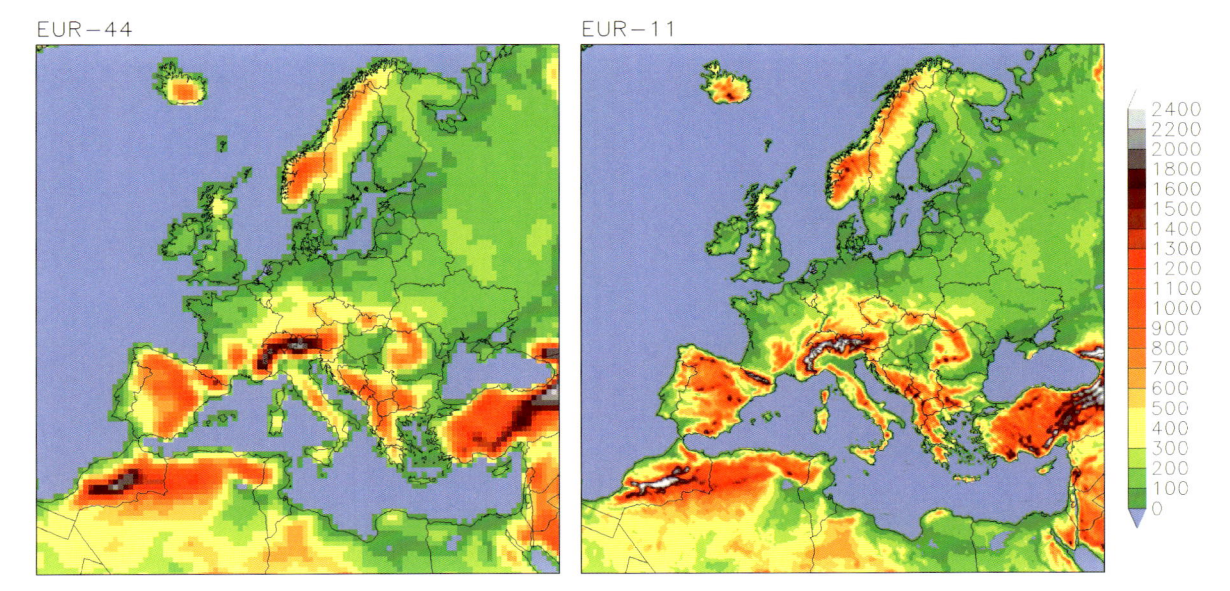

Abb. 12-3: Gemeinsames EURO-CORDEX-Analysegebiet mit Gitterzellorographie des regionalen Klimamodells COSMO-CLM [m]. Links: EUR-44-Auflösung (0,44°, etwa 50 km), rechts: EUR-11-Auflösung (0,11°, etwa 12 km).

nen zur Verfügung, die 8 Regionalmodelle (Spalten) mit 6 verschiedenen Globalmodellen (Zeilen) kombinierten. Jedoch waren bei weitem nicht alle möglichen 8 x 6 = 48 Kombinationen abgedeckt. Schwerpunkte lagen auf drei Globalmodellen (CNRM-CM5, EC-EARTH und MPI-ESM-LR mit je vier beziehungsweise fünf Simulationen) sowie zwei Regionalmodellen (CCLM und RCA mit je fünf Simulationen).

4 CORDEX

4.1 Überblick

Die neueste Entwicklung im Bereich regionaler Multi-Model-Ensembles ist die CORDEX-Initiative (Coordinated Regional Climate Downscaling Experiment, www.cordex.org). CORDEX umfasst die koordinierte Erstellung regionaler Klimaszenarien für alle Landregionen der Erde, basierend auf dynamischen und statistischen Downscaling-Verfahren und mit neuesten globalen Antriebsdaten aus dem CMIP5-Projekt (**C**oupled **M**odel **I**ntercomparison **P**roject **P**hase **5**; cmip-pcmdi.llnl.gov/cmip5). Weitere Ziele sind die Verbesserung des Verständnisses regionaler Klimaprozesse, eine koordinierte Evaluierung und Weiterentwicklung von Downscaling-Methoden sowie die dezidierte Förderung der Interaktion zwischen Klimamodellierern und Nutzern von Klimaprodukten. Hierzu zählt insbesondere die Definition einer geeigneten Schnittstelle zum Austausch, sowohl von regionalen Klimaszenarioprodukten (Modellierer -> Nutzer) als auch von spezifischen Nutzeranforderungen und -wünschen (Nutzer -> Modellierer).

CORDEX umfasst derzeit 14 regionale Initiativen, die mit ihren Downscaling-Produkten jeweils eine bestimmte Region der Erde abdecken. Der europäische CORDEX-Ableger EURO-CORDEX (www.euro-cordex.net) kann als Fortsetzung der vorherigen großen europäischen Modell-vergleichsprojekte (MERCURE, PRUDENCE, ENSEMBLES) angesehen werden und vereint derzeit etwa 30 Regionalmodellierungsgruppen, die insgesamt etwa 10 verschiedene Regionalmodelle betreiben. Zusätzlich wird auch die Anwendung statistischer Downscaling-Verfahren angestrebt. Im Unterschied zu den weiteren 13 regionalen CORDEX-Initiativen werden die EURO-CORDEX-Regionalsimulationen sowohl mit der horizontalen Standardauflösung von etwa 50 km (EUR-44; 0,44° auf einem rotierten Modellgitter) als auch mit der deutlich höheren Auflösung von 12 km (EUR-11; 0,11°) durchgeführt. Abbildung 12-3 zeigt das gemeinsame regionale EURO-CORDEX-Analysegebiet mit der zugehörigen Gitterzellorographie des Regionalmodells COSMO-CLM (siehe zum Beispiel KEULER et al. 2016). Ein Mehrwert der höheren EUR-11-Auflösung lässt sich danach insbesondere in topographisch stark strukturiertem Gebiet (zum Beispiel Alpen) sowie in Regionen mit komplexer Land-Meer-Verteilung (zum Beispiel Ostseeraum oder Mittelmeerregion) vermuten. Jedoch sind die gröberen EUR-44-Simulationen mit einem deutlich geringeren Rechenzeitaufwand verbunden (Faktor etwa 1:30 bis 1:40), dementsprechend können umfangreichere Simulationsensembles erstellt werden. Die Regionalsimulationen der EURO-CORDEX-Initiative sind über das Archiv des ESGF (**E**arth **S**ystem **G**rid **F**ederation, esgf.llnl.gov) verfügbar und werden auf absehbare Zeit die zentrale Datengrundlage zur Abschätzung der regionalen Auswirkungen des Klimawandels in Europa darstellen. Für süd- und mitteleuropäische Regionen können zusätzlich auch die Simulationen der Med-CORDEX-Initiative (www.medcordex.eu) verwendet werden, die ebenfalls weite Teile des europäischen Kontinents abdecken.

4.2 EURO-CORDEX Evaluierung

Neben der Erstellung regionaler Klimaszenarien für Europa (siehe Abschnitt 4.3) ist die koordinierte Evaluierung der verwendeten Modellsysteme ein weiterer Schwer-

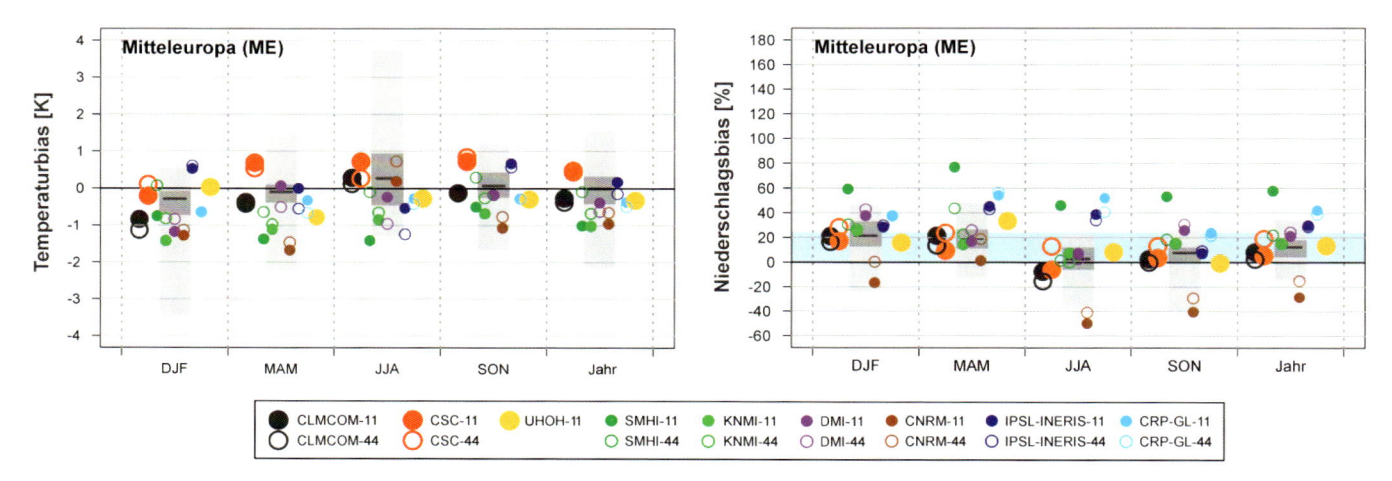

Abb. 12-4: Mittlerer saisonaler und jährlicher Temperaturfehler (links, [K]) und Niederschlagsfehler (rechts, [%]) der mit ERA-Interim angetriebenen EURO-CORDEX-Simulationen über Mitteleuropa im Zeitraum 1989-2008. Referenz ist der gegitterte E-OBS-Beobachtungsdatensatz. Gefüllte Kreise: EUR-11-Simulationen, ungefüllte Kreise: EUR-44-Simulationen. Die grauen Balken kennzeichnen die entsprechenden Fehler der Reanalyse-angetriebenen ENSEMBLES-Simulationen. Die blaue Fläche in der rechten Abbildung kennzeichnet einen Niederschlagsfehler zwischen 0 und +25 %, der allein durch einen systematischen Messfehler der Beobachtungen erklärt werden könnte (Unterschätzung der wahren Niederschlagsmengen durch Windeinfluss und Verdunstungsverluste am Messgerät). Zu weiteren Details siehe KOTLARSKI et al. (2014).

punkt von EURO-CORDEX. Dies ist insofern von großer Wichtigkeit, da die Fähigkeit der Modelle, den heutigen Klimazustand mehr oder weniger korrekt darzustellen, eine Grundvoraussetzung für ihre Anwendbarkeit im Szenariokontext ist. Die Modellevaluierung kann weiterhin verbleibende Schwachpunkte der Modelle aufzeigen und liefert einen wichtigen Ansatzpunkt für zukünftige Modellentwicklungen und -verbesserungen. Steht bei der Evaluierung die Performanz des Regionalmodells selbst im Vordergrund, so werden Reanalyse-angetriebene Simulationen verwendet. Im Gegensatz zum Globalmodellantrieb kann hier davon ausgegangen werden, dass der Randantrieb mehr oder weniger realistisch dargestellt ist („perfect boundary conditions") und Abweichungen des Outputs von Beobachtungen auf das Regionalmodell selbst zurückzuführen sind. Im Falle von EURO-CORDEX wurde deshalb festgelegt, mit jedem verwendeten Regionalmodell zusätzlich zu den Szenarien eine Evaluierungssimulation für den Zeitraum 1989–2008 mit Randantrieb aus der ERA-Interim-Reanalyse durchzuführen. Mehrere bereits veröffentlichte beziehungsweise sich noch in Arbeit befindliche Studien untersuchen hierzu verschiedene Aspekte der Modellgüte. Eine koordinierte Standardevaluierung von saisonalen Temperatur- und Niederschlagsmittelwerten über größeren europäischen Regionen findet sich in KOTLARSKI et al. (2014). Abbildung 12-4 zeigt hieraus beispielhaft die mittleren 2 m-Temperatur- und Niederschlagsfehler der EURO-CORDEX-Modelle über der Region Mitteleuropa. Referenz ist der aus Stationsbeobachtungen abgeleitete gegitterte E-OBS-Datensatz (HAYLOCK et al. 2008). Die simulierten Temperaturen liegen in einem Großteil der Modelle leicht unter den Beobachtungen (linke Abbildung), aber auch positive Temperaturfehler (das heißt ein zu warmes simuliertes Klima) treten auf. Auf der untersuchten räumlichen und zeitlichen Skala ist kein eindeutiger Mehrwert der höheren EUR-11-Auflösung (gefüllte Symbole) gegenüber der gröberen EUR-44-Version (ungefüllte Sym-

bole) festzustellen. Die in den vorherigen Simulationen des ENSEMBLES-Projektes (graue Balken) noch auftretende deutliche Überschätzung der Sommer- und Unterschätzung der Wintertemperaturen ist deutlich reduziert. Die drei in Deutschland betriebenen Regionalmodelle COSMO-CLM (CLMCOM), REMO (CSC) und WRF (UHOH) liegen in den meisten Fällen im Mittelfeld der Modelle und zeigen eine befriedigende Performanz. Ausnahme ist ein deutlicher positiver Temperaturbias von COSMO-CLM über weite Teile des Jahres. Bei den mittleren saisonalen Niederschlagsfehlern (rechte Abbildung) zeigt eine Mehrzahl der Modelle zu nasse Verhältnisse, die allerdings häufig in einem +25%-Unsicherheitsintervall der noch nicht um den systematischen Niederschlagsmessfehler korrigierten Beobachtungen liegen. Einige Modelle zeigen jedoch einen darüber hinausragenden positiven Niederschlagsbias (SMHI, CRP-GL) beziehungsweise eine Unterschätzung insbesondere der sommerlichen Niederschlagsmengen (CNRM). Ähnlich zur Temperatur ergibt auch die Niederschlagsevaluierung auf der betrachteten räumlichen und zeitlichen Skala keinen eindeutigen Mehrwert der hochaufgelösten EUR-11-Simulationen (gefüllte gegen ungefüllte Symbole). Die in Deutschland betriebenen Regionalmodelle befinden sich durchwegs in der Mitte des Ensembles mit einer recht guten Abbildung der beobachteten regional und saisonal gemittelten Niederschlagsmengen.

Der fehlende Mehrwert der hochaufgelösten Simulationen in obiger Analyse liegt zum Teil darin begründet, dass der europaweite gegitterte E-OBS-Referenzdatensatz selbst Schwächen aufweist und kleinräumige Klimamuster nur bedingt abbilden kann. Werden qualitativ hochwertige und höheraufgelöste regionale Beobachtungsdatensätze zur Evaluation verwendet, so wird der Vorteil der höher aufgelösten EUR-11-Simulationen oft klarer: Besonders im komplexen Gelände (wie beispielsweise im Alpenraum, Skandinavien oder den Karpaten) weisen die EUR-11-Simulationen

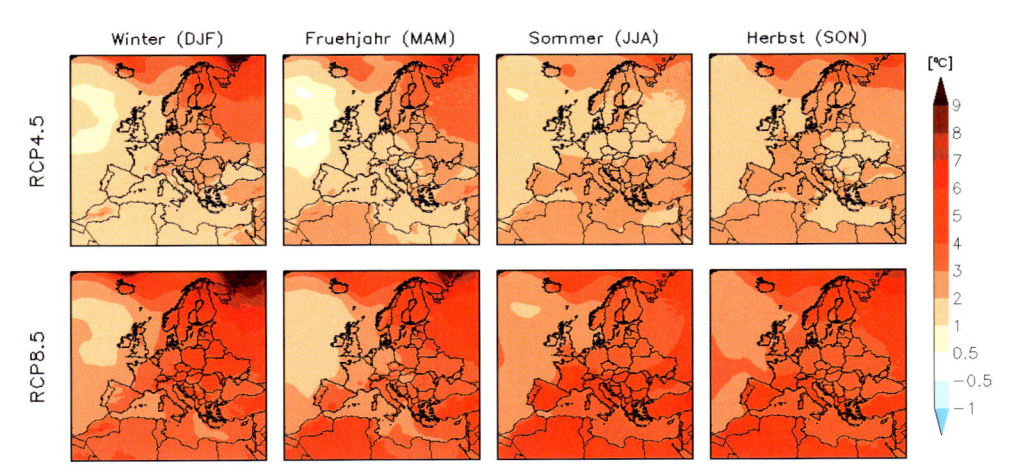

Abb. 12-5: Ensemblemittelwert der saisonalen Temperaturänderungssignale [°C] zwischen 1976-2005 und 2070-2099 in den EUR-11-Simulationen für die RCPs 4.5 (oben) und 8.5 (unten). Dem Ensemblemittelwert für RCP4.5 (RCP8.5) liegen 11 (12) Regionalsimulationen, durchgeführt von 6 (5) verschiedenen regionalen Klimamodellen und angetrieben von 5 (5) verschiedenen Globalmodellen, zugrunde.

durchgehend signifikant geringere Abweichungen zu den beobachteten Niederschlagsdaten auf – sowohl auf saisonaler Basis als auch in den Extremen (PREIN et al. 2015).

4.3 EURO-CORDEX Projektionen

Die Anzahl der in EURO-CORDEX geplanten regionalen Klimasimulationen für das 21. Jahrhundert beläuft sich auf etwa 65 für die gröbere EUR-44-Auflösung und auf etwa 45 für die hochaufgelösten EUR-11-Versionen. Diese große Anzahl stellt einen deutlichen Fortschritt gegenüber den bisherigen Szenarien aus dem ENSEMBLES-Projekt dar. Derzeit ist etwa die Hälfte der insgesamt geplanten EURO-CORDEX-Szenarien über das ESGF verfügbar, wobei einem Großteil der Simulationen die Emissionsszenarien RCP4.5 und RCP8.5 zugrunde liegen. Das RCP2.6-Szenario wird nur von einer relativ kleinen Anzahl an Simulationen betrachtet. Eine erste umfassende Auswertung der EURO-CORDEX-Szenarien findet sich in JACOB et al. (2014). Im Folgenden zeigen wir hier beispielhaft die räumlichen Muster der Ensemblemittelwerte der saisonal gemittelten Temperatur- und Niederschlagsänderungen bis zum Ende des 21. Jahrhunderts für die RCP4.5 und RCP8.5 Emissionsszenarien und die hochaufgelösten EUR-11-Simulationen.

Für beide Szenarien, alle vier Jahreszeiten und das gesamte Auswertegebiet ergibt sich ein deutlicher Temperaturanstieg (Abb. 12-5). Dieser ist in den Winter- und Frühlingsmonaten am stärksten in Nordosteuropa, was zum Teil auf den Rückgang der arktischen Schnee- und Meereisbedeckung zurückzuführen ist. Im Sommer zeigen sich maximale Erwärmungsraten über Südeuropa und dem Mittelmeerraum. Die räumlichen Muster der Temperaturänderung ähneln sich in beiden Emissionsszenarien, jedoch zeigt das extremere RCP8.5 eine deutlich stärkere Erwärmung mit zum Teil mehr als 7°C im Ensemblemittel. Die saisonal gemittelten Niederschlagsänderungen (Abb. 12-6) weisen eine Zweiteilung des Europäischen Kontinents in eine nordöstliche Region mit Niederschlagszunahmen und ein südwestliches Gebiet mit einem Rückgang der Niederschlagsmengen auf. Die Grenze zwischen beiden Regionen verschiebt sich dabei saisonal: Während in den Wintermonaten fast der gesamte Kontinent Niederschlagszunahmen zeigt und Abnahmen lediglich im südlichen Mittelmeerraum auftreten, zeigen weite Teile West- und Südeuropas sommerliche Niederschlagsrückgänge. Sowohl Zu- als auch Abnahmen sind im RCP8.5-Emissionsszenario jeweils stärker ausgeprägt. So werden für das extremere Szenario sommerliche Niederschlagsrückgänge von zum Teil mehr als 40 % erwartet.

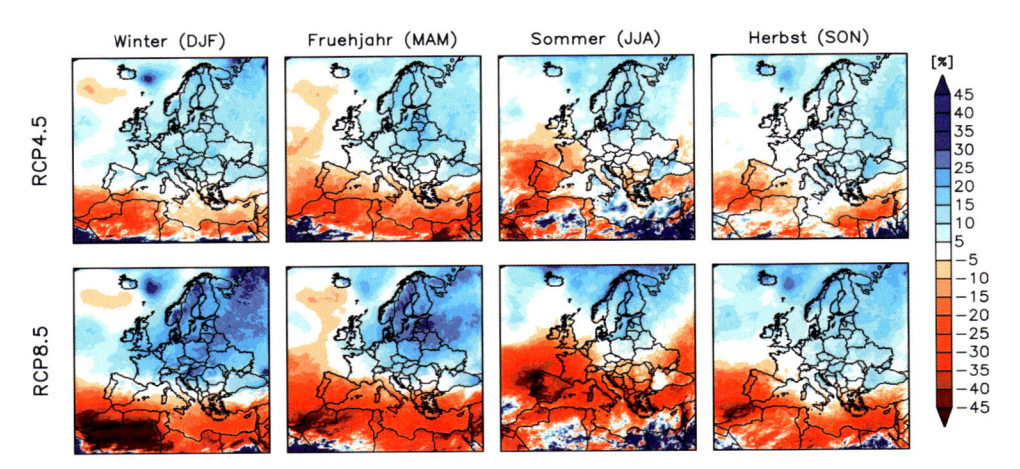

Abb. 12-6: Wie Abbildung 12-5, jedoch für das saisonale Niederschlagsänderungssignal [%].

Die beschriebenen Ergebnisse bestätigen im Wesentlichen frühere Erkenntnisse aus den Projekten PRUDENCE und ENSEMBLES, jedoch ermöglichen die EURO-CORDEX Simulationen durch die deutlich größere Anzahl an Simulationen robustere Aussagen und eine bessere Quantifizierung der den Szenarien innewohnenden Unsicherheiten. Zu Letzteren zählt insbesondere die Modellunsicherheit, die durch die auf Ensemblemittelwerten basierten Abbildungen 12-5 und 12-6 nicht erfasst wird. Die zu erkennenden räumlichen Muster treten beispielsweise nicht in jeder Einzelsimulation auf. Weiterhin unterscheiden sich die Größenordnungen der von den einzelnen Modellketten simulierten Änderungssignale zum Teil deutlich und hängen insbesondere vom jeweils gewählten antreibenden Globalmodell ab. Ein weiterer Fortschritt gegenüber früheren Modellensembles ist die hohe räumliche Auflösung der EUR-11-Simulationen, die eine bessere Erfassung der räumlichen Klimavariabilität, insbesondere in topographisch strukturierten Regionen wie den Alpen, und eine verbesserte Abbildung kleinräumiger Extremereignisse ermöglicht.

5 Der Link zu Klimaimpakt-Studien

Wie beschrieben spielen regionale Klimamodelle eine zentrale Rolle bei der Beschreibung und Analyse regionaler Klimavariabilitäten und bei der Erstellung regionaler Klimaszenarien. In vielen Fällen kann dabei als Folge der deutlich verfeinerten räumlichen Auflösung ein Mehrwert gegenüber den gröber aufgelösten Globalmodellsimulationen festgestellt werden. Aus zwei Gründen ist eine direkte Anwendung der Ergebnisse regionaler Klimasimulationen in nachgeschalteten Anwendungen, insbesondere in Klimaimpaktstudien, jedoch oftmals nicht zweckmäßig:

1. Systematische Modellfehler
Es muss davon ausgegangen werden, dass die Ergebnisse regionaler Klimasimulationen auf der durch die Modelle abgebildeten räumlichen Skala mit systematischen Fehlern behaftet sind (siehe Abschnitt 4.2). Dies gilt insbesondere für die durch Globalmodelle angetriebenen Szenariosimulationen, in denen mögliche Fehler im aufgeprägten Randantrieb direkt von den Regionalmodellen übernommen werden. Wird ein derart fehlerbehafteter Klimamodelloutput direkt verwendet, um nachgeschaltete Impaktmodelle zu betreiben, so werden diese mit großer Wahrscheinlichkeit selbst fehlerhafte Ergebnisse liefern und die beobachteten Verhältnisse in einer historischen/heutigen Referenzperiode nicht korrekt wiedergeben. Überschätzt ein regionales Klimamodell die wahren Niederschlagsmengen beispielsweise um 50 % und wird diese fehlerbehaftete Modellausgabe direkt als Niederschlagseingabe für ein hydrologisches Modell verwendet, so ist davon auszugehen, dass die simulierten Wasserbilanzen zu positiv sind und Abflussmengen stark überschätzt werden. Systematische Fehler in den Klimamodellergebnissen betreffen dabei nicht nur langjährige Mittelwerte, sondern können sich zum Beispiel auch in falschen zeitlichen Sequenzen, fehlerbehafteten räumlichen Mustern oder einer Über- oder Unterschätzung von Extremen äußern.

2. Skalensprung
Viele Klimaimpakt-Anwendungen benötigen atmosphärische Klimadaten auf der Punktskala, zum Beispiel Klimaänderungssignale für eine bestimmte Messstation oder bestandsklimatische Aussagen. Klimamodelle selbst liefern jedoch Informationen, die bestenfalls als Flächenmittelwert über eine Gitterzelle interpretiert werden können. Je nach betrachtetem Parameter ist die effektive Auflösung eines Klimamodells sogar noch gröber und erstreckt sich über mehrere Gitterzellen. Weiterhin bezieht sich die Modellausgabe auf den topographischen Kontext und die physiographischen Verhältnisse der jeweiligen Gitterzelle, also zum Beispiel auf eine bestimmte Höhenlage (mittlere Gitterzellenhöhe), einen bestimmten Boden- und Oberflächentyp (zum Beispiel Art des Bewuchses, Bodenart, Land- oder Wasseroberfläche) oder eine bestimmte relative Topographie (Tal- oder Hochlage). Diese Charakteristika stimmen in der Regel nicht mit den Bedingungen am Zielort überein. Auch sind die relativ grob aufgelösten Modelle meist nicht in der Lage, die starke räumliche und zeitliche Variabilität von lokalen Extremereignissen, insbesondere von Starkniederschlagsereignissen, abzubilden.

Sowohl Punkt 1 als auch Punkt 2 erfordern in der Regel eine Nachbearbeitung der Modellausgabe im Sinne einer Korrektur systematischer Fehler („**b**ias **c**orrection", BC) und/oder eines weiteren **e**mpirisch-**s**tatistischen **D**ownscalings (ESD) auf die anvisierte räumliche Skala. Beide Aspekte können auch miteinander kombiniert werden. Eine Vielzahl statistischer Methoden steht zur Verfügung (siehe zum Beispiel MARAUN et al. 2010 und Beitrag 3 in diesem Heft), von denen eine Auswahl im Folgenden vorgestellt wird. Dabei weist jede einzelne Methode ihre spezifischen Stärken und Schwächen auf, und eine gründliche und gut begründete Methodenwahl unter Berücksichtigung der jeweiligen nachgeschalteten Anwendung ist zwingend nötig. Generell hat sich das Bild von ESD/BC in den letzten Jahren deutlich gewandelt: Hat man sich früher mit einer eher technischen, ingenieursmäßigen Behandlung dieses Themas begnügt, reicht diese Herangehensweise heutzutage nicht mehr aus. Auch im internationalen Kontext wurde die Bedeutung von ESD/BC erkannt, und so hat sich unter anderem bereits ein eigener CORDEX-Zweig hierzu gebildet (CORDEX-ESD).

Eine einfache, weit verbreitete und robuste Methode, um Klimamodellergebnisse auf die Punktskala herunterzubrechen, ist der sogenannte „Delta Change"-Ansatz. Hierbei wird eine beobachtete Zeitreihe mit dem aus einer Klimasimulation abgeleiteten Klimaänderungssignal skaliert. Im einfachsten Fall wird zum Beispiel das an einer Gitterzelle simulierte zeitlich gemittelte Temperaturänderungssignal auf eine gemessene Temperaturzeitreihe aufgeschlagen (beziehungsweise für den Niederschlag die gemessene Zeitreihe mit dem simulierten mittleren Änderungssignal multipliziert). Die dadurch erhaltenen lokalen Klimaszenarien weisen eine hohe Konsistenz bezüglich zeitlich-räumlicher Muster und der gegenseitigen Beziehung verschiedener skalierter Variablen (zum Beispiel dem Zusammenspiel von Temperatur und Niederschlag) auf, da beide Aspekte auf den beobachteten Zusammenhängen basieren. Jedoch werden gewisse Aspekte des simulierten Klimawandels wie Änderungen in der zeitlichen Klimavariabilität, beispielsweise in der Auftrittswahrscheinlichkeit nasser und trockener Tage oder bestimmter Wetterereignisse, nicht berücksichtigt. Weiterhin liegt der Delta Change-Methodik die implizite Annahme zugrunde, dass systematische Modellfehler zeitlich konstant und unabhängig vom jeweils simulierten Klimazustand sind. Beide Annahmen sind nicht notwendigerweise gegeben. Auch das eventuelle Auftreten neuer Extreme in einem zukünftigen Klimazustand kann nur bedingt abgebildet werden.

Eine Alternative zur Delta Change-Methode sind empirisch-statistische Fehlerkorrektur- und Downscaling-Verfahren. Im ersten Fall wird der Output einer Klimasimulation mittels eines Vergleiches gegen Beobachtungen derselben meteorologischen Größe in einer historischen Periode um systematische Fehler bereinigt. Liegen die Beobachtungen an einer bestimmten Messstation vor, wird also zusätzlich der Skalensprung zwischen gitterbasierter Modellausgabe und Punktmessungen überbrückt, enthalten Fehlerkorrekturverfahren implizit auch einen Downscaling-Schritt. Im einfachsten Fall wird hierbei ein mittlerer Modellfehler korrigiert, jedoch sind auch komplexere Fehlerkorrekturverfahren möglich. Eine große Verbreitung fand in den letzten Jahren das sogenannte „Quantile Mapping", bei dem eine simulierte Verteilung durch eine quantilbasierte Korrekturfunktion einer beobachteten Verteilung derselben meteorologischen Größe angeglichen wird. Der Vorteil von Fehlerkorrekturverfahren gegenüber der Delta Change-Methodik liegt in ihrer transienten, das heißt nicht auf Zeitscheiben beschränkten Anwendbarkeit sowie in der Tatsache, dass prinzipiell eine Vielzahl von Aspekten des simulierten Klimaänderungssignals abgebildet werden kann, so zum Beispiel Änderungen in der zeitlichen Variabilität. Wie die Delta Change-Methode nehmen allerdings auch Fehlerkorrekturverfahren eine zeitliche Stationarität des Modellfehlers beziehungsweise der Korrekturfunktion an. So wird davon ausgegangen, dass die in einer historischen Kalibrierungsperiode abgeleitete Korrekturfunktion auch in einem zukünftigen Klima ihre Gültigkeit hat. Weitere Nachteile von Fehlerkorrekturverfahren sind eine meist unscharfe Abbildung der räumlichen Klimavariabilität sowie eine mögliche Inkonsistenz zwischen unabhängig voneinander korrigierten meteorologischen Größen. Neben Fehlerkorrekturverfahren mit implizitem Downscaling-Schritt stehen eine große Anzahl weiterer expliziter Downscaling-Verfahren zur Verfügung, die die simulierte (globale oder regionale) Klimamodellausgabe zu lokalen Beobachtungen in Beziehung setzen. Auch die weit verbreiteten Wettergeneratoren zählen zu dieser Gruppe. Im vorliegenden Kapitel wird allerdings auf eine detaillierte Beschreibung dieser Methoden verzichtet und dafür auf die einschlägige Referenzliteratur (wie zum Beispiel MARAUN et al. (2010) und darin enthaltene Quellen) verwiesen.

Zusammenfassend stellen die hier beschriebenen Fehlerkorrektur- und Downscalingmethoden das Interface zwischen dem Output (globaler und) regionaler Klimamodelle und nachgeschalteten Anwendungen dar und spielen somit eine zentrale Rolle für die Klimaimpaktforschung. Letztere wird das Thema eines nachfolgenden PROMET Bandes sein.

Literatur

BAN, N., SCHMIDLI, J., SCHÄR, C., 2015: Heavy precipitation in a changing climate: Does short-term summer precipitation increase faster? *Geophysical Research Letters* 42, doi:10.1002/2014GL062588.

HAYLOCK, M.R., HOFSTRA, N., KLEIN TANK, A.M.G., KLOK, E.J., JONES, P.D., NEW, M., 2008: A European daily high-resolution gridded data set of surface temperature and precipitation for 1950–2006. *Journal of Geophysical Research* 113, D20119.

JACOB, D., PETERSEN, J., EGGERT, B., ALIAS, A., CHRISTENSEN, O.B., BOUWER, L.M., BRAUN, A., COLETTE, A., DÉQUÉ, M., GEORGIEVSKI, G., GEORGOPOULOU, E., GOBIET, A., MENUT, L., NIKULIN, G., HAENSLER, A., HEMPELMANN, N., JONES, C., KEULER, K., KOVATS, S., KRÖNER, N., KOTLARSKI, S., KRIEGSMANN, A., MARTIN, E., VAN MEIJGAARD, E., MOSELEY, C., PFEIFER, S., PREUSCHMANN, S., RADERMACHER, C., RADTKE, K., RECHID, D., ROUNSEVELL, M., SAMUELSSON, P., SOMOT, S., SOUSSANA, J.-F., TEICHMANN, C., VALENTINI, R., VAUTARD, R., WEBER, B., YIOU, P., 2014: EURO-CORDEX: new high-resolution climate change projections for European impact research. *Regional Environmental Change* 14, 563-578.

KEULER, K., RADTKE, K., KOTLARSKI, S., LÜTHI, D., 2016: Regional climate change over Europe in COSMO-CLM: Influence of emission scenario and driving global model. *Meteorologische Zeitschrift* 25, 2, 121-136.

KOTLARSKI, S., KEULER, K., CHRISTENSEN, O.B., COLETTE, A., DÉQUÉ, M., GOBIET, A., GOERGEN, K., JACOB, D., LÜTHI, D., VAN MEIJGAARD, E., NIKULIN, G., SCHÄR, C., TEICHMANN, C., VAUTARD, R., WARRACH-SAGI, K., WULFMEYER, V., 2014: Regional climate modeling on European scales: a joint standard evaluation of the EURO-CORDEX RCM ensemble. *Geoscientific Model Development* 7, 1297-1333.

MARAUN, D., WETTERHALL, F., IRESON, A.M., CHANDLER, R.E., KENDON, E.J., WIDMANN, M., BRIENEN, S., RUST, H.W., SAUTER, T., THEMESSL, M., VENEMA, V., CHUN, K.P., GOODESS, C.M., JONES, R.G., ONOF, C., VRAC, M., THIELE-EICH, I., 2010: Precipitation downscaling under climate change: Recent developments to bridge the gap between dynamical models and the end user. *Reviews of Geophysics* 48, RG3003/2010.

MOSS, R.H., EDMONDS, J.A., HIBBARD, K.A., MANNING, M.R., ROSE, S.K., VAN VUUREN, D.P., CARTER, T.R., EMORI, S., KAINUMA, M., KRAM, T., MEEHL, G.A., MITCHELL, J.F.B., NAKICENOVIC, N., RIAHI, K., SMITH, S.J., STOUFFER, R.J., THOMSON, A.M., WEYANT, J.P., WILBANKS, T.J., 2010: The next generation of scenarios for climate change research and assessment. *Nature* **463**, 747-756.

PREIN, A.F., GOBIET, A., SUKLITSCH, M., TRUHETZ, H., AWAN, N.K., KEULER, K., GEORGIEVSKI, G., 2013: Added value of convection permitting seasonal simulations. *Climate Dynamics* **41**, 2655-2677.

PREIN, A.F., GOBIET, A., TRUHETZ, H., KEULER, K., GOERGEN, K., TEICHMANN, C., FOX MAULE, C., VAN MEIJGAARD, E., DÉQUÉ, M., NIKULIN, G., VAUTARD, R., COLETTE, A., KJELLSTRÖM, E., JACOB, D., 2015: Precipitation in the EURO-CORDEX 0.11° and 0.44° simulations: high resolution, high benefits? *Climate Dynamics*, doi: DOI 10.1007/s00382-015-2589-y.

TORMA, C., GIORGI, F., COPPOLA, E., 2015: Added value of regional climate modeling over areas characterized by complex terrain – Precipitation over the Alps. *Journal of Geophysical Research: Atmospheres* **120**, doi:10.1002/2014JD022781.

Kontakt

DR. SVEN KOTLARSKI
Bundesamt für Meteorologie und Klimatologie
MeteoSchweiz
Operation Center 1
CH-8058 Zürich-Flughafen
sven.kotlarski@meteoswiss.ch

DR. HEIMO TRUHETZ
Wegener Center für Klima und Globalen Wandel
Brandhofgasse 5
A-8010 Graz
heimo.truhetz@uni-graz.at

Examina im Jahr 2015

Habilitationen, Dissertationen, Master-, Diplom- und Bachelorarbeiten
in der Meteorologie und verwandten Fächern aus dem deutschsprachigen Raum

Universität Basel

Masterarbeit

FEIGENWINTER, Iris: Analysis of thermal infrared data collected in the Barringer meteor crater during the Metcrax II field experiment.

Universität Bayreuth

Bachelorarbeiten

GUGGENBERGER, Paula: Veränderung des Ozon-Temperatur-Zusammenhanges im Fichtelgebirge.

LÜCKERATH, Janine: Vertikale Aerosolflussmessungen in Melpitz: Vergleich von Kondensationspartikelzählern mit unterschiedlichen Zeitkonstanten.

MOSER, Daniel-Sebastian: Bau eines Gerätes zur Messung der Luftleitfähigkeit und erste Anwendung im Fichtelgebirge.

RUMSCHEIDT, David: Effekte von Vegetationsbarrieren auf die straßennahe Feinstaubbelastung in Bayreuth.

SIMON, Julian: Atmosphärische Konzentration organischer Säuren im Fichtelgebirge des Sommers 2014.

VOGL, Teresa: Characterization of a flow tube reactor used for gas-to-particle conversion studies.

Masterarbeiten

FASBENDER, Lukas: Laborexperimente zur Deposition von Ozon auf Picea abies in Abhängigkeit verschiedener Feuchtebedingungen.

SCHALLER, Carsten: Analysis of Methane Emissions in a Subarctic Permafrost Region using Wavelet Transformation and Conditional Sampling.

VARGA, Sebastian: Einfluss der Mischungsschichthöhe auf das Windprofil über einem bewaldeten Standort.

VENKATARAMAN, Neeraja: Adaptation of aquatic macroinvertebrates to pesticides.

WILDNER, Marcus: Untersuchung der Emissionsdynamik von Methan mittels Kammermessungen mit unterschiedlichen Durchlüftungseigenschaften.

Dissertation

KAMILLI, Katharina: Organic particle formation in halogen-influenced environments.

Freie Universität Berlin

Bachelorarbeiten

BALL, Philipp: Abkühlungseffekt von Grünflächen in urbanen Räumen.

BRAUN, Greta: Vergleich der gemessenen und beobachteten Niederschlagsarten in Berlin-Dahlem und eine statistische Korrektur der Messungen.

BREITBACH, Michelle: Multidekadische Variabilität der Stratosphäre und ihre Verbindung mit dem Ozean.

BÖTTCHER, Dustin: Evaluierung und mögliche Verbesserung automatisch gewonnener Niederschlagsintensitäten durch ein Distrometer anhand von Sichtweite, Niederschlagsmessungen und Augenbeobachtungen.

BÜTOW, Alexander: Rekonstruktion von Temperatur und Wind aus Mode-S-Transponderdaten.

EHNERT, Marcel: Untersuchung der interhemisphärischen Kopplung zwischen dem antarktischen Ozonloch im Südfrühjahr und der Brewer-Dobson-Zirkulation im Nordwinter.

ERNST, Josephine: Einfluss der zukünftigen Treibhausgas-Zunahme auf den Strahlungshaushalt der Stratosphäre.

HENTSCHEL, Tobias: UHI – städtische Wärmeinsel Berlin.

HUPPERTZ, Saskia: (Un)Wetterabhängigkeit von Internet-Nutzung nach Wetterinformationen.

KÖHLER, Raphael: Untersuchung des Einflusses von ENSO auf die Variabilität in der winterlichen Stratosphäre der Nordhemisphäre.

LANDROCK, Franz: Untersuchung der variablen Korrelation zwischen NAO und PNA.

MALUTZKI, Enrico: Untersuchung der Breitband Aerosol Optischen Dicke während Saharastaubereignissen in Deutschland.

MÜßIG, Lenard: Untersuchung des Zusammenhangs zwischen Stratosphärenerwärmungen und der tropischen Konvektion in Simulationen des Klima-Chemie-Modells EMAC.

NECKER, Tina: Das Mikroklima dreier ausgewählter Charlottenburger Innenhöfe im Sommer 2014.

PASSOW, Christian: Validierung der Niederschlagsanalyse von COSMO-DE anhand der Messdaten im Berliner Stadtgebiet.

ROTHERT, Axel: Auswertung der Stationsdaten El Gouna (Ägypten) und Berechnung des Trübungsfaktors mit Bezug auf Solaranlagen.

STRAKA, Matthias: Auswirkung des lokalen Wetters in Berlin bezüglich des Auftretens der Herzkrankheit „Aortendissektion" mit Supervised Classification Technique.

SZENASI, Barbara: Evaluierung des Modells COSMO-CLM mit der Double Canyon Effects Parametrization für die Berliner Temperaturwerte.

THEN, Freia: Contribution of antarctic ice sheet to sea level variations since the last glacial maximum derived from different climate forcings.

WAGNER, Jan-Jasper: Interpretation der Composite-Analyse zwischen Circulation Weather Types und den Windmesswerten des Kieler Leuchtturms.

Masterarbeiten

DOCTER, Nicole: Spatially high resolution trend analysis of TCWV over land surfaces using MERIS.

EHRLICH, Olga: Modellierung der Kupferdepositionen und Vergleich mit Messungen durch Depositionssammler und mit Moosmonitoring-Daten.

KARB, Anastasia: Statistische Untersuchung konvektiver Zellen und Überprüfung von konvektiven Wettermythen in Deutschland.

KNIEBUSCH, Madline: Evaluation of the mesoscale climate model MUKLIMO_3 for Berlin and implementation of mitigation strategies.

QUADE, Maria: Verbessert ein meteorologisch abhängiges Emissions-Zeitprofil die Modellierung von Ammoniak?

SCHMIDT, Klemens: Modelling of meteorology-air quality interactions in July 2006.

SCHOON, Lena: Atmosphärische Gezeiten in der ERA-Interim Reanalyse.

STEIKERT, Ralf: Atmosphärische Korrektur der Marsatmosphäre für Messungen mit der High Resolution Stereo Camera (HRSC).

VOLLACK, Ken: Numerische Simulation und Verifikation mikroklimatischer Wechselwirkungen zur Detektierung abiotischer Lebensbedingungen für Zecken.
WALTER, Anne: Sensitivity studies and evaluation of the volatility basis-set approach within the LOTOS-EUROS model in Europe 2011.
WALZ, Michael: Development and Application of a Distribution-Independent Storm Severity Index (DISSI).

Diplomarbeiten

HÄFLIGER, Tonio: Antarctic glaciations in the late Pliocene warm period: reconciling the Sirius debate using numerical modeling.
SCHMIDT, Mathias: Zukünftige Entwicklung der potentiellen PSC-Flächen in der Arktis für verschiedene Treibhausgasszenarien.
SCHMIDT, Sabrina: Analyse der Klimavariabilität in der Tropopausenregion mit dem DSI.
VOGTMANN, Michael: Analyse und Simulation des globalen Klimas von Saturnmond Titan mit dem IPSL Titan GCM.
WALTER, Alexander: Filamentartige Strukturen in der großskaligen Dynamik der Atmosphäre und deren Bezug zur Turbulenztheorie.

Dissertationen

ACEVEDO VALENCIA, John Walter: Towards paleoclimate reanalysis via ensemble Kalman filtering, proxy forward modeling and Fuzzy logic.
BERGMANN-WOLF, Inga: Oceanographic applications of GRACE gravity data on global and regional scales.
BISMARCK, Jonas von: Vibrational Raman scattering of liquid water – quantitative incorporation into a numeric radiative transfer model of the atmosphere-ocean system and analysis of its impact on remote sensing applications.
CABAJAL HENKEN, Cintia: Satellite cloud property retrievals for climate studies – using synergistic AATSR and MERIS measurements.
FALLAH HASSANABADI, Bijan: Modelling the Asian paleo-hydroclimatic variability.
GRIEGER, Jens: Cyclonic activity and its influences on Antarctica.
KONRAD, Hannes: Sea-level and solid-earth feedbacks on ice-sheet dynamics.
KRUSCHKE, Tim: Winter wind storms: Identification, verification of decadal predictions, and regionalization.
PARDOWITZ, Tobias: Anthropogenic changes in the frequency and severity of European winter storms: mechanism, impacts and their uncertainties.
WANG, Wuke: The tropical tropopause layer – detailed thermal structure, decadal variability and recent trends.
WEBER, Tobias: Impact of ocean tides on the climate system during the pre-industrial period, the early Eocene and the Albian.

Universität Bonn

Bachelorarbeiten

ENGEL, Ann-Kathrin: Untersuchung von Mesozyklonen auf Datengrundlage des Mesozyklonendetektionsalgorithmus des DWD.
JÖRSS, Anna-Marie: Analyse von Thermik mittels Reanalysedaten.
KAPP, Florian: Erfassung und statistische Auswertung von Wettertipp-Vorhersagen zur Ensemble- und MOS-Erzeugung.
KIEFER, Sebastian: Analyse des Hagelunwetters über Alfter im Mai 2012.
KREFING, Jonathan R.: Stabilitätsanalyse der Divergenzdämpfung im hochauflösenden COSMO-Modell.
MARSCHOLLEK, Sidney: Implementation and testing of an improved root water uptake parameterisation in CLM.
NIERMANN, Deborah: Simulation von Baumringweiten.

Masterarbeiten

AKOSSI, Martine: Modellierung zur Bildung sekundärer Aerosole.
FIGURA, Clarissa: Data assimilation using convective scale structures in COSMO-DE.
FRANK, Christopher: A multiscale ensemble approach using self-breeding in a convection-allowing model.
KERN, Melanie: Analyse von lokaler Turbulenz in der untersten Atmosphäre.
SCHNEIDER, Martin: Einfluss der Bodenfeuchte- und Vegetationsverteilung auf die Bildung von Tiefenkonvektion.
STADTLER, Scarlet: Heterogene N_2O_5-Chemie im globalen Aerosol-Chemie-Klimamodell ECHAM6-HAMMOZ.
WOCHNIK, Marc Philipp: Hybride Konvektionsparametrisierung bei räumlich hoch aufgelöster numerischer Wettervorhersage.

Dissertationen

BOLLMEYER, Christoph: A high-resolution regional reanalysis for Europe and Germany.
RAHMAN, A. S. M. Mostaquimur: Influence of subsurface hydrodynamics on the lower atmosphere at the catchment scale.
WAHL, Sabrina: Uncertainty in mesoscale numerical weather prediction: probabilistic forecasting of precipitation.

Universität Bremen

Bachelorarbeiten

HACKEMANN, Timo: Evaluation der Nutzbarkeit des Bruker Equinox 55 FTIR-Spektrometers für bodengebundene Fernerkundung von atmosphärischem Methan.
KLEMME, Alexandra: Establishment of a monitoring station at the Weser in Drakenburg and first estimates of CO_2 outgassing.
MÜLLER, Andre Fabian: Justage und Chrakterisierung des Bruker Equinox 55.
SCHÄFER, Andreas: Evaluation der Nutzbarkeit des Equinox 55 FTIR-Spektrometers für die Fernerkundung des Kohlenstoffdioxidgehalts in der Luftsäule.

Masterarbeiten

AMOO, Prince Benjamin: Attempt at quantifying the atmospheric depositional fluxes of Be-7, Pb-210, and Pb-212 in the local Bremen region.
MARKS, Henrik: Investigation of Algorithms to retrieve melt ponds fraction on Arctic Sea Ice from optical satellite observations.
PAGNONE, Ana: Carbon cycling in peat draining rivers in South East Asia.

Dissertationen

ASPEREN, Hella van: Biosphere-Atmosphere Gas Exchange Measurements using FTIR.
HUNTEMANN, Marcus: Bestimmung der Dicke dünnen Meereises aus Beobachtungen des Satellitensensors SMOS.
MÜLLER, Denise: The relevance of rivers and estuaries in the global carbon cycle.
SURESH, Gopika: Offshore oil seepage visible from space: A Synthetic Aperture Radar (SAR) based automatic detection, mapping and quantification system.

Technische Universität Dresden

Bachelorarbeiten

ARNOLD, Romy: Auswirkung aktueller Bebauungspläne auf das Mikroklima der Leipziger Vorstadt in Dresden.
BERGMANN, Karl: Ozone concentrations and associated trends in Saxony.
FRITZKOWSKI, Kenny: Untersuchung der Eindringtiefe des Bodenfrostes unter Be-

rücksichtigung dessen Einwirkung auf die ansässige Vegetation an der Klimastation Tharandt und der Ankerstation Tharandter Wald anhand einer zehnjährigen Messreihe.
GENZEL, Sandra: Post-processing von EC-Flüssen II: Korrektur der Verdunstung mittels beobachteter Schließungslücke der Energiebilanz am Standort Spreewald.
GHEORGHE, Daniel: Klimatologische Analyse von low level jets am Radiosondenstandort Lindenberg.
KAISER, Sebastian: Einfluss der Messkonfiguration auf die Ergebnisse von CO_2- und Wärmeflussmessungen an der Ankerstation Tharandter Wald.
KASPRZYK, Tony: Modellierung der thermischen Belastung von Fußgängern am Dresdner Stadtrand.
LANGE, Stefan: Bestimmung der Pflanzenoberfläche durch Strahlungsmessungen.
MEIER, Otto: Lückenfüllung und Partitionierung von atmosphärischen Wärme- und CO_2-Flüssen auf Basis von Halbstundenwerten der Ankerstation Tharandter Wald.
MICHEL, Ines: Post-processing von EC-Flüssen I: Einfluss des Mittelungsintervalls auf CO_2 - und Wärmeflüsse sowie die Schließungslücke der Energiebilanz.
PINGLER, Paul: Untersuchung von Verfahren zur Interpolation von Clutter verursachten Fehlwerten für radarabgeleitete jährliche Niederschlagssummen in Sachsen.
RICHTER, Nils: Untersuchungen zum Zusammenhang zwischen meteorologischer und hydrologischer Dürre in Sachsen.
THIEME, Ulrike: Reale Verdunstung an einem Fichtenstandort im Tharandter Wald.

Masterarbeiten
CHEN, Fangyi: Beurteilung des klimatischen Ausgleichsvermögens von Flächen auf Grundlage des Ansatzes der ökologischen Flächenleistung im Vergleich zu Simulationsergebnissen aus ENVI_MET.
CRAVEN, Joanne: SimBasin. Serious gaming for robust decision-making in the Magdalena-Cauca river basin.
EID HOSNI, Ashour Hassan: Integrating methods, models and data into a flood risk management information system.
SARVINA, Yeli: Improvement of Transfer Approach between Climate Model Output and Meteorological Station Data for Extreme Precipitation.
SCHMITT, Jonas: Untersuchung der Spezifika der Moorverdunstung am Beispiel zweier Messstationen.
TRAN, Thanh Huyen: Renewable energy in Vietnam need, status quo and potential for the future.
VAVADIKI, Eleftheria: Comparison of coupled 1D/2D (sewer/surface) structured and unstructured grids for urban flood modelling based on two case studies in Norway.
WLOSEK, Magdalena: Effects of urban reconstruction on microclimate in the city district of Dresden Friedrichstadt.
WODEBO, Desta Y.: Analyses trend and changing pattern of global precipitation based on a public domain dataset.

Diplomarbeit
KUNATH, Martin: Räumlich hochaufgelöste Untersuchung des Interzeptionsprozesses in einem Fichtenaltbestand.

Dissertationen
BORGES DE AMORIM, Pablo: Development of Regional Climate Change Projections for Hydrological Impact Assessments in Distrito Federal, Brazil.
KRONENBERG, Rico Sascha: On the derivation of highly resolved precipitation climatologies under consideration of radar-derived precipitation rates.
WALTHER, Conny: Atmospheric Circulation in Antarctica: Analysis of Synoptic Structures via Measurement and Regional Climate Model.

Universität Frankfurt

Bachelorarbeiten
BÄR, Friedericke: Messungen mit dem Kondensationskernzähler VIPER an Außenluft und im Rahmen von CLOUD-T.
BRAUNER, Philipp: Bestimmung der Abscheideeffizienz eines neuen Aerosolsammlers.
CROMM, Nikolas: Der Einfluss des Kopplungsschrittes auf ein gekoppeltes Lorenzsystem.
FRESEMANN, Sabine: Measurements of ice nuclei from sea spray aerosol (SSA).
FREUND, Jannis Michael: The sensitivity of the planetary boundary layer height evolution under changing soil moisture conditions.
GRANZIN, Manuel: Bestimmung des optimalen Berechnungsradius zur Bestimmung der ortsbezogenen Blitzdichte.
HACK, Sebastian: Measurement of biological deposition freezing nucleators at Taunus Observatory at warm temperatures in FRIDGE.
KOBAK, Robert: Kalibrierung des optischen Partikelzählers in FINCH.
LORENZ, Verena: Datenauswertung der Nukleations-Messkampagne in Vielbrunn im Frühjahr 2014.
LUDWIG, Anna: Sulphuric Acid Calibration during the CLOUD T experiment at CERN.
PFEIFER, Joschka: Streuung und Absorption solarer Einstrahlung in komplexem Gelände.
PRIEMER, Vivien: Vergleich eines GC-QP-MS und des GC-TOF-MS Fastof für die Analyse halogenierter Kohlenwasserstoffe und Identifikation flüchtiger Kohlenwasserstoffe mittels Fastof.
RINGSDORF, Akima: Wartung und Kalibrierung zweier Ammoniak-Messgeräte.
ROHMANN, Carolina: Measurement of α-pinene during the CLOUD-T experiment at CERN.
SCHOHL, Nils: Empirisch-Orthogonale Funktionen in einem quasigeostrophischen 3-Schichten-Modell mit anomalem Antrieb.
SEIER, Anika: Schließung eines reduzierten EOF-Modells für die barotrope Flachwasserdynamik.
SEPPEUR, Sonja: Atmosphärenforschung über Albedos und Temperaturen von Exoplaneten.
THOMAS, Marie: Vergleich eines GC/Time-of-Flight MS und GC/Quadrupol MS für die Analyse halogenierter Kohlenwasserstoffe und Identifikation flüchtiger Kohlenwasserstoffe mittels GC/Time-of-Flight MS.
TOK, Anna: Biogene Kohlenwasserstoffe: Tagesgänge, Verknüpfungen und Antriebsparameter (Fichtelgebirge).
SPITZER, Arne: Das Stadtklima - Entstehung und Auswirkungen von urbanen Wärmeinseln.
WOLF, Jennifer: Atmosphärische Eiskeimkonzentrationen - Weltweite Messungen im Überblick.
ZHU, Siyuan: Messungen halogenierter Kohlenwasserstoffe am Taunus Observatorium: Datenvergleich und Qualitätssicherung.

Masterarbeiten
DENNER, Melanie: Zeitreihenmessung von halogenierten Kohlenwasserstoffen am Taunus Observatorium mittels GC-MS.
EDELMANN, Benedikt: Dependence of COSMO-CLM simulated Wind on Wind Stress Parameterisation in the Gulf of Lion.
HIEN, Steffen: Impacts of Climate Change on Hydropower Generation.
HERZOG, Stephan: Untersuchung der zeit-

lichen und räumlichen Variabilität der Solarstrahlung in Europa.

KOHL, Rebecca: Flugzeugmesskampagne ML-CIRRUS: Untersuchung von eisnukleierenden Eigenschaften von Aerosolpartikeln in Zirrusbewölkung.

MÜNCH, Steffen: Flugzeuggestützte Messungen von eisbildenden Partikeln über dem Regenwald des Amazonas mit FINCH.

SGOFF, Christine: Die adaptive Berücksichtigung von Phasenraumscherung in einem Lagrange WKB-Modell zur Simulation der schwach nichtlinearen Dynamik von Schwerewellen.

Dissertationen
BORCHERT, Sebastian: Spontane Schwerewellenabstrahlung im differentiell geheizten rotierenden Annulus.

HOKER, Jesica: Charakterisierung eins GC-TOF-MS-Systems zur Messung halogenierter Kohlenwasserstoffe.

TÖDTER, Julian: Nonlinear High-Dimsional Data Assimilation.

WILLIAMSON, Christina: Inversion and Analysis Techniques for understanding Aerosol Nucleation and Growth with Diethylene-Glycol Condensation Particle Counters.

Technische Universität Bergakademie Freiberg

Bachelorarbeiten
KOCH, Katharina: Bodenatmung (CO2) eines Agrarstandortes im Winter (Striegistal, Sachsen).

LEPPIN, Johannes W:. Nettosystemaustausch (CO2) im Winter.

MARWINSKI, Isabelle: THG-Emissionen von Feuchtgebieten und kleinen Binnengewässern.

NEUBERT, Theresa: THG-Emissionen von Feuchtgebieten und kleinen Binnengewässern.

Masterarbeiten
BADEKE, Ronny: Untersuchung physikalischer Eigenschaften des atlantisch-marinen Grenzschichtaerosols.

LENK, Stephan: Zum Blitzgeschehen in Sachsen 1999-2012: Analyse unter Berücksichtigung von Einzelereignissen und Großwetterlagen.

SDIQ NADEB, Shan: What are the most important direct and indirect parameters driving land-use and climate change in the northeast of Brazil?

Universität Freiburg

Bachelorarbeiten
BARTZ, Michael: Validierung retrospektiver Klimakenngrößen.

BEKEL, Kai: Numerische Simulationen mit dem Modell ENVI-met zur Quantifizierung der human-biometeorologischen Wirkung von Straßenbäumen.

BUCHHOLZ, Alexander: Simulation von Luftschadstoffkonzentrationen in Freiburg mittels Adaption Neuro-Fuzzyinferenzsystemen und Random Forest.

FELDHOF, Yannick: Methanhydrate in der Barentssee, eine Literaturübersicht zu Vorkommen, Stabilität und Klimawirksamkeit.

GASSNER, Sylvia: Auftreten von Malaria in Südwestdeutschland im Zuge des anthropogenen Klimawandels.

KIRSCH, Steffen: Validierung der phänologischen Phasen der Weinrebe in Freiburg.

MÖLTER, Tina: Literaturübersicht zur Entwicklung der Sturmaktivität über der nordatlantisch-europäischen Region.

RITTER, Rahel: Untersuchung zum Beitrag der Holz- und Ölverbrennung zu lokalen Rußkonzentrationen.

SCHLEGEL, Irmela: Die Untersuchungen des Einflusses der Elektromobilität auf die CO2-Bilanz und Luftqualität mit IMMI-Sem/Luft am Beispiel von Berlin.

SCHUKA, Jan: Statistische Simulation des bodennahen Windfeldes in Rheinland-Pfalz.

SCHWARZ, Philipp: Methodische Einflüsse auf die gravimetrische Bestimmung der PM2.5 – Massenkonzentration – Partikelbelastung in Peking.

SULZER, Markus: Numerische Simulation mit dem ENVI-met Modell: Einfluss der meteorologischen Initialisierung.

ZELLER, Alexander: Einfluss meteorologischer Variablen auf die Zusammensetzung von PM10.

Masterarbeit
PETERSSON, Eva: Raumzeitliche Analyse von Luftschadstoffkonzentration in Baden-Württemberg.

Dissertationen
KETTERER, Christine: Human-biometeorologische Quantifizierung der thermischen Komponente des Stadtklimas von Stuttgart.

LEE, Hyunjung: Increasing heat waves require human-biometeorological analyses on the planning-related potential to mitigate human heat stress within urban districts.

NDETTO, Emmanuel L.: Quantification of human biometeorological conditions in different urban land in Dar es Sallaam, Tanzania.

Universität Graz

Bachelorarbeiten
BAUMGARTNER, Christian: Fundamentals of Climate Modeling.

FÄHNRICH, Michael: Geo-Engineering - Sulfat-Aerosole.

GORFER, Maximilian: The Thermal Structure of the Earth's Troposhere and Lower Stratosphere.

KALTENEGGER, Katrin: Die quasi zweijährige Oszillation (QBO): Analyse von Beobachtungen in Temperatur und Wind.

KAUFMANN, Lorenz Günther: Wolkenbildung und Tropfenwachstum.

LICHTENSTERN, Matthias Johannes: Windentwicklung in der Steiermark und Auswirkungen auf den Wind am Standpunkt Graz.

MOCHART, Michael: The Temporal Distribution of Large Earthquakes and their Released Energy.

STOCKER, Matthias: Wetter im Hochgebirge mit besonderer Berücksichtigung des Alpenraumes.

Masterarbeiten
INNERKOFLER, Josef: Evaluation of the climate utility of radi occultation data in the upper stratosphere and mesosphere.

LENZ, Martin: The Brewer-Dobson Circulation - Status and Challenges.

SCHWARZ, Matthias: Influence of Low Ozone Episodes on Erythemal UV Radiation in Austria.

UNTERKÖFLER, Rene: Simulation von Strömungen in komplexem Gelände GRAMM.

Diplomarbeiten
HIDEN, Oliver: Physikalische Ursachen für den natürlichen Klimawandel.

LICHTENEGGER, Markus: Physik des Paragleitens und der Wetterkunde.

PENDL, Lukas: Die Erde im Wandel - Anthropogene Umweltveränderungen in den Sphären des Klimasystems.

Universität Hamburg

Bachelorarbeiten
BERBER, Derya: Verschiebungsmatrizen zur Vegetation von eiszeitlicher zu vorindustrieller Zeit.

BÜCHAU, Yann: Ableitung der Windgeschwindigkeit und -richtung aus Bildsequenzen der Wolkenkamera am Wettermast.
DUSCHA, Christiane: A stochastic downscaling algorithm for generating time series of high resolution solar radiation values.
FIECKEL, Lena: Fernerkundungs- und In-Situ-Niederschlagsmessgeräte: Ein statistischer Vergleich.
FINN, Tobias: Entwicklung eines „Model Output Statistics"-Systems für die Vorhersage der 2-Meter-Temperatur am Hamburger Wettermast auf Basis des „Global Ensemble Forecast System" Kontrolllaufs.
HELLWEG, Meike: Systematische Auswertung von Messungen zur Ausbreitung störfallartig freigesetzter Luftschadstoffe im Stadtgebiet Hamburgs.
KAISER, Jan: Klimavariabilität Grönlands anhand von Beobachtungen und Simulationen
KULÜKE, Marko: Modellierung der Ausbreitung eines spontan freigesetzten schweren Gases mithilfe der NCAR Command Language.
MÖLLER, Gregor: Das logarithmische Windprofil am Wettermast Hamburg.
PETERSEN, André: Messdatenbasierte Vorhersage der nächtlichen Minimumtemperatur am „Wettermast Hamburg".
REH, Sebastian: Extremwertstatistik täglicher Niederschlagsdaten an zwei Stationen in Mitteleuropa und in einer Monsunregion.
REIMANN, Lucas: Temporal evolution of probability density functions: a case study of the 2m temperature obtained from a 100-member ensemble simulated with MPI-ESM.
RETSCH, Matthias: Implications of vertical level refinement in a GCM for the equilibrium state in tropical convection.
SAUTER, Christoph: Untersuchung der Höhe der tropischen Tropopause anhand eines Klimamodells.
SCHAPER, Maximilian: Optimierung der Simulation von MVIRI und SEVIRI.
SCHUMACHER, Alan: Langfristige Variabilität der bodennahen Temperaturen in einem Klimamodell-Kontrolllauf.
TECKENTRUP, Lina: Änderung von Trockenheit und Vegetationsbedeckung in einem Klimaszenarium.
TIVIG, Miriam: Analyse der terrestrischen Kohlenstoffflüsse und –speicher in einem Klimaszenario für die Ostsahara.
VOGT, Judith: Sensitivität von Landkohlenstoff hinsichtlich Temperaturänderungen in C4MIP- und CMIP5-Modellen.
WINKLER, Sarah: Bestimmung des 50-Jahres-Windes bis in 250 m Höhe am Wettermast Hamburg.
WITTE, Karl Fabian: EOF-Analyse der Niederschlagsvariabilität on Südostasien im Zusammenhang mit ENSO.

Masterarbeiten
ARNDT, Jan Alexander: Einfluss der Wolken auf die Produktion von Sulfat unter Veränderung der Primäremission von Schwefel im Chemietransportmodell CMAQ.
ASCHENBRENNER, Dennis: Evaluation der Landoberflächenflüsse aus Satellitendaten.
BEDBUR, Gesa: Parametrisierung von urbanen Regionen in einem globalen Erdsystemmodell.
BEUCHEL, Svenja Simone: Virtuelles Radarlabor: Sensitivitätsstudie eines Radarvorwärtsoperators.
BORTH, Samantha: Mediterranean Cyclones in a High-Resolution Model.
BUHR, Renko: Transition to Turbulence in Rayleigh-Bénard Convection.
EICHHORN, Astrid: Impact of tropical Atlantic sea-surface temperature biases on the simulation of atmospheric circulation and precipitation.
GÖTTSCHE, Frederik: Systematische Untersuchung einer aerodynamisch vereinfachten Modell-Windkraftanlage in einem Grenzschichtwindkanal.
HEIN, Carina: Vergleich eines X-Band-Radar-Netzwerks mit einem C-Band-Radar.
KAMPRATH, Simon: Methods to determine the ocean heat flux under sea ice: Testing a hot-film current sensor and the validation of a simple heat balance approach.
LEMBURG, Alexander: Die Entwaldung der Osterinsel - Einfluss auf Niederschläge und Temperaturen.
LI, Shengyin: SPARE-ICE Satellite Cloud Ice Retrievals.
MÜLLER, Max: Untersuchung der Repräsentativität von Messergebnissen einer mirkometeorologischen Messstation im Urbanen Raum.
MÜSSE, Jobst: Influence of anthropogenic aerosol on water cloud droplet number concentration: comparing simulations of global models with satellite observations.
MÜßLE, Lukas: Radiative Growth of Cloud Droplets at the Stratocumulus Top using a Langrangian Approach.
NATHER, Andree: Validierung von CloudSat Niederschlagsalgorithmen mit Ocean-RAIN Daten für Regen und Schnee.
NIESEL, Jonathan: Land surface temperature retrieval from single channel geostationary satellite data.
ONKEN, Monika: Überprüfung einer Rinnen-Breiten-Verteilungsfunktion anhand von MODIS Bildern.
ROSTOSKY, Philipp: Untersuchung zur Abhängigkeit der städtischen Wärmeinsel von der meteorologischen Situation und der geographischen Lage mittels eines numerischen Modells.
SCHULZ, Kira: Analyse von Gesundheitsindizes für Europa im wandelnden Klima.
SKALITZ, Ulrike: Untersuchung der Leewirkung des Harzes mittels Datenanalyse und Modellanwendung.
SU, Tong: Effects of Extreme Land-use Changes on Regional Climate in Two Extreme Weather Events.
WEINER, Oliver: Einfluss von meteorologischer Situation und Stadtstruktur auf die bodennahe Temperatur - Modellbasierte Untersuchungen für Ruhrgebiet und westliches Niedersachsen.

Dissertationen
BITTNER, Matthias: On the discrepancy between observed and simulated dynamical response of Northern Hemisphere winter climate to large tropical volcanic eruptions.
FOCK, Björn Hendrik: RANS versus LES models for investigations of the urban climate.
GIERISCH, Andrea: Short-range sea ice forecast with a regional coupled sea-ice – atmosphere – ocean model.
RIECK, Malte: The Role of Heterogeneities and Land-Atmosphere Interactions in the Development of Moist Convection.
SCHUBERT, Sebastian: Statistical Mechanics of the Fluctuations of a Turbulent Quasi-Geostrophic Model of the Atmosphere: Instabilities and Feedbacks.

Universität Hannover

Bachelorarbeiten
DUFFERT, Jens: Machbarkeitsüberlegungen bezüglich dem Vergleich von Messungen und Simulationsergebnissen eines Lichtmodells in Pflanzenbeständen.
HEINZEL, Jan Wilko: Entwicklung und Charakterisierung einer Klimabox für ein Infrarot-Spektralradiometer.
SCHNEIDER, Melanie: Die Bestimmung der innerstädtischen Temperaturverteilung mit Hilfe von Fahrradmessungen.
THUNS, Nadine: Untersuchung des Einflusses der Verschattung auf die Vitamin-D gewichtete UV-Exposition des Menschen.
WELß, Jan-Niklas: Der Einfluss von Interpo-

lationsmethodiken auf das Tropfenwachstum durch Diffusion bei Lagrangeschen Wolkentropfenmodellen.

Masterarbeiten
BÖSKE, Lennart: Representing mesoscale processes in large-eddy simulations of the atmospheric boundary layer by means of larger scale forcing.
HUPE, Patrick: Simulation und Analyse des Flugverkehrs im Fall eines Squall-Line-Ereignisses über Österreich.
IOV, Julia: Bestimmung von konsistenten Höhen- und Bodenwindklimatologien im Bereich der Windenergie.
ISENSEE, Katharina: Interaktion zwischen dem Innen- und Außenklima bei Wohngebäuden.
QUADFLIEG, Esther: Entwicklung von Kalibriermethoden für multidirektionale Strahldichteoptiken.
SIEDLER, Jasmin: Untersuchungen zur optimierten Vorhersage des Flüssigwassergehalts in COSMO-EU.
STRAATEN, Agnes: Untersuchung der Hintergrundströmung und des Kamineffektes in ausgewählten unterirdischen Stadtbahnsystemen.
ZANDER, Stefanie: Numerische Simulation zur Ausbreitung von Ammoniak aus Tierställen.

Dissertationen
HIMMELSBACH, Stephan: Entwicklung eines Modells zur Simulation von postfrontalen Niederschlagsgebieten.
KANANI-SÜHRING, Farah: High-resolution large-eddy simulations of scalar transport in forest-edge flows an implications for the interpretation of in-situ micrometeorological measurements.
SAUER, Manuela: On the Impact of Adverse Weather Uncertainty on Aircraft Routing -Identification and Mitigation.

Universität Hohenheim

Masterarbeiten
JETTER, Stefan: Ressourceneffizienz und Ressourceneffektivität: Die Notwendigkeit einer Kreislaufwirtschaft im Bausektor.
REMPP, Tobias: Abschätzung der Stickstoffversorgung eines Winterweizenbestandes mittels UAV basierter Multispektralanalyse.
ROSENFELDER, Madeleine: Entwicklung eines Ansatzes zur Quantifizierung der thermischen Bedingungen in Innenräumen.
SOMMER, Axel Benjamin: Effectiveness of the Polish Climate Coalition.
VITT, Ronja: Entwicklung eines Ansatzes zur Quantifizierung der thermischen Belastung bei Nutztieren in Deutschland.
WAGNER, Matthias Patrick: Development of a land cover classification and crop distinction method based on high-resolution satellite data.

Dissertation
PARK, Chang-Hwan: "Microwave Forward Model for Land Surface Remote Sensing" within the scope of the International Research Training Group (IRTG) 1829 "Hydrosystem Modelling" of the German Research Foundation (DFG).

Universität Innsbruck

Bachelorarbeiten
HARTMANN, Max: Messung turbulenter Flüsse im urbanen Raum.
HERLA, Florian: Ensemble statistics of a geometric glacier length model - Exceptional retreat of Hintereisferner.
KILIAN, Markus: Auswirkungen von Gletschern auf die saisonale Wasserverfügbarkeit im Einzugsgebiet des Inn.
KNOFLACH, Marco: Kunstschneetaugliche Perioden an ausgewählten Orten, Analyse der Beschneiungszeiten an verschiedenen Wetterstationen in Tirol in der Periode 1994/95 bis 2013/14.
LAIMINGER, Eva: Qualität der Windmessung mit einem Doppler–SODAR in Kolsass.
LEITER, Aaron: Orographisch bedingte bandenförmige Konvektion im Luv – Ein Überblick.
OERTER, Tobias: Ozon in der Arktis mit Fokus auf 2011 - Eine Literaturarbeit.
RAMSAUER, Peter: Tornado: neue Messeinsichten.
RAFFLER, Philipp: Mechanismen der Niederschlagsverteilung im Umfeld des Bodensees: Eine Fallanalyse des 26.12.2014.
RUDOLPH, Alexander: Alpine Strömungslagen in der Twentieth Century Reanalysis. Ein Vergleich mit bestehenden Strömungslagenklassifikationen im Ostalpenraum.
SCHMIDT, Adrian: Eine Gewitterklimatologie für Tirol aus SYNOP-Beobachtungsreihen.
STOLL, Verena: Melt processes on tropical Lewis Glacier: Application of a degree-day model.
STRUDL, Markus: Anwendung eines Gradtagmodelles mit modifiziertem Input zur Berücksichtigung des Einflusses der Luftfeuchte auf die Ablation am Langenferner.
TRICHTL, Moritz: Die Charakterisierung wichtiger NOX Quellen und deren relativer Einfluss auf die Ozonproduktion in Innsbruck.

Masterarbeiten
BRAMBERGER, Martina: Does Strong Tropospheric Forcing cause Large Amplitude Mesospheric Gravity Waves? A DEEPWAVE Case Study.
DITTMANN, Anna: Precipitation regime and stable isotopes at Dome Fuji, Antarctica.
FETZ, Veronika: Richtung und Geschwindigkeit des Klimawandels – Eine globale Betrachtung.
HANGWEYRER, Martin: Analyse von Bodenmessdaten und satellitengestützten Niederschlagsdaten in der Cordillera Blanca, Peru.
HOMANN, Judith: The Influence of the North Atlantic Oscillation on Alpine Winter Precipitation.
LANG, Moritz: The Impact of Embedded Valleys on Daytime Pollution Transport over a Mountain Range.
SCHMASSMANN, Luzian: Seasonal forecasting of winter wave activity on the Atlantic coast of Western Europe.
STÖCKL, Stefan: Pollutant transport in the Urban Canopy Layer using a Lagrangian Particle Dispersion Model.
VOGT, Marieke: Contrails in the ECMWF Integrated Forecast System.

Dissertationen
KALTENBÖCK, Rudolf: Severe Thunderstorms examined by mesoscale analyses of weather radar data and numerical weather prediction data.
PRINZ, Rainer: Climatic Controls and Climatic Proxy Potential from Glacier Retreat on Lewis Glacier, Mt. Kenya.
PROKSCH, Martin: High-Resolution Snow Measurements combined with active and passive Microwave Modeling.

Universität Karlsruhe

Bachelorarbeiten
AUGENSTEIN, Markus: Variation der Komponenten der atmosphärischen Strahlung am Toten Meer.
BECKER, Florian: Analyse von Niederschlägen in der Trockenzeit an der westafrikanischen Küste im 20. Jahrhundert.
HERZOG, Amelie: Analyse lokaler Wind-

systeme am Toten Meer mittels Daten des DESERVE Messnetzes.

KARRER, Markus: Cloud phase distribution in deep convective clouds - Wolkenphasenverteilung in konvektiven Wolken.

LEUFEN, Lukas: Die Meteorologie der namibischen Küste – Untersuchungen auf Grundlage eines Messtransektes.

RUDOLPH, Annika: Einfluss von Anströmbedingungen und Aerosolkonzentration auf die Entwicklung hochreichender Konvektion: Semi-idealisierte Large-Eddy-Simulationen mit dem COSMO-Modell.

Masterarbeiten

BOSSMANN, Pila: The quiet 2013 Hurricane season in the North Atlantic: Causes and role of subtropical dry air intrusions into the Main Developing Region.

FISCHERKELLER, Marie-Constanze: An Efficient Radiative Transfer Model for Ground-Based Skylight Measurements of Atmospheric Scattering properties.

GRUBER, Simon: Simulating Contrails and Their Impact on Incoming Solar Radiation at the Surface on the Regional Scale - A Case Study.

HANNAK, Lisa: Die Darstellung der Bewölkung über dem südlichen Westafrika in globalen Klimamodellen.

IMHOF, Hannah: Combined effects of urban planning and climate change on the climate of the Stuttgart Metropolitan Area.

KOSTINEK, Julian: Enhancing optical throughput and detector sensitivity of the EM27/FTS IR spectrometer.

STASSEN, Christian: Simulationen von chemischen Tracern mit ICON-ART.

WEIMER, Michael: Simulation of volatile organic compounds with ICON-ART.

Diplomarbeit

SCHMID, Marcel: Analyse der dreidimensionalen Blitzstruktur während Hagelereignissen in Deutschland.

Dissertationen

BREIL, Marcus: Einfluss der Boden-Vegetation- Atmosphären Wechselwirkungen auf die deka-dische Vorhersagbarkeit des Westafrikanischen Monsuns.

CHRISTNER, Emanuel: Improvement and application of a diode-laser spectrometer for water isotope-ratio measurements.

HAHNE, Philipp Marcus: Satelliten-gestützte Fernerkundung atmosphärischer Kohlendioxid- und Methankonzentrationen.

KRAUT, Isabel: Separating the Aerosol effect in Case of a „Medicane".

QUINTING, Julian: The impact of tropical convection on the dynamics and predictability of midlatitude Rossby waves: a climatological study.

NIEDER, Holger: Untersuchung des Einflusses von solaren Prozessen auf die mittlere und untere Atmosphäre anhand von Modellsimulationen.

SCHIEFERDECKER, Tobias Fritz-Heinrich: Variabilität von Wasserdampf in der unteren und mittleren Stratosphäre auf der Basis von HALOE/UARS und MIPAS/ENVISAT Beobachtungen.

SEDLMEIER, Katrin: Near future changes of compound extreme events from an ensemble of regional climate simulations.

Universität Kiel

Bachelorarbeiten

BRIEBER, Annika: Wie robust ist der Einfluss von QBO und variablen SSTs auf plötzliche Stratosphärenerwärmungen?

EBSEN, Lena: Untersuchung des Einflusses der Stabilität auf die Güte der ERA-Interim Niederschlagsprognosen mit Hilfe von Schiffsbeobachtungen über dem Atlantik.

GROTE, Felix: Niederschlag im tropischen Atlantik - Validierung der ERA-Interim Reanalysen gegen Bojenmessungen.

LANGMAACK, Jannis: Saisonale Betrachtungen des Randstromtransports und Wind Stress Curls vor Mauretanien.

SCHICKHOFF, Meike: Compound flooding for selected case study regions in Europe.

SIEVERS, Imke: Der Benguela Nino von 1995.

WIESE, Hannah: Einfluss der Sonnenstrahlung auf den Meeresspiegel im Kieler Klima Modell.

Masterarbeiten

BURMEISTER, Kristin: Tropical Atlantic SST Variability with Focus on the Extreme Events in 2009.

DAHLKE, Sandro: Global teleconnections associated with diabatic heating due to local rainfall events.

KRÜGER, Matthias: Influence of Offshore Wind Farms on Air-Sea Momentum Flux.

SENDELBECK, Anja: Model-based assessment of impacts and side-effects of climate engineering by albedo enhancement.

STEINIG, Sebastian: Sahel rainfall in different versions of the Kiel Climate Model.

WENGEL, Christian: Tropical Pacific mean state and ENSO sensitivity to stratiform cloud representation.

Dissertationen

FUHLBRÜGGE, Steffen: Meteorological constraints on marine atmospheric halocarbons and their transport to the free troposphere.

HAND, R.: The Role of Ocean-Atmosphere Interaction over the Gulf Stream SST-front in North Atlantic Sector Climate.

HANSEN, F. K.: The Importance of Natural and Anthropogenic Factors for the Coupling Between the Stratosphere and the Troposphere.

MEREDITH, Edmund Patrick: High-resolution regional modelling of changing extreme precipitation.

Universität Köln

Bachelorarbeiten

ACHTERBERG, Wahed Niklas: Wirkung einer Superzelle auf die Umwelt im Stadtgebiet Neuss.

BÖCKMANN, Janine: Zweidimensionale Modellierungsstudie von long offset transient elektromagnetischen Daten: Untersuchung einer erzführenden Schicht in Thüringen.

DOSSOW, Lisa: A Windtunnel Study on Development of Simple Aeolian Dunes.

GEIBEL, Lea: Untersuchung der Stationarität von magnetohydrodynamischen Strömungen hinter einem mechanischen Hindernis.

GERICK, Felix: Anisotropie der Turbulenz des Sonnenwindes in Abhängigkeit von der Skala des lokalen Magnetfeldes.

HEYMANN, Philipp: Einfluss von Titan auf die Magnetopause von Saturn.

KLIESCH, Leif-Leonard: Wie gut lässt sich das bodennahe Temperaturprofil fernerkunden?

KÜPPER, Mira: In-Loop Transient Elektromagnetische Messungen im Rheinland: Ein Vergleich verschiedener Messapparaturen.

LINK, Thimo: Autokorrelationslänge von Inkrement-Zeitreihen.

MAILÄNDER, Laura Elisabeth: Oberflächennahe Leitfähigkeitsstruktur im hochalpinen Sajatkar (Osttirol, Österreich) mittels CMD Explorer Messung.

MATHIAS, Luca: Synoptische Analyse des „Pfingstunwetters Ela" 2014: Die Entwicklung eines intensiven Bow Echos über Westeuropa.

MEINHARDT, Gerrit: Die Turbulente Kaskade nahe der Erde: Totaler Energietransport und seine Berechnung mit Hilfe von Strukturfunktionen.

NEUMANN, Johanna: Induktion in einer Kugelschale am Beispiel von Triton.
PÜTZER, Nadine: Untersuchung von Fehlerquellen bei CMD-Messungen mit dem Explorer von GF-Instruments: Detektion der Römischen Wasserleitung in der Eifel.
RUNGE, Sascha: Bestimmung der Rauhigkeitslänge von komplexen Oberflächen.
WEGENER, Christian: Die Evaluation von kontinuierlichen Large-Eddy-Simulationen mit JOYCE-Messungen während der HOPE Messkampagne.
WORTMEYER, Eva: Joint-Inversion von Transient Elektromagnetik und Gleichstromgeoelektrik Daten aus Azraq/Jordanien: Untersuchung von Static Shift Effekten.
ZENGERLE, Carmen: Simulation von Wasserfluss mit einem gekoppelten hydrologischen Modell.

Masterarbeiten
BRINA, Sarah Therese: Magnetotelluric measurements for imaging shale gas bearing formations and shallow aquifers in the Eastern Karoo Basin, South Africa.
HAAF, Nadine: Transient electromagnetic (TEM) measurements for exploring sedimentary structures in Tiryns and Midea, Greece.
KÜCHLER, Nils: Characterization and Improvement of Absolute Calibration Techniques for Microwave Radiometers.
MÖRBE, Wiebke: Processing and modelling of magnetotelluric (MT) data from a North German oil field.
SCHWELLENBACH, Iris: Reconstruction of Ground Motions from the 1759 Lebanon Earthquake to facilitate Damage Analysis of the Nimrod Castle, Golan Heights.
TISSEN, Carolin: Audiomagnetotelluric Measurements along the Blå Vägen in Sweden and Norway for Exploring the Structure of the Central Scandinavian Caledonides.

Diplomarbeit
PALKA, Thomas Andreas: Analyse und Synthese von Daten einer Large Eddy Simulation mit der Curvelet-Transformation.

Dissertationen
ERÖSS, Rudolf: Very Low Frequency Measurements carried out with an Unmanned Aircraft System.
HINTZ, Michael: Theoretical Analysis and Large-Eddy Simulations of the Propagation of Land-Surface Heterogeneity in the Atmosphere.
LI, Zhuoqun: Momentum and Mass Transfer from Atmosphere to Rough Surfaces: Improvement on Drag Partition Theory and Dry Deposition Model.
LIPPERT, Klaus: Detektion eines submarinen Aquifers vor der Küste Israels mittels mariner Long Offset Transient-elektromagnetischer Messung.
LOHSE, Insa Mareike: Spektrale aktinische Flussdichten und Photolysefrequenzen - Untersuchungen in der atmosphärischen Grenzschicht und der freien Troposphäre.
MAAHN, Maximilian: Exploiting vertically pointing Doppler radar for advancing snow and ice cloud observations.
PASCHALIDI, Zoi: Inverse Modelling for Tropospheric Chemical State Estimation by 4-Dimensional Variational Data Assimilation from Routinely and Campaign Platforms.

Universität Leipzig

Bachelorarbeiten
CHEVALIER, Karine: Phenology-based agroclimatological evaluations of selected climate elements and comparison with calendar-based evaluations of different natural areas of Germany for the period of 1992-2014.
CLAUS, Thomas: Adaption des agrarmeteorologischen Wasserhaushaltsmodells METVER für Anwendungen auf Forststandorten.
CREMER, Roxana: Interactions between clouds and sea ice in the Arctic.
DOKTOROWSKI, Tobias: Analyse der zeitlichen und räumlichen Variabilität der Strahlungsgrößen über einem Antarktischen Schneefeld aus Messungen während AISAS im Dezember 2013.
GEIßLER, Christoph: Trends des meridionalen Windes in der Mesosphäre.
HANMI, Cheng: Einflüsse multidekadischer Variabilität auf den asiatischen Sommermonsun.
HEIN, Justine: Solarer Einfluss auf den ionosphärischen Elektronengehalt.
HÖRNIG, Sabine: Evaluierung der Simulation von Mischphasenwolken in Klimamodellen.
JUNGANDREAS, Leonore: Evaluierung von Wolkenbeobachtungen durch Satellitendaten mit Bodenbeobachtungen.
LEMME, Annceline: Über den Einfluss von Saharastaub auf die hochreichende Konvektion im Gebiet des tropischen Atlantiks.
LOCHMANN, Moritz: Windprofilmessung über einer Stadt.
LUBITZ, Jasmin: Potenzial von Messungen der spektralen Strahldichte aus Gipfelperspektive zur Ableitung von mikrophysikalischen Wolkenparametern.
MEWES, Silke: Vergleich von Satellitenprodukten von METEOSAT SEVIRI und MODIS für flache.konvektive Wolken und Konsequenzen für die Charakterisierung ihres Lebenszyklus.
RAFIQ-DOST, Timorsha: Statistik von Flüssigwasserwolken über Leipzig.
RÖRUP, Birte: Distribution of Water Vapour in Context to the Parametrization in Climate Models.
SCHUBERT, Jan: Beeinflusst arktischer Meereisverlust im Sommer die Zirkulation der mittleren Breiten im folgenden Winter?
STAMMER, Peter: Einfluss von Ruß auf die spektralen Heizraten von Cirrus.
TATZELT, Christian: Fernerkundung der Wolkenklassen mit Hilfe der Kombination von aktiven und passiven Satellitendaten.
WENKE, Marius: Agrarklimatologische Untersuchungen thermischer Zustandsgrößen in ausgewählten räumlichen und zeitlichen Skalen.
ZIMMER, Stefan: Statistische Untersuchung der Veränderung phänologischer Leitphasen von 1961 bis 2014 in der Interklim-Region.

Masterarbeiten
BÄR, Jewgenia: Zur Parametrisierung trockener und nasser Partikeldeposition in der mesoskaligen Transportmodellierung am Beispiel von Seesalz und Wüstenstaub.
BECHLER, Josephine: An investigation of the hygroscopic growth and cloud condensation nucleus activity of mixed organic/inorganic aerosol particles.
DONTH, Tobias: Ableitung von aerosoloptischen Eigenschaften aus bodengebundenen Strahlungsmessungen.
DÜSING, Sebastian: Schließung aerosoloptischer Eigenschaften zwischen luftgetragenen in-situ- und bodengebundenen LIDAR-Messungen.
EMMRICH, Stefanie: The effect of cities on aerosol and cloud properties concerning the planetary boundary layer observed with rural and urban lidar and sun photometer measurements in Melpitz and Leipzig.
GÖHLER, Robby: Darstellung und Einfluss von durchbrochener Bewölkung auf den Ertrag von Photovoltaik-Anlagen und dessen Prognose.
GRAWE, Sarah: Investigations on the Immersion Freezing Behavior of Ash Particles

at the Leipzig Aerosol Cloud Interaction Simulator (LACIS).
HELLNER, Lisa: Untersuchungen des Immersionsgefrierverhaltens natürlicher Böden am Leipzig Aerosol Cloud Interaction Simulator (LACIS).
HEMMER, Friederike: Analysis of the Global Distribution of Ice Crystal Number Concentrations.
HERTEL, Daniel: Bayesche Modellierung des Schnee-Wasser Äquivalentes.
HEYN, Irene: Analyse des effektiven Strahlungsantriebs anthropogener Aerosole im terrestrischen Spektralbereich.
KILIAN, Philipp: Bestimmung von Niederschlagsraten mittels eines X-Band-Radars.
LAUERMANN, Felix: Charakterisierung der Variabilität der Strahlungsabkühlung am Oberrand von arktischer Grenzschichtbewölkung.
LÖSER, Danny: Reduktion der Emission von Rußaerosolen: Analyse der „Co-Benefits" für Klima und Luftqualität.
MARKWITZ, Christian: Simulation of Stratiform Mixed-Phase Clouds in the Arctic Boundary Layer.
PADELT, Julian: Untersuchungen zum Einfluss des thermodynamischen Umgebungszustandes und des Eisnukleationspartikels (INP) auf das Gefrieren und die Oberflächenstruktur der entstehenden Eiskristalle.
REMPEL, Martin: Objekt-basierte Bewertung der Güte von COSMO-DE Konvektionsvorhersagen mittels Meteosat.
RITTMEISTER, Franziska: The African dust and smoke layer over the tropical Atlantic during the spring season 2013: Ship-based lidar observations from Guadeloupe to Cape Verde.
SÄRCHINGER, Martin: Untersuchung des Einflusses meteorologischer Faktoren und des regionalen Hintergrunds auf die Aerosolbelastung in der Stadt Leipzig.
SCHNEIDER, Florian: Climatic Change in the Arctic: Analysis of model simulations.
SZODRY, Kai-Erik: Meteorologische Situationen, die die Entstehung von Staubfahnen in Island begünstigen.
WAGEN, Robert: American Dustbowl - Das Zusammenspiel von Dürre, Gewittern und Haboobs.
WOLF, Kevin: Flugzeuggetragene Fernerkundung von Cirren mittels zweier unabhängiger Spektrometersysteme.

Dissertationen
BRÄUER, Peter: Extension and application of a tropospheric aqueous phase chemical mechanism (CAPRAM) for aerosol and cloud models.
BRÜCKNER, Marlen: Retrieval of Optical and Microphysical Cloud Properties Using Ship-based Spectral Solar Radiation Measurements over the Atlantic Ocean.
HARTMANN, Susan: An immersion freezing study of mineral dust and bacterial ice nucleating particles.
HORN, Stefan: Simulations of complex atmospheric flows using GPUs - the model ASAMgpu.
HUANG, Shan: Chemical composition of the submicrometer aerosol over the Atlantic Ocean.
RÖSCH, Carolin: New aspects of air contamination by the interaction of indoor and urban air.
RÖSCH, Michael: Untersuchung zur Generierung und zum Immersionsgefrierverhalten supermikroner, quasimonodisperser Mineralstaubpartikel.
WEIGELT, Andreas: An optical particle counter for the regular application onboard a passenger aircraft: instrument modification, characterization and results from the first year of operation.

Habilitation
SCHEPANSKI Dr., Kerstin: Controls on Dust Entrainment into the Atmosphere.

Universität Mainz

Bachelorarbeiten
BUBEL, Pascal: Charakterisierung von Hitzewellen durch die Dynamik der oberen Troposphäre.
GUTMANN, Robert: Charakterisierung des Ozonmonitors Modell 205.
KIECK, Annina: Statistische Untersuchungen zu Klima-Vegetations-Wechselwirkungen.
MARTIN, Anne: Auftreten von Bannerwolken an asymmetrischer idealisierter Orographie.

Diplomarbeiten
EULER, Christian: Beschreibung von Luftmassen um Hurrikan Katia (2011) aus der Perspektive der Lagrange'schen kohärenten Strukturen.
KALUZA, Thorsten: Korrelationen zwischen dem Wasserdampf in der UT/LS und der Tropopauseninversionsschicht.
SCHALLOCK, Jennifer: Effektivitätsstudie zur Injektion von Sulfataerosol in die Stratosphäre.

Masterarbeiten
BAUMGART, Marlene: Dynamik von Prognosefehlern aus einer quantitativen PV-Perspektive.
KRELING, Franziska: Austauschprozesse zwischen planetarer Grenzschicht und freier Troposhäre.
LESCHNER, Martin: Anwendung der SAL-Methode auf troposphärische CO-Strukturen in EMAC- und MOPITT-Daten.
STIPP, Christa-Monica: Einfluss des nordatlantischen Strahlstromregimes auf Vorhersagequalität und Vorhersagbarkeit des Geopotentials über Europa.
WEHNER, Vanessa: Rossbywellenpakete im Reforecast Datensatz: Klimatologie aus objekt-basierter Ensemble-Streuung.

Dissertationen
BERKES, Florian: Stabilität und Transport in der planetaren Grenzschicht - Untersuchungen mit Radiosonden- und Spurengasmessungen während PARADE.
BLOHN, Nadine von: Windkanalstudien zum Graupelwachstum und Bestimmung von Retentionskoeffizienten verschiedener Spurengase während der Bereifung.
MÜLLER, Stefan: Untersuchung von Mischungs- und Transportprozessen in der oberen Troposphäre/unteren Stratosphäre basierend auf in-situ Spurengasmessungen.
WOLF, Gabriel: Untersuchung der Dynamik von Rossbywellenzügen in der oberen Troposphäre und deren Darstellung in numerischen Wettervorhersagemodellen.

Habilitation
SZAKALL, Miklos: Die Atmosphäre des Titans.

Universität München

Dissertationen
CAI, Hung Duy Sinh: Investigation of stratospheric variability from intra-decadal to seasonal time scales.
HUBER, Markus Bernhard: The Relation between Physical Properties of Galaxies and their Environmental Geometry in the Sloan Digital Sky Survey.
KAISER, Jan Christopher: Including Coarse Mode Aerosol Microphysics in a Climate Model: Model Development and First Application.
KEIS, Felix: WHITE - Winter Hazards in Terminal Environment: Entwicklung eines Nowcasting-Systems zur Vorhersage von Winterwetter am Flughafen München.

KLINGER, Carolin: Influence of 3D Thermal Radiation on Cloud Development.
KÖHLER, Martin Peter: Cb-LIKE: Gewittervorhersagen bis zu sechs Stunden mit Fuzzy-Logik.

Habilitation
JANJIC-PFANDER, Tijana: Data assimilation for atmospheric and oceanic application from the models perspectives.

Technische Universität München

Bachelorarbeit
FUNK, Angela: Bestimmung der Frühjahrsphänologie und Spätfrostgefährdung der Stadtbaumarten „Stadtgrün 2021".

Masterarbeiten
FALK, Philipp: Auswirkungen von Trockenstress auf Vitalfunktionen und Erholungsfähigkeit der Castanea sativa, Pinus sylvestris und Quercus spec. auf Böden unterschiedlicher Wasserspeicherkapazität.
FINDER, Sarah: An investigation of the main factors that drive domestic potable water consumption.
KLEIH, Anne-Katrin: Carbon Footprint as a climate protection measurement of German construction machinery manufacturers - perceptions and attitudes of customers.
KLOPFER, Sebastian: Räumliche und zeitliche Analyse historischer Waldbranddaten.
KRAMER, Giemens: Trockenstressreaktion von Pinus sylvestris, Catanae sativa und Quercus sp. im Freilandexperiment mit Manipulation von Niederschlag und Lufttemperatur.
STRATOPOULOS, Laura: Use of close range remote sensing techniques for the tracking of phenological events and the detection of drought stress of common beech (Fagus sy/vatica) in Upper Bavaria.
WANG, Zewen: Changes in the distribution of climate variables in Europe by quantile regression.
WEINDLER, Stefanie: Bewertung der Dürreresistenz verschiedener Kiefernherkünfte mittels IRThermografie.

Dissertation
LAUBE, Julia: Peformance of native and invasive plant species under climate change - phenology, competitive ability and stress tolerance.

Universität Trier

Bachelorarbeiten
KRAUSE, Kai: Vergleich von Lidar- und Sodar-Messungen zur Untersuchung der atmosphärischen Grenzschicht.
REISER, Fabian: Self-organizing Map-Analyse des regionalen Auftretens von Polynjen in der Arktis.
WOHL, Natalie Rebecca: Ableitung des Schmelzbeginns auf Meereis aus simulierten Mikrowellendaten.

Universität Wien

Bachelorarbeiten
KLAUS, Vincent: Vergleich von 3D – Radardaten mit Bodenmessungen.
KLOIBER, Simon Wolfgang: TAF – Verifikation an österreichischen Flughäfen.
STICHELBERGER, Sebastian: Wie beeinflusst die Änderung des Klimas die Höhenwinde über Europa und welche Auswirkungen hat diese Änderung auf den Flugverkehr über Österreich?
TRAUSINGER, Eva Brigitte: Auswertung von VERA-Fingerprints.
WALLY, Christian: Zur Rolle der Feuchteflussdivergenz als Parameter zur Gewitterprognose.
WEBER, Manuel: Parametrisierung des linke'schen Trübungsfaktors.

Masterarbeiten
GRUBER, Karin: Wind Resource Assessment in Complex Terrain with a High-Resolution Numerical Weather.

Dissertationen
EIBL, Birgit: Quality Control of Meteorological Data on Different Scales.
NABAVI, Seyed Omid: Characterization of Dust Storms in West Asia.
PHILIPP, Anne: Enhancing the Science and Quality of the Lagrangian particle dispersion model FLEXPART.
SANCHIS-DUFAU, Antonio: Derivation of Atmospheric Parameters Over Complex Terrain Using Satellite Imagery.
SHARIFI, Ehsan: Comprehensive Assessment and Data analysis of the Global Precipitation Measurement (GPM), Constellation Satellites over Iran.
STEMBERGER, Klemens: High-resolution investigation of inversions in the Alpine region.
STRAUSS, Lukas: Mountain-wave-induced rotors and low-level turbulence: new insights from remote-sensing observations and numerical simulations.
TAVOLATO-WÖTZL, Christina Margareta: Aspects of bias correction and quality control for Meteorological observations.

Universität Würzburg

Masterarbeit
HORNUNG, Luzia: Vergleich von ENSO-Indizes und deren Verhalten bis 2099 auf Basis von CMIP3- und CMIP5-Modelldaten.

Dissertationen
AWOYE, Hervé: Implications of future climate change on agricultural production in tropical West Africa.
STEGER, Christian: Simulation ausgewählter Zeitscheiben des Paläoklimas in Asien mit einem hochaufgelösten Regionalmodell.

Universität Zürich

Dissertationen
BRETL, Sebastian: Radiative influence of Saharan dust on North Atlantic hurricane genesis.
GREVE, Peter: Understanding and characterizing past, present, and future hydro-climatological change.
HASSANZADEH, Hanieh: Idealized studies of summertime moist convection over topography.
ICKES, Luisa: Using Classical Nucleation Theory for parameterizing immersion freezing in mixed-phase clouds in global climate models.
KELLER, Denise: A weather generator for current and future climate conditions.
KIENAST-SJÖGREN, Erika: Mid-latitude cirrus properties derived from lidar measurements.
MEYER, Angela: Cloud and Surface Responses to Stratospheric Aerosols following Major Volcanic Eruptions.
PAPRITZ, Lukas: Air-sea interaction over the Southern Ocean: On the role of extratropical cyclones, fronts and cold air outbreaks.
PIAGET, Nicolas: Meteorological characterizations of extreme precipitation and floods in Switzerland.
POUSSE-NOTTELMANN, Sara: Regional Modeling of Aerosol Processing in Liquid and Mixed-phase Clouds.
RAJCZAK Jan: Translating Regional Climate Model Data for use in Alpine Impact Research.

SUKHODOLOV, Timofei: Study of the middle atmosphere response to short-term solar variability.

Fachhochschule Zürich

Bachelorarbeiten
CAPATT, Andreas; RIZZO, Sandro: Monitoring kosmischer Strahlenbelastung auf Besatzungsmitglieder.
ROSENTHALER, Adrian; HÄUSERMANN, Alexander: Analyse der Sichtflugbedingungen entlang spezieller Helikopter-Tiefflugrouten.
RUSSI, Jonas; SIMMEN, Jonas: Das bodennahe Windprofil und Turbulenz aus LIDAR-Daten.
WITTWER, Christian; BAUMER, Roman: Parameterabschätzungen für ein global einsetzbares Thermikmodell.

Nachträge für das Jahr 2014

Universität Bonn

Bachelorarbeit
LORENZ, Elisabeth: Statistischer Zusammenhang zwischen Weinlesedaten und Temperaturfeldern.

Masterarbeit
DANEK, Christopher: Bayesian formulation of uncertainty in paleoclimate reconstructions.

Nachträge für das Jahr 2013

Universität Bonn

Bachelorarbeiten
HACKER, Maike: FOGCAST – Probabilistische Nebelvorhersage basierend auf COSMO-DE Vorhersagen.
POLL, Stefan: Niederschlagsverifikation von COSMO-DE anhand von RADOLAN.

Masterarbeit
RENKL, Christoph: The vertical structure of the atmosphere in COSMO-DE-EPS.

pro**met** Übersicht der zuletzt herausgegebenen Hefte

Aktuelle Hefte sind zunächst nur als gedruckte Fassung direkt beim DWD erhältlich. Etwa ein Jahr nach dieser Erstveröffentlichung wird das Heft als Volltextversion (pdf) kostenfrei zur Verfügung gestellt (Open Access – „grüner Weg"; siehe: www.dwd.de/promet > Archiv).

Ab 2016 wurde die Zählung nach der Heftnummer im Jahrgang aufgegeben und die laufende Nummerierung seit dem ersten Heft eingeführt.

Heft 99 (2017)	Regionale Klimamodellierung I – Grundlagen
Heft 98 (2016)	Hochgebirgsmeteorologie und Glaziologie
39, Heft 3/4 (2015)	Meteorologische Aspekte der Nutzung erneuerbarer Energien
39, Heft 1/2 (2014)	Aktuelle Aspekte der Flugmeteorologie II: Mit dem Wetter leben
38, Heft 3/4 (2014)	Aktuelle Aspekte der Flugmeteorologie I: Grundlegendes
38, Heft 1/2 (2012)	Agrar- und Forstmeteorologie
37, Heft 3/4 (2011)	Probabilistische Wettervorhersage
37, Heft 1/2 (2011)	Fernmessung von Wasserdampf und Wolken, Teil 2
36, Heft 3/4 (2010)	Fernmessung von Wasserdampf und Wolken, Teil 1
36, Heft 1/2 (2010)	Anwendungen von E-Learning in der Meteorologie
35, Heft 1-3 (2009)	Moderne Verfahren und Instrumente der Wettervorhersage im DWD
34, Heft 3/4 (2008)	Die Nordatlantische Oszillation (NAO)
34, Heft 1/2 (2008)	Meteorologie und Versicherungswirtschaft
33. Heft 3/4 (2007)	Biometeorologie des Menschen
33, Heft 1/2 (2007)	Phänologie
32, Heft 3/4 (2006)	Klima und Wetter in den Tropen

pro**met** Vorschau auf die nächsten Hefte

- Das Arktische Klimasystem (Fachredakteur: Prof. Dr. B. Brümmer)
- Strahlungs- und Energiebilanzen (Fachredakteur: Prof. Dr. A. Macke)
- Klimawandel, Kommunikation und Gesellschaft (Fachredakteur: Dr. M. Themeßl)